湛庐CHEERS

与最聪明的人共同进化

HERE COMES EVERYBODY

THE EXTREME LIFE OF THE SEA

极端生存

STEPHEN R. PALUMBI
ANTHONY R. PALUMBI
[美] 史蒂芬·帕鲁比　安东尼·帕鲁比　著
王魏巍　译

浙江人民出版社
ZHEJIANG PEOPLE'S PUBLISHING HOUSE

海洋史诗，一场极端生命的生存大战

当站在海滩上眺望海平面，或者欣赏夕阳、观看鲸鱼喷出的水雾时，你能看清大约 5 公里远的地方，如果天气晴朗，视线甚至可以覆盖大约 25 ~ 50 平方公里的海面。以大部分野生动物的标准来看，这已经算是很大的一块栖息地了。不过，全球的海洋面积加起来，比你能眺望到的海平面的面积还大 1 000 万倍，而平均每平方米水面下就有 3 公里深的海水。海洋最极端的特性就是它绝对的、不可思议的巨大体积。

在地球上最大的栖息地的庞大体积中，居住着五花八门的动物、植物、微生物、病毒。毫无疑问，海洋孕育了自然界最有趣、最奇特的生命，它们占据着众多不同的栖息地，运用着各种奇异的生存技能，没有一种生物过着特别轻松的日子。站在海滩的屋前观看，海洋似乎是一个田园般的居所，然而事实上，这里通常要么极热，要么极冷，到处都是纷乱的微生物，或者层层叠叠的捕食者。

在海洋的极端环境中，活跃着形态各异的生命，它们有着各种惊人的适应能力，无论是通过速度和心机来适应环境的能力，还是通过红外线视力感知环境的能力。沃尔特·惠特曼曾在他的《自我之歌》（*Song of Myself*）中写道："我辽阔博大，我包罗万象。"[1] 这一诗句正是对大海的完美描述：幽暗、深邃，充满陌生的生物。海洋令人感到冰冷刺骨，令人窒息，但它散发着致命的吸引力，会将你的想象拉回到人类和咆哮的海洋间最古老的纷争上。《极端生存》这本书的目的就是展示那些战胜了海洋的生物，它们在最极端和最熟悉的环境下，利用最疯狂的生存策略存活了下来。我们将向你展示海洋中速度最快、潜得最深、最耐冻和最耐热的生物，不仅会描绘它们生活中最微小的细节，同时也会描绘它们的故事所上演的大环境，讲述它们在海洋中扮演的角色。

比起文学作品中风雨交加的场景，以及电视节目《鲨鱼周》（*Shark Week*）中故作惊险的渲染，大海之下是一个更为复杂、真实和令人陶醉的世界。除了那些凶猛的大型鲨鱼外，大部分鲨鱼其实没那么极端。仔细观察一下地球上任何一片水域，你都会看到海洋中最狂野的“居民”，向你展示着最迷人和最生动的舞姿。飞鱼在波浪之间跳跃，身后追逐着它们的是迅捷如闪电的鲯鳅；热带珊瑚礁里传来遥远的爆竹声，那是小小的枪虾（Firecracker）在发射它的超声波武器；而在海洋深处，大西洋奇棘鱼（Dragonfish）则用红外线视觉来偷袭倒霉的过客。[2] 生命是斗争和胜利的狂欢，是纯粹的“美”与美丽的“丑”的交集。

过去的几十年里，海洋科学有了巨大的发展，越来越多的人开始关注海洋生物。在科学方法和先进设备的支持下，更多真相浮出了水面，更多的谜题得以解开。1930 年，著名科学家和探险家威廉·毕比（William Beebe）坐进他的潜水球里，下潜至温暖的百慕大海域。当时，他只用一盏电子探照灯来探索黑暗，通过一根电话线向水面上汇报他的所见所闻。今天，我们有潜水艇，有 DNA 测序仪，有海上机器人化学实验室，还有微小的呼吸室——小到可以用来测量藤壶（Barnacle）的呼吸。自毕比以后，我们积累了 80 多年的基础科学知识，如果没有这些知识，任何重大的生物学谜题都难以被解开。

在潜水舱和潜水面罩的武装下，就算面对的是像一株漂白的珊瑚这样简单的生物，我们也很难判定应该用什么样的工具研究它们。不过有两样东西是无须置疑的：每一个谜题都会带来愉悦的惊叹，每一个发现都会引燃快乐的火花。我们的目的就是给你展现这两样东西。

当最大的捕食者遇到最可怕的猎物

冰冷黑暗的深海里，一头抹香鲸（Physeter macrocephalus）巡航在漆黑的海水中，并下潜至底部。它在狩猎：利用强健的肌肉和体内的热血，来到极寒、缺氧的海洋深处，追捕着最为罕见的猎物。上上下下，潜入潜出，在每一次循环之间，它的呼吸孔便会露出水面，喷出令人窒息的恶臭味。漫长的寿命和巨大的体型给它带来了足够的耐心。它穿过海洋中微不足道的碎屑，寻找着更为重大的偶遇。宽大的尾鳍和强壮的肌肉为它提供了稳定的巡航速度，比牛眼略大的眼睛对着下方而不是前方，透视着深处的蔚蓝。它的耐心最终得到了回报：在 1.5 公里深的水下，世界上最大的捕食者遇到了最可怕的猎物。[3]

大王乌贼（Giant squid）看起来像一个银色的庞然大物，体长在 5～17 米之间。[4] 8 只短腕环绕着两只细长的末端带着桨片的长长的触手。这两只触手像鞭子一样，它们的用处是把猎物拽到凶残锋利的喙边。水产品市场上常见的乌贼触手上只长着温柔的吸盘，而这些深海“泰坦”① 的装备则更为精良。它们有的触手上长着回旋的钩子，有的吸盘上带着锯齿，能将皮肉锯出花边。[5] 深海中的猎物极其珍稀，大王乌贼不会给它们留下半点逃生的机会。[6]

抹香鲸也同样不会给猎物活着的机会。想象一下这个场景：40 吨重的血肉之躯和 9 米长的乌贼以每秒 3 米的速度相撞。[7] 虽然乌贼只有 450 公斤重，但大部分

① 泰坦是希腊神话中曾统治世界的古老神族，这个家族是天穹之神乌拉诺斯和大地女神盖亚的子女，他们曾统治世界，但因为他们阉割了父亲乌拉诺斯，而受到乌拉诺斯的诅咒，最终被以宙斯为首的奥林匹斯神族推翻并取代。——编者注

身躯都是纯肌肉。抹香鲸把自己的头作为攻城槌，或许还会用头颅中的回声定位系统传出一声暴震。大王乌贼减慢速度，张开触手，旋转着身体，像一把深海中的遮阳伞。当它们相撞时，大王乌贼柔软无骨的身体吸收了冲撞力，随着这一击旋转身体，将触手牢牢缠在了抹香鲸的头部和颌部。触手上的钩子在抹香鲸的皮上留下了长长的伤口，划在粉笔痕一般的旧伤疤上。这样的战斗，抹香鲸已经习以为常。

抹香鲸感觉到大王乌贼的两只触手就在自己的齿间，于是一口咬了下去，将其彻底咬断了。蓝色和红色的血①分别来自大王乌贼和抹香鲸，在黑暗的海水中混作一团。这时，大王乌贼棍棒般的附肢挥舞过来，打落了抹香鲸的一颗牙齿，不过这并没有减慢抹香鲸撕咬的速度。每一次颌骨的咬合都意味着大王乌贼又多了一处重伤，尽管斗志昂扬，但大王乌贼还是无法取胜。大王乌贼用带着剃刀边缘的吸盘从抹香鲸的身上扯下一块又一块肉，但对抹香鲸来说，这只是皮外伤而已。大王乌贼试图脱身，然而它一半的触手要么已经被扯走，要么马上就要被咬断，它努力鼓动着身体想要游到安全的地方。不过这还不够。抹香鲸体内的热血混合着从海面吸入的丰富的氧气[8]，让它变得迅猛无比，大王乌贼根本不是对手。抹香鲸的最后一击夺走了大王乌贼的生命，留下了一团黑色的液体和粉色的肉沫。抹香鲸调整了一下鳍缓缓游走，以完成下一次呼吸。而在它的嘴边，还挂着猎物的残余身躯。

这些史诗般的故事是用伤疤写就的，“发表”在胜利的抹香鲸身上。这些伤疤也是巨型乌贼的“签名”：大王酸浆鱿（*Mesonychoteuthis hamiltoni*）会留下细长平行的伤口，而大王乌贼则会留下诡异的正圆形伤疤。[9] 没有人亲自观察过抹香鲸捕猎大王乌贼的场景，不过，我们可以通过查看抹香鲸身上的伤痕和计算它胃里

① 乌贼的血液是蓝色的，因为它的血液中没有血红蛋白，取而代之的是一种叫作血蓝蛋白的蛋白质，用来传输氧。血蓝蛋白和氧结合以后是无色的，所以很难观察到。

大王乌贼喙的数量，来了解海底深处这场激烈的战斗。

这不是离奇的幻想，而是超过上百年的细致编目和幸运偶遇绘制而成的一幅画面。除了史诗般的战斗场景，海洋中还有其他浩如烟海的战斗故事，从惯偷成性的寄居蟹（Paguridae），到海鞘（Sea squire）的生殖腺战争。这就是海洋中每天都在上演的极限剧情。

想了解更多海洋生命在极端环境下的疯狂生存策略吗？
扫码获取“湛庐阅读”App，搜索“极端生存”，
观看作者史蒂芬·帕鲁比精彩演讲！

目 录

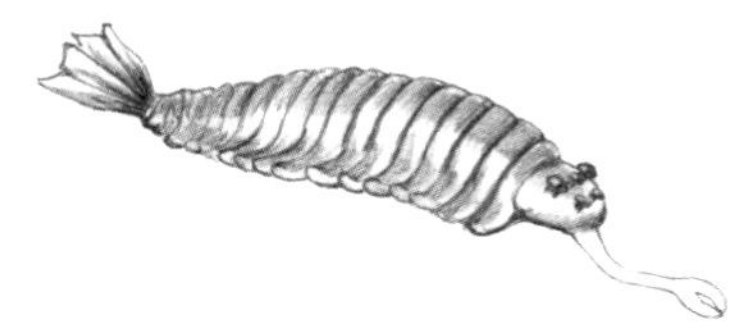

01

早期之最：
环境红利，多细胞生物如何战胜微生物

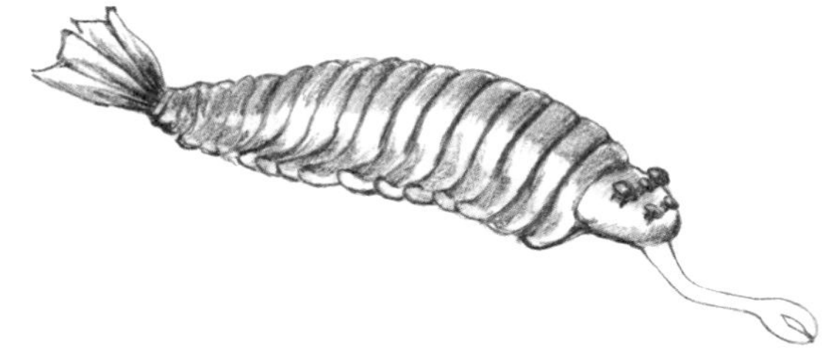

生命的历史充满了快速的启动和古怪的实验。

充满毒害的早期环境孕育的第一个生命

起初，地球并不是生命的摇篮。在最早的年代里，它根本就是一个地狱，一个我们无法想象的世界。时空旅行者必须穿上太空服，否则活不到下一秒。大气是二氧化碳和氮气混合成的“稀粥”，氧气完全不存在；地面上流动着一道道熔岩，天空不断被火山引发的闪电劈开；地面迸出的有毒化学物质——氨气、硫酸盐、甲醛，不断被喷射到大气中。[1] 海洋在扩张，地壳中聚集的水分、天上落下的雨水以及偶尔坠落的携冰的陨石，这些都是海水的来源。[2] 来自太空深处的冰块包含着少量复杂的化学物质，为这颗年轻的行星带来了分子原料，播下了生命的种子。[3] 最早的生命基础物质——蛋白质和核酸，就是在这一陌生的化学物质中诞生的。地壳熔岩冷却后，只过了几亿年，生命就在地球上签下了“租约”。

生命注定会勃发，但也会遇到危机，在经历了无数次考验和失败后，最终才得以延续。在最早的亿万年间，海洋是地球生命的摇篮，它孕育和考验了生命，也为生命的长存设定了条件。最终，大海居民的数量变得越来越多，多得甚至可以改变海水的化学性质，改变大气的成分。之后，生命在海洋中形成了像网络一样错综复杂的物种体系，物种的数量得到了爆炸性的增长。接着，生命将这些技能带到了陆地上，从而改变了陆地的面貌。弹涂鱼（Mudskipper）的近亲占领了海滩，最终演化成了人类。在这段时间里，海洋中每个角落的生命依然在不停地演化。它们觅食，也被觅食，进而演化出了能在各种环境下蓬勃生长的能力。

微生物学家路易斯·巴斯德（Louis Pasteur）曾这样道出生命的本质："生命永远源于生命。"[4] 凭直觉而言，第一个出现的生命就是个例外，不过这取决于你如何定义生命。那些最早能自我复制的有机体确实算不上生命，它们只是体积巨大的分子而已，是由分子组成的机器，而这一切复制与组合的过程很可能就是从海洋中开始的。[5]

生物演化的进程极其迅速。在格陵兰岛西部的伊苏阿表壳岩带（Isua Supracrustal Belt）中发现的碳同位素的明显变化，是生命存在的最早证据，可追溯至 38.5 亿年前，[6] 距地壳熔岩冷却只有 5.5 亿年的时间。生命不仅以非常快的速度繁衍，而且还能承受住严酷的磨砺。

早期的太阳系是一个全新的"建筑工地"，到处散落着小行星，它们是建造行星时的残余。通过对月球的仔细勘测，人们推测出了早期地球的景象：陨石和彗星像雨点儿一般撞击着地球。在早期的亿万年里，众多小行星、彗星和地球之间发生过多次灾难性的碰撞，碰撞产生的能量可以蒸发早期地球上的海洋，消灭所有的生物。[7] 从早期地球的新构造模型来看，生命也许能在这些大灾难中幸存，但前提是它们已经广为存在。也许有一些分布于全球的微生物群体藏在深海的缝隙中，以吸收从地幔熔岩中渗出来的化学物质为生，躲过了毁灭性的小行星撞击。一旦细胞生命在海洋由浅入深的各种环境下驻足，而早期太阳系中的废弃物清理得差不多之后，地球上的生命就将永久性地站稳脚跟。

大氧化事件，让生命不得不找到新出路

地球上的生命繁衍得很迅速，但跨越基础阶段还是花了很长时间。在34亿年前，地球上就已经存在细胞生命，它们数量众多，甚至留下了需要借助显微镜才能看到的化石。[8] 在南非距今有34亿年的岩石上，人们发现了一系列的叠片和条纹，这些很可能是由浅海微生物形成的“垫子”[9]。不过在当时的世界上，除了微生物什么都没有，而在整整20亿年里，地球上也只有单细胞生物。它们的新陈代谢虽然旺盛，却依然不够强大，无法完成任何宏大的事业。生命需要一种全新的新陈代谢引擎，将竞争推向更高的水平。不过，这种新陈代谢机制的诞生是为了应对地球上第一次由有毒废物带来的危机。这种毒物就是在大气中四处散播的氧气①，而制造毒气的是远古的排污大户——光合细菌②。[10]

光合作用利用阳光将二氧化碳变成糖分，这种最早的光合作用模式在38亿年前就已经出现了，但与今天常见的光合作用模式大相径庭，最根本的一点区别是，那时的光合作用还不能产生氧气。[11] 那时的氧气是破坏分子，氧原子可以很轻易地和其他原子结合，进而破坏它们的化学键。氧原子还会偷偷进入碰到的几乎任何物质的体内，破坏它们的化学键，速度

① 此处指大氧化事件（Great Oxygenation Event，简称GOE），是指约26亿年前，大气中的游离氧含量突然增加的事件。——编者注

② 光合细菌（Photosynthetic Bacteria，简称PSB）是地球上出现最早、自然界中普遍存在、具有原始光能合成体系的原核生物，是在厌氧条件下进行不放氧光合作用的细菌的总称。——编者注

之快，堪比明星离婚的速度。Oxygen（氧气）的名称来源于希腊语 oxys，意思是“酸液”。由于超强的化学破坏性，氧原子会破坏结构精巧的 RNA 和 DNA 分子，甚至会破坏细胞生命中较为稳定的蛋白质。

早在 25 亿年前，地球上出现了一种叫作蓝藻（Cyanobacteria）的单细胞微生物，它们是最早以阳光为食，然后产生氧气的生物。[12] 早期的大气成分以氮气为主，它们向大气中排放了大量氧气。[13] 大气中的众多成分都会吸收氧气，土壤也有吸收氧气的能力，从而“减少”了氧气的含量，保护了生命脆弱的立足之地。这种平衡维持了一段时间，不过随着蓝藻数量的成倍增长和氧气产量的猛增，这种平衡终于被破坏了。大约在 10 亿年前，氧气开始在大气中不断积累（见图 1-1），[14] 有如我们车库里不断囤积起来的垃圾。

大氧化事件对早期地球上的绝大多数生命来说是一场灾难，只有少数生物会利用这种无处不在的“毒物”。不过，正如电影《侏罗纪公园》中的主人公伊恩·马尔科姆（Ian Malcom）所言：“生命总能找到出路。”它们的出路就是以氧气为食，用氧气化学键中充足的能量驱动一种马力强大的新型代谢引擎。如果我们将无氧代谢比作马力一般的船用舷外马达，那么以氧气为燃料的代谢则是咆哮的法拉利跑车的发动机。

大部分生物学家认为，“高级”的细胞特性存在于真核生物的细胞中。真核生物诞生于有氧代谢的过渡期，其中包含一种很重要的亚细胞，称为线粒体（Mitochondria），它们能够捕获氧气，利用化学方式释放能量，以供细胞使用。线粒体曾经是自由生活的细菌，具备有氧代谢的能力。[15] 后来，线粒体被我们最早的祖先的细胞拉拢过来，让这些细胞也具备了“燃烧”氧气的能力。我们作为一种物种的存在，甚至现在地球上整个生物圈的存在，都是意料之外的结果。早先的生命只是想利用这些大量排放的有毒废物存活而已。[16]

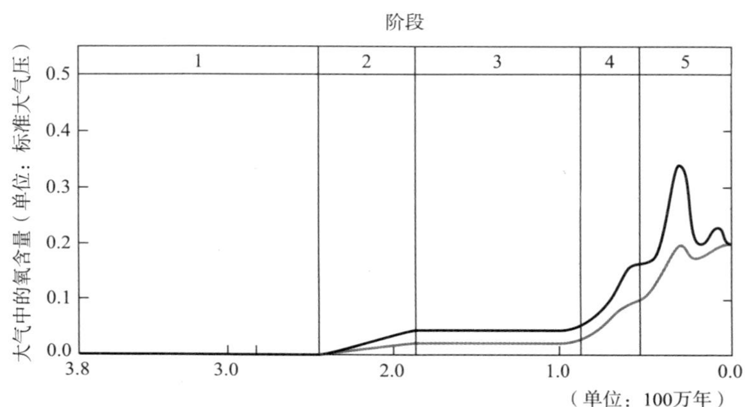

图 1-1　数十亿年前大气中氧含量的变化

注：图中曲线显示了数十亿年前地球大气中氧气的最高和最低估值。现在地球大气中的氧含量（PO_2）是 0.21 大气压（atm）。纵轴表示的是大气中的氧含量，横轴上侧表示的是各个阶段，下侧为年份（以 100 万年记）。

资料来源：Holland, H. D. 2006. The oxygenation of the atmosphere and oceans. *Philosophical Transactions of the Royal Society B* 361: 903–915.

古菌，生命史上最坚强的极端生物

早在大氧化事件之前，地球上的生命家谱已经一分为二。两个分支都是微生物，当时，除了微生物外也再没有其他生物了。第一分支包括蓝藻以及其他“正常”的细菌微生物。第二分支与第一分支出现于同一时期，这个分支的微生物演化出了一些特殊的能力，它们不仅能在极端的环境中生存，还能在没有阳光的黑暗中生活，以化学物质为食。[17] 它们就是古菌（Archaea），也叫嗜极生物（Extremophiles），是生命史上最顽强的一类生物。[18]

古菌看上去其貌不扬，在电子显微镜下，你会看到它们是一堆一堆的长圆形微生物。在很长一段时间里，我们以为它们只是一类细菌。随着基因测序技术的到来，生物学家发现，这些来自盐湖或者深海硫化物喷口的嗜极生物与典型的细菌之间存在着巨大的遗传学鸿沟。所以分类学家为这一全新的领域另取了一个名称——古菌[19]。在世界的边缘，人们发现的古菌越来越多，这些地方几乎没有任何其他生命可以存活。在黄石国家公园的热泉中、海底热泉的喷口处以及氧气缺乏的深海都存在着它们的踪影。[20]作为早期的地球生物，古菌似乎受到了后来的微生物的排挤。适合它们生活的那颗行星已经不复存在，它们依然留在极端环境中，因为这些地方和它们过去生存的环境最为接近。

古菌可以在温度超过 110℃的环境下生存，这一温度已经超过了水的沸点。有一种叫作延胡索酸火叶菌（Pyrolobus fumarii）的古菌聚集在 1 800 ~ 2 400 米深的海底热泉喷口周围，喷口常年会喷出含硫和其他有毒物质的热液，温度高达几百摄氏度。这种古菌一直保持着能在高温下生存的世界纪录，它们可以在 121℃的高压锅中存活一个小时，而当温度降到 95℃时，它们就无法有效地繁殖了。[21] 没有任何多细胞动物或植物可以在这样的温度下生存，所以，我们这个星球上最热的地方只居住着微生物。而在过去，微生物不只是统治着高热环境，而且是统治着地球上的每一个地方。

寒武纪大爆发，微生物一跃成为多细胞物种

在生命演化史上的很长一段时间里，微生物一直是地球上最复杂的生命体。不过最终，有一些生命开始形成较大的结构：一层薄薄的细菌细胞

分泌出层层叠叠的石灰石，形成了 30 亿年后我们仍能看到的叠层石。不过这些依然是由微生物构成的，在早期的亿万年里，地球上并不存在大于单个细胞的生命体。

微生物是如何飞跃成动物的呢？关于这一点，我们还没有找到精确的记录。化石上的记录是出了名的不完整，就像一台旧电视机，年代越久远，屏幕上的雪花点便越多。在距今 5.75 亿 ~ 5.42 亿年前沉淀的泥土中，存在着一些大型果冻状的生物，它们种类众多，我们将它们统称为埃迪卡拉（Ediacara）生物群（见图 1-2）。[22] 还有一些早期的细胞团，它们看上去像大型动物的胚胎，不过这些可能只是单细胞原生生物的集群。[23] 远古的海水里飘荡着水母状的会游泳的微小生物体，海底有着形态各异的软体生物，它们看上去有的像盘子，有的像口袋，有的像圆环，有的像棉被。[24] 我们还不清楚现代生物是否由这些生物分化而来。它们可能是失败者，是演化树上断掉的枝杈，也可能是所有现存动物的祖先。

1909 年发生的一件事彻底改变了我们对多细胞生命早期实验的理解。当古生物学家查尔斯·沃尔科特（Charles Walcott）走进加拿大不列颠哥伦比亚省的一个采石场时，被眼前的景象深深地吸引了：他眼前是一大片远古沉积的硬化泥板，距今约有 5 亿年之久，有一个街区那么大。这块泥板后来被命名为布尔吉斯页岩（Burgess Shale），是迄今为止保存得最好的远古海洋生物的记录。这片远古的海底也许是现代古生物学中最重要的发现。[25] 它首次记录了一个世界性的生物革命事件。

为布尔吉斯页岩化石库分类需要花费很长的时间，以及众多的人力和物力。沃尔科特、他的家人以及众多古生物学家都投入了这项工作中，他们挖掘着化石，一丝不苟地记录着发现。新物种发现得越多，人们就越感到惊讶。迄今为至，古生物学家从中已经发掘了 65 000 多个标本。布尔吉斯页岩中的动物都很难被划分到现在的无脊椎动物分类中去。它们的身体就像随便用零件拼凑成的古董汽车，有古怪的象鼻状口器、带刺的长腿、骨质的叶状鳍，不定数量的复眼，所有这些加上其他古怪的特征，使它们看起来就像胡乱拼凑出来的动物。与其说它们是真实的生物，不如说它们更像是科幻卡通中的角色。

图 1-2 神秘的埃迪卡拉化石

注：该化石代表了最早的多细胞物种之一。不过它究竟是属于动物、真菌、地衣，还是和今天的生命截然不同的物种，到现在还是一个谜。（摄影师：Meghunter 99）

威瓦亚虫（Wiwaxia）是一种体形像蛞蝓（Slug）的动物，身上长着众多花瓣状的翼片。马尔三叶形虫（Marrella）像是戴着头盔的卤虫，嘴边长着细长的触须，一直拖到身体的尾部。奥代雷虫（Odaraia）看上去像夹在热狗中间的一条鱼，它的体型像鱼雷的形状，两侧包着宽大的半透明外壳，两只复眼由许多小平面组成，嘴边长着细小的副肢用来进食，尾部诡异地带着三片尾鳍，看上去简直就像是一种外星生物。

现代无脊椎动物本就具有古怪的解剖结构，生物学家和分类学家在将它们归档时感到头疼不已，而当布尔吉斯页岩中的一大堆新物种呈现在他们面前时，更是扰乱了生物分类学。所有这些发现表明，寒武纪时代是自然历史上的一个特殊阶段，在地质变迁的一瞬间出现了不计其数的新的生命形态。这一世界性的现象被称为寒武纪大爆发[26]。

空桶理论：多样且荒诞的“暴走”生物

布尔吉斯页岩是地球在5.05亿年前的一张快照，它“抓拍”到了一场当时正在发生的重大事件。在极短的时间内，大海中出现了众多形态各异的动物，到处都能看到它们扭动着的身躯。突然之间，没有任何预兆，大海中诞生了众多高级生物，以人们过去对生物演化速度的理解来看，这是完全不可能的事情。那么，这些形态各异的生物是如何毫无先兆地诞生的呢？

在沃尔科特抵达布尔吉斯页岩时，达尔文已经去世近30年，但达尔文的进化论以及20世纪蓬勃发展的科学，仍为寒武纪大爆发指明了可能的源头。其中一个令人满意的理论因史蒂芬·杰·古尔德（Stephen Jay Gould）的推广而众所周知，叫作“空桶理论（The empty barrel）”。该理论从最早的生命开始解释：早期生物之所以是微生物，是因为它们别无选择。大气中氧气含量极低，限制了代谢能力。这种环境非常不适合大型多细胞生物生存。等到氧气足够维持更强大的代谢机制时，更复杂的生物就开始处于更有利的环境中，它们有足够的细菌作为食物，有足够的代谢能量来蓬勃生长。

没有残酷竞争的桎梏，再加上有大量细菌作为食物供给，生物的演化进入了爆发状态。达尔文的进化论认为，自然选择会淘汰掉低效率的生物，不过在寒武纪时期的早期阶段，任何一种由劣质基因和身体组件拼凑起来的生物，只要会进食，就能成为一种成功的多细胞动物，无论多么荒诞的动物，都能找到适合生存的地方。那时的海洋就像一个“空桶”，被生命以极快的速度和惊人的多样性填充。

尽管地球在5亿年间经历了一次可怕的大灭绝，海洋世界再也没有这么空旷过，但寒武纪大爆发的产物一直存活至今，在竞争和捕食中不断繁殖，融合着各自的基因。各种生态位都有生物去占用，最差也是部分占用；生物数量有涨有跌，不过再也没有完全消失过。正如安德鲁·诺尔（Andrew Knoll）在《年轻行星上的生命》（*Life on a Young Planet*）一书中所言：“穿行过层层元古代页岩和石灰岩的人都对此深信不疑，寒武纪大爆发改变了地球。寒武纪的生物演化事件可能只进行了5 000万年，但这一时期重塑了30多亿年的生物史。”[27]

除了空桶理论，还有一种理论可以解释布尔吉斯页岩中突发的生物多样性。这种理论诞生于一种全然不同的生物学研究——基因学。先进的基因测序技术开辟了新的研究途径，提供了不同的研究方法，它可以估算出各种主要分类群体出现的时期。

当两个物种分道扬镳时，它们的基因会开始积累不同的突变。如果我们知道突变累积的速度，以及多少个突变后两组生物就会演化成不同的物种，那么就可以推测出这两个物种是在什么时候分开的。用于测量这种时间的仪器叫作分子钟（Molecular Clock），它是通过 DNA 来测量时间的，可以将细微的基因突变当作跳动的秒针，从而投射出从海星到龙虾之间亿万年的演化鸿沟。[28] 分子钟告诉我们，现代无脊椎动物各个门类之间的 DNA 差距很大，若从布尔吉斯页岩时代开始分化已为时过晚。所以，不同类型的无脊椎动物的分化应该始于布尔吉斯页岩出现之前的几百万年，甚至是之前的几亿年。[29]

如果生命的历史果真有这么悠久，如果节肢动物和软体动物在寒武纪之前就已经存在，那么为什么化石记录中没有它们的身影呢？有这么几种可能性：一是它们一直存在，而且也留下了化石，只不过我们还没有找到；二是它们虽然存在，但没有留下化石，因为它们不具备可以形成化石的身体结构。

最好的化石来自骨骼。软组织会很快腐烂，但坚硬的部分可以长存，比如螃蟹的盔甲、蜗牛的背壳、鱼的骨头等。假设寒武纪前的海洋里都是一厘米长的章鱼，我们能知道吗？实际上，章鱼长着角质喙，它的成分是蛋白质，和指甲差不多，能留下保存良好的化石。所以，我们肯定能知道它们存在过。如果是无壳的蜗牛、钻在泥里的蠕虫，或者长着胖手臂的小海星，我们还能知道吗？这些动物不会留下任何化石，顶多只能在沙子里留下游过的痕迹。

事实上，我们已经发现了很多这样的遗迹化石，它们从 6 亿年前就开始出现了。[30] 在众多“奖章”般的泥板中，我们发现了蠕虫钻出的复杂的三维孔洞，也发现了最早的动物附肢行走的足迹，这些遗迹化石比寒武纪大爆发时期的复杂骨骼还早。所以，还有一个可能的解释是，在寒武纪大爆发之前，很多生物就已经存在了，只不过它们还没有进化出花哨的硬骨骼。接下来发生了什么呢？或许就是地球上的第一次“军备竞赛”。

当生物的体型演化得越来越大、行动力越来越强时，它们就从取食无助的状态慢慢变为互相吞食的状态。[31] 捕食者需要尖利的爪子和强壮的肢体来撕碎猎物，而猎物为了不成为盘中餐，就演化出了防御机制，比如贝壳、外骨骼、尖刺以及毒性等。反过来，捕猎者又演化出了更锋利的尖牙利齿。作为回应，猎物则演化出了更多的防御机制。也许动物就这样一点儿一点儿、一个阶段接着一个阶段演化成了我们在布尔吉斯页岩中看到的样子，身上带着各种武器和装甲。这次爆炸性的“军备竞赛”并没有毁灭生命，反而让生命变得更为多元化。

布尔吉斯页岩是生命的“古董市场”，成千上万的物种被封存在其貌不扬的泥板中。经过多年分析，古生物学家已经分离出了少量动物，认为它们是后续生命故事的基础。这些动物中有赢家，也有悲壮的输家，不过它们都曾盛极一时。在狂野的演化状态下，一切都变得不可预测，而它们迥异的特征就是最好的证明。

1911 年，沃尔科特发现了一种他认为是分节蠕虫的生物，这种虫子具有优雅的移动姿态，因此他将其命名为“优雅的皮卡虫”（Pikaia gracilens）。皮卡虫大约 5 厘米长，身体具有微妙的分节。它的化石和其他 30 多种化石后来被送到了一个叫作西蒙·康韦·莫里斯（Simon Conway Morris）的英国人手里。莫里斯作为三维化石发掘技术的早期实践者，很快就意识到，这根本不是蠕虫。皮卡虫的头尾之间连着一条硬质的中央结构，两侧附着锯齿般的肌肉组织。莫里斯在皮卡虫化石上发现了一根原始的脊柱，它最终会演化成人类神经系统的重要支柱。化石中的带状结构是皮卡虫的肌肉，与简单蠕虫的肌肉完全不同，反而和脊椎动物身上重复的脊椎结构更为相似。[32]

皮卡虫在5亿年前的生活方式还是一个谜，它们在当时非常罕见，而且没过多久就消失了。古尔德怀疑，皮卡虫并不是所有脊椎动物的祖先，而是我们在寒武纪时期关系最近的近亲。他还认为，皮卡虫和它的近亲是一条延续的生命分支，它们从寒武纪大爆发的核心阶段，一直延续到之后的演化舞台上。这条来自寒武纪时期的纤细的原始脊椎线表明，今日占据主流的脊椎动物的身体构造只是早期生命万花筒中的一个彩色斑点而已。[33]

和皮卡虫相比，长达几寸的欧巴宾海蝎（Opabinia regalis）更像是布尔吉斯页岩中的一种怪物。在1972年的牛津考古协会（OPA）上，一张欧巴宾海蝎的新绘图遭到了怀疑和嘲笑（见图1-3）。[34] 欧巴宾海蝎看上去太奇怪了，就连向来淡定的科学家们也忍俊不禁。这种动物的体型是长圆形的，在它背部甲壳的两边伸出胖雪茄一样的叶状鳃，一条多叶的尾巴驱动着它在海底慢慢游动，5只眼睛长在粗短的柄上（这在节肢动物中也很少见，它们的身体部位通常是成对分布的）。欧巴宾海蝎的消化道方向是从尾到头，但在头部拐了个U形弯，这样一来嘴巴就对着后面而不是前面。头部突出了一根像吸尘器弯管一样的东西，这是一个有抓握能力的象鼻状器官。这个像喷水管一样的结构顶端长着一把带刺的钳子，它的长度正好能够着嘴巴。欧巴宾海蝎很可能生活在寒武纪时期的海底，伏在泥地上，以微小的动物为食。[35]

与皮卡虫一样，早期研究人员试图将欧巴宾海蝎削足适履地归到一个明确的分类中去。沃尔科特认为它是一种完美的早期节肢动物。[36] 然而后来，牛津大学古生物学家哈里·惠廷顿（Harry Whittington）打破了这种强行归类，他对欧巴宾海蝎的建模表明，它不能被归为节肢动物。欧巴宾海蝎固执地抗拒着分类，它们几乎无法跟任何生物分类兼容。

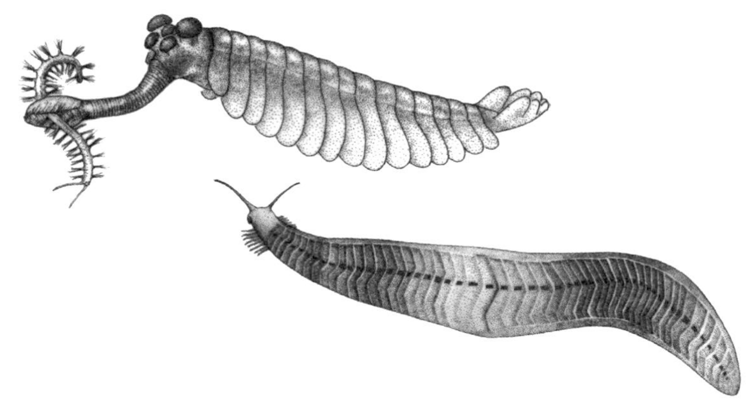

图 1-3　欧巴宾海蝎（上）和皮卡虫（下）

注：这是寒武纪中期两种谜一样的生物，来自布尔吉斯页岩化石。

资料来源：伯克自然历史和文化博物馆，欧巴宾海蝎的绘图者为玛丽·帕里什（Mary Parish），皮卡虫的绘图者为劳拉·弗赖伊（Laura Fry）。

古尔德和其他生物学家认为，欧巴宾海蝎只是传统的再现。这是理解整个寒武纪大爆发的关键。简单而言，欧巴宾海蝎和任何现代生物都不像。它的特征与众不同，和节肢动物相去甚远，这使得生物学家不得不放弃他们之前的一些假设，重新思考生命成功的必要条件。布尔吉斯页岩中的“居民”，尽管在体型构造上如此不同寻常，但它们和今天的动物一样生存、进食、斗争、死亡。有的动物所在的群组得到了世代延续，逐渐繁荣昌盛，而有的动物所在的群组则逐渐灭绝，这也许是由它们的基本生物功能预先决定的。不过，结果并非只有这两种，其他的可能性也一样不小。

自然的历史：从开始并不能预测结束

古尔德对于生物演化思想的最大贡献在于，他强调了运气和机会的重要作用。古尔德喜欢谈论大教堂，喜欢用体育赛事作比喻。在《奇妙的生命》（*Wonderful Life*）一书中，他经常提到“比赛录像”的想法，也就是说，如果自然历史重来一遍，过程和结果可能会非常不同。回想一下那场最著名的美式橄榄球比赛吧：2010 年 2 月的第 44 届超级碗，新奥尔良圣徒队战胜了印第安纳波利斯小马队。如果你观看这场比赛的重播（这比任何化石记录都完整），就可以充满信心地说圣徒队更厉害，瞧瞧那触地得分和精彩的接球。比分最后锁定到 31:17，新奥尔良圣徒队获胜。你可以指出每一处制胜的细节，不过，任何人都可以用一句话来反驳你：“只是一场比赛而已。”如果重新比赛一局，结果可能大为不同。

我们来看看比赛中的一段。在“谁人”乐队（The Who）的精彩演出之后，新奥尔良圣徒队通过短踢来偷球。短踢是典型的拼命打法，一般只有劣势方时间不足时才会使用，而且成功率一般都比较低，这一次仍没有什么惊喜。橄榄球顽皮地从新奥尔良圣徒队的队员脚下溜走，直接飞向了守株待兔的印第安纳波利斯小马队的一位球员。然而这位球员并没有接到球，而是球打到他的面具上，反弹到了新奥尔良圣徒队那里，让他们得到了控球权。这次交锋影响重大，新奥尔良圣徒队一举扭转了局势，掌握了下半场的控制权。不过，假如这次交锋重来十几次，新奥尔良圣徒队又有多大的机会获得控球权呢？如果印第安纳波利斯小马队在优势场地位置上得到球，佩顿·曼宁（Peyton Manning，新奥尔良圣徒队四分卫）不就能让他们立即触地得分了吗？这很难说吧。

生命的竞赛极其复杂，影响成败的因素成千上万，我们事先无从知道它们的数量，也无从知道它们各自的重要性。因此，就算结果有些反复无常，过程看上去也总是显得很“自然”。流星撞击、藻华暴发以及厄尔尼诺现象引发的短期气候变化，这些都可能扼杀一些本来颇有潜力的物种。皮卡虫也可能会在地球早期灭绝，使后来的脊椎动物以及人类历史成为泡影。

古尔德从布尔吉斯页岩中令人难以置信的化石中看到了其中的本质：这只是庞大的竞赛中的一处快照而已。寒武纪大爆发的胜利者演化成了今日地球上的物种，而失败者则沦为了泥板上的遗迹，被封存在远古的岩层中。如果胜负颠倒过来又会是一幅怎么的景象？古尔德作出了这样的解释。

> 从录像带的任何位置开始重赛，都会让演化走上一条和之前不同的道路，并且产生不同的结果。不过这并不意味着演化毫无意义或没有模式；我们一样可以解释这条不同的道路及其结果，解释起来和原始的道路一样容易。每一步都有原因，但从开始并不能预测到结果，而且再次发生和之前一定会不同。任何事件的改变，哪怕在当时看来并不重要的因素，都会让演化走向一条完全不同的道路。[37]

竞争，让生命的多样性极速衰减

现在地球上的数十万种甲壳类动物可以分为 4 个大类。虽然它们有共同的特点，例如对称的附肢和分节的肌肉，但它们的差异巨大，从螃蟹到海猴（Artemia，卤虫）都属于甲壳类。而在布尔吉斯页岩中，这块足有一个街区大的地方，虽然在地球上只算得上是一块针尖般大小的角落，却拥有 24 种不同的甲壳类动物。[38] 多细胞生物一开始多线并发，然而后续的演化却只选择了其中最成功的体型结构，并以它们作为随之而来的一切动物的基础。

寒武纪大爆发的创造过程是纯粹和开放的，而之后灭绝性的事件将生命的宽广河流切割成了我们今天看到的细小支流。欧巴宾海蝎是这一过程的牺牲品，或许和皮卡虫相比，它也一样值得拥有演化的明天。然而比赛录像已经播过，木已成舟，我们作为早期演化赢家的长远受益者，最终得以去追忆这些远古墓穴中的失败者。[39]

古尔德言之有理："在多细胞动物一开始多样化的过程中，体型结构的多样性达到了最大值。和布尔吉斯页岩时代的海洋相比，今天的海洋中物种更多，而它们的构造类型则要少得多。"[40]

早期的胜利者未必拥有最好的长期生存技能，也许它们只是短期冲刺中的佼佼者。不过随之而来的是筛选的过程：在经过亿万年的物种灭绝和环境变迁以后，地球早期爆炸性增长的基因创新已经所剩无几。寒武纪大爆发之后，世界上充满了古怪而复杂的生物，以及各种超乎想象的生命试验品。在竞争和自然选择的慢速碾压下，这些生命大多已经不复存在。留下的胜利者则开始多样化，变成了我们今天海洋中种类繁多而相互关联密切的生命形式。因此，尽管现在还是有众多体型结构不同的动物占据了地球上各种环境下的微小生态位，但和寒武纪时期的动物比起来，还是相形失色。

我们可以将古尔德的"空桶理论"和"比赛录像"这两个比喻结合起来。"空桶"则意味着早期地球可以轻而易举地容纳各种极端的生命形式，因为地球还未充满各种大型的复杂生物。"比赛录像"的比喻则提醒我们，当空荡荡的海洋里几乎没有任何竞争时，各种极端生物的成功机会都是均等的。生命舞台上可能会出现让我们惊讶的物种，很多完全不可能存在的物种可能会突然跃入眼帘。我们之所以说这些生命形态不可能存在，只是因为我们在现在的世界里没有见过。这也告诉我们，我们觉得“可能”的生命形态，只是因为我们已经司空见惯，并不是因为这些生命形态真的具有更多的可能性。

我们今天看到的每一种生物，在寒武纪大爆发中都能找到它们的某种根源。生命源于海洋，海洋保护生命渡过了多次大灾难，直到很久以后，地球上才诞生了可以脱离海水而生存的生物。在寒武纪大爆发的几千万年中，自然和演化让生命的舞台变得五彩缤纷。寒武纪大爆发制造了海洋中最早的超级巨星——三叶虫；它还造就了后续继位的不同生命形式——头足类软体动物，它们在 4 亿年前成为海洋中最凶猛的捕食者；甚至还有人类脊椎构造的最初设计者。复杂海洋生物的长征已经拉开了序幕。

02

古老之最：
亿万年的活化石，核心结构战胜演化竞赛

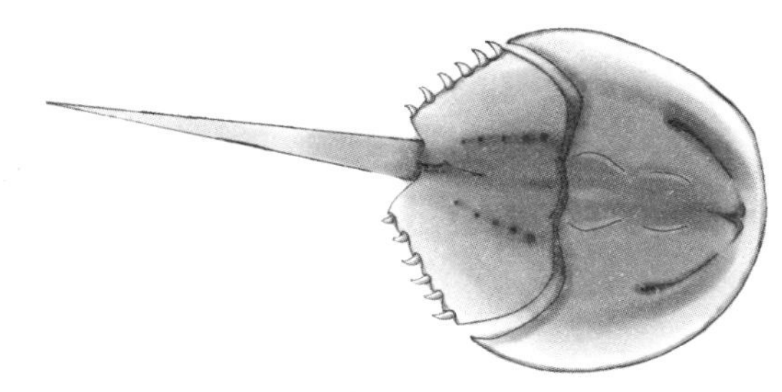

活化石们有着古老的身体结构，
这些结构设计至今依然行之有效。

大众甲壳虫在汽车种类中独树一帜，突出的头灯和拱形的车顶是它的典型标志。从 1938 年第一次生产到 20 世纪 60 年代，该车型获得了巨大的商业成功。时至今日，世界各地的众多爱好者依然钟情于它。按照任何客观标准来看，新型号的汽车总是比大众甲壳虫更高级、更快、更时尚、更安全、更易操作。尽管如此，大众甲壳虫依然是许多汽车爱好者心中的最爱。

大众甲壳虫在 70 多年前就已经投入生产，它们的功能和特性至今受人青睐，因为它们解决了一些常见问题。空气冷却系统减小了引擎的体积和重量，也减少了易发生故障的零件数量。后轮驱动和后置发动机的组合，使该汽车具有在恶劣的天气环境下驾驶的高性能，尽管汽车整体框架较轻，但由于发动机直接位于驱动轮之上，这样还是维持了汽车的牵引力。[1]可靠的德国制造工艺，加上合理的价格，使得大众甲壳虫成为全球工薪阶层的明智之选。在一段时期里，这种车几乎无处不在。所以，尽管这个时代的技术已经有了长足的进步，在路上奔跑的大众甲壳虫已经算不上什么稀奇的车，但它依然颇具竞争力。

跟大众甲壳虫一样，“活化石”之所以在地球上与众不同，也是缘于它们的特性。活化石在上亿年前就已经演化形成，跨越亿万年之后依然没有多大的变化。和几十年前的大众甲壳虫一样，它们现在已经没那么常见了。尽管活化石历经了上亿年的变迁，但还是生存了下来。所有这些远古生物之所以能存活至今，是因为它们具备一些核心特性，这些特性确保它们存活了下来，也成就了它们的独特性。

有的活化石虽然一直非常稀有，但却经历过摇滚巨星般的辉煌时刻。它们曾经是海洋中的主导生命形式，占据着浅海和深海，控制着早期的海洋生态。然而，演化的车轮终将会拐弯，新的生命形式出现，并主宰了海洋。当我们看着今天的海洋时，会觉得一切都很正常：敏捷的鱼类、巨大的鲸鱼、跳跃的海豚，但当你发现过去的海洋并非如此时，没准儿会大吃一惊。

三叶虫时代，统治长达 2 亿年

陆地被复杂生命占据之前的一段漫长岁月，是三叶虫兴盛的岁月。它们经历了世界气候的冷热循环，经历了大陆如水银池一般的分分合合。每一处海域都能找到它们的踪影，众多生态位被它们占据：捕食者、猎物、清道夫。它们是爬行在海底的多足动物，有着坚固的甲壳和锋利的尖爪。在它们中间还生活着另一种生物，那就是属于广翅鲎亚纲（Eurypterid）的海蝎，它们体长可达 2.4 米，尾部长着尖刺。[2] 这些原始的节肢动物是今天的蜘蛛、蝎子、蜱以及鲎（Horseshoe crabs）的共同祖先。它们和三叶虫拥有共同的强大生存工具，享受着同样的成功。

三叶虫和大众甲壳虫不同，它们在 5.4 亿年前的寒武纪时期突然出现在海洋中，数量庞大，种类繁多。大众甲壳虫是单一的型号，三叶虫是一个丰富的产品系列。在布尔吉斯页岩时期，它们就以喷涌之势演化出众多种类，长着形态和功能各异的尖刺、附肢以及复杂精密的眼睛。[3] 它们的化石在岩石中保存精良，为我们打开了认识它们世界的大门，这样的化石群在生物界可谓绝无仅有。三叶虫中有“捕食者、掘泥者以及滤食者”[4]，它们分享了远古海洋中的食物资源。当受到干扰和惊吓时，三叶虫会像球鼠妇（Pill bug，又名西瓜虫）一样缩成球形，有些品种的三叶虫背壳上长着刺，缩起来以后就像一个带壳的球形针垫。和螃蟹一样，它们也会蜕壳，脱掉旧的骨骼。19 世纪的古生物学家曾经费尽心力搜集到了三叶虫从微小的幼体到发育完全的成体，并且做了一系列的排序。[5]

或许这些早期节肢动物最令人吃惊的是适应它们的眼睛[6]：大型复合结构，其中包含数百个由方解石构成的小镜头。[7] 方解石是碳化钙的一种形态，螃蟹的壳，热带海滩上的沙子，都是由这种物质构成的。通常情况下，方解石的透明度犹如砖块，然而三叶虫眼睛里的方解石却是透明的，“由方解石结晶精确排列而成，具有玻璃一般的光学特性”[8]。这些动物用不透明的骨骼作为原料，再将其透明化处理，然后用这些特殊的镜片观看整个世界，一看就是几亿年。最后，它们带着这些魔法般的晶体结构，永久地长眠于地下。

如果将来自约 5 亿年前的寒武纪晚期的三叶虫用一份列表列出来，它们的种类之多，就足以令人瞠目结舌了，然而来自 4.9 亿 ~ 4.45 亿年前奥陶纪的三叶虫才是最佳的物种集合。在这一阶段，三叶虫占据了海洋中的大部分区域，“从阳光明媚的珊瑚礁，到昏暗的深渊”[9]。在之后的时期里，一次又一次的物种灭绝事件使三叶虫的数量和种类逐渐萎缩。最终，三叶虫和海蝎都灭绝了。大约 2.5 亿年前的二叠纪晚期，在地球上最大的一次灭绝事件中，96% 的海洋物种消失了，三叶虫也没有逃过这场厄运。在大灭绝事件之前，依然有 5 种三叶虫后劲十足。考古学家 R. M. 欧文斯（R. M. Owens）叹道："要不是二叠纪晚期整个海洋生物群遭受了极端压力，三叶虫没准儿还能生存很长时间。"[10]

三叶虫不是昙花一现的物种，在两亿年中，它们是海洋生命的主导者。它们存在的时间比人类长 100 倍。三叶虫是寒武纪空桶中爬出来的第一个获得巨大成功的物种，它们让整个海洋成为自己的帝国。也许它们曾以菊石[①]、鹦鹉螺、鲨鱼这些后起之秀为食，也许曾和像鱼类这样的海洋新贵竞争。不过，在它们存在的时期，它们就是海洋生命的标志。然而，三叶虫这条生命分支已经完全消失了，它们是 2.5 亿年前的活化石，而不是现在的活化石。虽然还有其他物种也取得过类似的成功，但三叶虫为我们提供了一些生存至今的关键物种，让我们能够记住它们。

珍珠鹦鹉螺，"封闭在潜水艇中"的捕食之王

珍珠鹦鹉螺（Nautilus pompilius）的外壳与众不同，呈玫瑰色的螺旋形，它是大海细腻优美一面的缩影（见图 2-1）。在向人们做展示时，鹦鹉螺贝壳通常会被从中间切成两半，露出充满珍珠光芒的弧形腔体。内衬着晶莹亮泽的珠光，贝壳内部就像一个简单的书房。从一个微小的坚固核心开始，这种动物的分泌物形成一个卷曲的管道，用以遮蔽它柔软的身体。随着它的生长，管道也变得越来越宽，越来越长，一圈一圈地绕着自己长大。

不过，制造这种贝壳的动物就没这么秀气了，它是一种笨重的、身披

① 菊石（Ammonoid）是软体动物门头足纲的一个亚纲。菊石不是生活在现代的动物，而是已绝灭的海生无脊椎动物，生存于泥盆纪至白垩纪。——编者注

虎纹的生物，胡乱地塞在一团石膏般的白色之中。它的外壳上有一块像面甲一样宽的突起物，下面是一簇扭动着的短触手。两只眼睛在头的两侧抽动着，搜索着猎物和天敌。它的眼睛不是晶状体构成的，而是原始的针孔光圈。

图 2-1　珍珠鹦鹉螺

资料来源：Photograph by Chris 73/Wikimedia Commons.

各种鹦鹉螺以及与它们有亲缘关系的菊石在古代海洋中数量众多。在鲨鱼和鱼类兴起之前的数亿年里，这些带壳的、长满触须的动物曾经是海洋中最先进的捕猎者。它们的外壳直径可达 3 米。[11] 3 米宽的壳可能会让鹦鹉螺变得很笨重，所以它们很可能是以行动缓慢的底栖生物为食，例如三叶虫。有的鹦鹉螺背壳扭曲的形状非常怪异，很难想象它们是如何在水中游动的。这些奇异的大家伙生生息息，维持着庞大的数量和众多的种类，就这样持续了数亿年。

沉重的背壳是鹦鹉螺的关键特征，是它们世世代代的“遗产”。背壳的腔室不是简单的奇妙物件，也不是对于未使用空间的粗糙的解决方法。背壳会随着这种动物生长，而鹦鹉螺又必须将自己的位置保持在背壳的开口端。所以，它要腾空之前居住的空间，在背壳中向前移动一段距离，然后将旧居所用一层珍珠质封上，创建出一间一间的“房间”，这就是其英文名称“Chamber”的由来。这些“房间”本身就是一种奇迹，从一头到另一头依次排列，形成了一套近乎完美的对数螺线。[12]

这些“房间”对鹦鹉螺的生存至关重要，也是背壳本身带来的必需品。厚重的背壳虽然提供了安全保障，但代价是体重的增加。带着这样的负荷，鹦鹉螺按理来说应该直接沉底，然而为什么没有呢？这些“房间”就是答案。它们虽然不再用来居住，但并不是空的。

鹦鹉螺改变浮力的方式和潜水艇一样：通过将压载舱充满或者排空。鹦鹉螺有一条肉质的线穿过了背壳的各个“房间”，这根线叫作体管，它将各个“房间”像运河水闸一样串联起来。这根线可以在背壳腔体中渗出或吸收液体，从而改变它的浮力。[13] 这种操作是渐进式的，不过速度对鹦鹉螺来说已经够快了，可以让它在日夜交替之时在水中上下穿梭几百米。白天，鹦鹉螺躲在300米深的昏暗之处，在珊瑚床坡下面耐心等待。到了晚上，它们会上浮到浅水中取食。这种设计也有一个严重的缺陷，鹦鹉螺无法为背壳腔体增加压力，如果外界水压过大，背壳就会被压碎。有实验表明，鹦鹉螺能承受的阈值是接近500米的水深。[14]

鹦鹉螺航行世界的方式和大部分其他头足动物相同：使用细长的虹吸管从外套腔向外喷水。通过吸水和喷水的动作，外套腔和虹吸管协同工作，犹如一套原始的水下喷气发动机（和卷起舌头吹气差不多）。

在 4 亿年间，鹦鹉螺和它们已经灭绝的“表兄弟”菊石一起，长久地统治着海洋世界。菊石是大约在 6 500 万年前和恐龙一起灭绝的。鹦鹉螺的数量也大幅减少，最终只剩下现在的 6 种。和三叶虫一样，它们在历史上也曾种类众多，适应着多样性的生态，最后也留下了长存的化石。它们有时是捕食者，有时是猎物。在三叶虫的化石上面，有的留下了鲨鱼咬出的伤口以及其他的战斗痕迹，有的留下了沧龙（Mosasaur，一种已灭绝的类似鳄鱼的巨型爬行动物）的齿痕。[15]

数亿年前，几乎所有的复杂动物都是底栖动物，鹦鹉螺的灵活特性使它统治了海洋。鹦鹉螺有两种适应性武器：类似喷气机的虹吸管和带腔体的背壳。这两种特征让它们取得了最早的成功，也让它们能够生存至今。[16]远远地躲在孤立的珊瑚礁深处的鹦鹉螺是一位“封闭在城堡中”的君王。[17]

鲎，存活至今的“外星生物”

马里兰州的大洋城是自然风景和人造景观之间的地质边界。该城市建在大西洋中部沿岸的一处沙洲上，和大海之间有着永恒不断的冲突。在西部海岸的边缘，河流汇集至入海口，海水半咸半淡，两侧的岸边长着沼泽草类。在东部边缘，夏季的游客挤满了海滩，大西洋无情地拍打着海滩上的石英沙子。海岸线上挤满了高耸的酒店和公寓，每日接待着成群的沙滩游客。最南端矗立着一处闪亮的娱乐区，里边有电子游乐场，还有一架摩天轮，体现着独特而充满荣耀的美国梦。略显陈旧的大西洋海滨栈道是少有的地方性标志，家长向孩子们解释着它的重大意义，而孩子们似乎无动于衷。如果你游行在海滨栈道，脚到之处都有一种黏糊糊的感觉；商店门口的装饰品激发着你的怀旧之情，又以同样的力度挑战着你的品位。

尽管海滨栈道仅仅存在了一个多世纪，但看起来还是挺老的。沿着长长的沙滩，你可以找到地球上历史最悠久的一种生命形式。在沙坝刚被波浪淹没的地方，生活着一种真正的活化石——鲎，俗名马蹄蟹。在数亿年之后，这种动物依然忠实地采用着远古时期的身体结构。化石层中发现的鲎和现代的相比，体型几乎没有任何实质性的变化。

了解鲎最好的方法，就是在海滩上找到一只，把它翻过来。要注意了，尽管这种动物不会伤害人，但大多数沙滩游客还是会被它的腹部震惊：它们的体型类似昆虫，前面是细薄的头部，长着两个带爪的触须，顶着一个巨大的背壳，有如外星人的头盔。后部是笨重的腹部，中间胸部伸出 10 条细长、带钳的腿，像死人干枯的手指一般划动着。由于没有颌骨和牙齿，鲎利用腿将食物碾碎，然后传送到它们小小的吮吸式的口器中。这些生物看上去像极了外星来客。[18]

即使在现代世界，鲎也是孤独的，亿万年的演化已经将它们跟现代的动物远远地隔开。虽然被称为马蹄蟹，但鲎并不是真正的蟹类。它们和蜘蛛的亲缘关系比跟甲壳类动物的更为接近，所以被恰当地归为螯肢亚门而非甲壳纲。世界上只剩下 4 种鲎[19]，它们都有圆顶状的硬壳，以保护整个身体。与其说是盔甲，不如说是顶着一个独立的硬帐篷。它们腹部长着薄如纸片的呼吸组织，这些呼吸组织折叠成书的样子，夹在腿和细长的尾部之间。鲎没有真正的鳃，它们是靠这些“书鳃”来呼吸的。在遥远的过去，这些适应方式是很常见的，不过在今天，鲎是唯一一种带着这些过时的特征生活的动物。

也许身体构造已经过时，但鲎在某些方面还是超过了它后来的表兄弟们。例如，现代的鲎眼睛相对简单：两只较大的主眼，还有 7 只眼睛分布在身体各处，它们的敏感度和大小各不相同。最近的研究表明，这些远古生物的视力以及大脑处理复杂视觉信号的能力都是相当先进的，尤其是鲎的眼睛在夜间的敏感度比在白天高 100 万倍。超级敏感的眼睛可将敏感度在夜间调高，然后在白天调低。这样的功能可能是为了在夜间潮水下降后寻找配偶。[20]

尽管鲎带着一些原始特征，但它们的鳃依然能为血液输送氧气，10 条腿依然能在沙子中筛选食物，笨重的雄性依然能从身后抱住雌性完成交配。一样的型号一代接一代"生产"了几亿年，自然选择可能对鲎的"设计"很满意，延续至今的 4 种鲎的形状和习性一直没有变过。和大众甲壳虫一样，鲎的体型看起来虽显突兀，但依然保持着稳定的实用性。

美洲鲎（Atlantic Horseshoe Crab）是一种较新的物种[21]，但鲎作为一个科，差不多 4.45 亿年前就出现在地球上了[22]。4.45 亿年前的化石就有了和现代鲎一样的圆拱形外壳以及壮实的长尾。[23] 漫长的存活时间加上体型几无变化，使得鲎成为活化石的代表性动物。它们的身体结构细节比任何其他动物都保持得更久。在漫长的岁月里，它们也有过一些体型略有变化的近亲，其中一些变得更为强壮，在短期内也更为成功。然而随着时间的推移，所有这些近亲都灭绝了。

由盛转衰，最后的三叶虫

现在世界上还存在 4 种鲎，但三叶虫一种都不剩了。所以，尽管三叶虫统治过海洋，而鲎从未统治过，但从生存方面来讲，鲎才是赢家。不过，世界上还剩下一个类似三叶虫的动物存在，那就是现今状如球鼠妇的鲎的幼体。鲎的幼体是从埋在沙子里的卵中孵化的，这些"三叶虫"是过去的三叶虫王国唯一留存的“遗迹”。所以鲎又是“双活化石”，分别体现在成体和幼体阶段。

我们不知道为什么鲎能存活到现在，而它们当年表现得更为成功的表兄弟们都已经灭绝了。鲎提供了一个链接，能让我们回溯到鱼类、鲸鱼、珊瑚出现之前的远古海洋。现在，它们生活在几个受保护的沙滩上，生活在一个拥有棉花糖和过山车的拥挤世界之中。

腔棘鱼，恐龙时代的活化石

如果你是发现三叶虫还没有灭绝的那个人，那会是一番什么样的情景呢？但这一幕是不可能发生的。不过，这种事儿却在另外一种活化石身上上演了。这种动物我们在化石记录中经常见到，几个世纪以来，人们都以为它早已灭绝，但最后竟然神奇地被重新发现了！这种动物就是腔棘鱼（Coelacanth），一种深居海里的罕见动物。它们的发现，让人类知识的局限性暴露无遗。

腔棘鱼是肉鳍鱼类中的一种，这类动物出现的时间比最早的鲨鱼还早一些，大约出现在 4 亿年前。虽然肉鳍鱼类的物种一直都不多，但至少有一种，从北美到亚洲都有广泛的分布。[24] 它们的鳍厚且多骨，像是人的手指，这些肉鳍是一种相对原始的游泳设备，不过也是脊椎动物四肢的前身。古生物学家一直认为，每一种鸟、每一种爬行类动物和哺乳类动物都可以算作是这些海洋“祖先”的后代。在许多博物馆里，我们都能看到大型腔棘鱼的化石。古生物学家之前还认为，腔棘鱼在 6 500 万年前的白垩纪就已经灭绝了。[25] 直到 1938 年，在南非的鱼市上，一位年轻女子买下了一条新捕的腔棘鱼，人们才发现它们还存活着。

玛罗丽·考特内–拉蒂迈博士（Marjorie Courtenay-Latimer）回忆了发现腔棘鱼的经过："1938 年 12 月 22 日，那一天天气非常炎热，阳光也很刺眼。有人打电话告诉我说，'南浪号'拖网渔船靠岸了，有不少生物样本要给我看看。所以我打电话叫了辆出租车，到了渔船码头。"[26]

于是考特内–拉蒂迈就这样幸运地发现了一种鱼，这种鱼最终以她的名字命名：拉蒂迈鱼（Latimeria chalumnae，西印度洋矛尾鱼科中的一科）。这种大型多脂的鱼类生活在南非附近 60 米深的印度洋中。对于鱼类学者来说，这就像是在亚马孙热带雨林中发现了活恐龙一般。这一标本立即被带到欧洲，据说吸引了两万名热切的科学爱好者前来参观。考特内–拉蒂迈和分享发现的科学家们一下子成了全球名人。不过，这个发现让科学家们不得不重新审视海洋生物的演化史。至于腔棘鱼，也许无数的渔民都曾见过，尤其在马达加斯加附近的科摩罗群岛沿岸，因为大部分腔棘鱼样本都是在这里发现的。不过，由于腔棘鱼数量稀少，也没什么经济价值，所以欧洲科学家一直没机会接触它们。[27]

和它们的原始祖先相比，腔棘鱼本身似乎没有多大的改变。厚厚的肉鳍加上沉重的身体，使得它们的行动变得又慢又笨拙，即使在自然栖息地也是如此。腔棘鱼的大脑很小，只占颅腔的 2%，剩下的空间充满了脂肪，用以增加浮力。它的肌肉致密多油，带着尿素的臭味。这个物种依然存在的原因之一很可能就是，它们完全没有商业价值。腔棘鱼像一艘水下的飞艇，笨重地游动着，静静地漂浮着，等着小鱼们主动过来成为口中餐。它们宽大扁平的鳍总是会前后晃动，很不稳定，好像随时会翻。如果鲨鱼是演化产生的一把锯齿屠刀，那么腔棘鱼充其量只能算作一根木棍。

腔棘鱼依然停留在灭绝的边缘，也许正是因为活在隔离的边缘区域，它们才能存活下来。它们的存活几乎完全得益于演化史中的一点儿运气。

腔棘鱼生活在水面 100 ~ 200 米以下的一片狭窄的冷水区域和陡峭的火山坡附近。只有在少数时候，它们才会被上涌的冷水带到海面附近。腔棘鱼只会产出几粒体积巨大的卵，有橘子那么大，色泽也和橘子差不多，最终会孵化出一条一米长的鱼。它们古老的身体结构依然可以有效地捕食更加现代的鱼类，但它们的活动区域和当年比起来，只剩下一丁点儿了。

颌的出现，使鲨鱼逆袭至霸主之位

体型完美、力量强大、令人毛骨悚然的鲨鱼一直都是一种让人望而生畏的动物。有人说它们是进食机器，是自然打造的完美的致命工具，是符合柏拉图式理想的残酷捕食者。在《恶魔鱼》（*Demon Fish*）一书中，作者朱丽叶·艾尔佩林（Juliet Eilperin）引用了希腊诗人奥本（Oppian）的诗句来描述鲨鱼："永不停歇地为食物而狂热，永远处于饥饿之中，无论怎样暴食，都没法满足它们那可怕的胃口。"[28] 鲨鱼的身体是由坚实肌肉铸成的流线型"鱼雷"，既适合轻松的滑行，又适合爆发式的快速猎杀。它们的嘴巴不是工具而是武器：一排排的牙齿犹如带锯齿的刀具，依次生长出来，如果前排的牙齿被上周午餐中的骨头硌坏，将会由后排的牙齿补上。奇异的感觉器官能使鲨鱼侦察到遥远之处的微量血液，也能让它们听到猎物心脏发出的电脉冲。皮肤上的棘刺——特异化的鳞片，状如微小的利齿，在周身形成细小的低压槽。和高尔夫球上面的小坑一样，这些低压槽能够减少阻力，提高速度，能使鲨鱼在大陆之间的浩瀚海洋中往返巡航。在冲撞的瞬间，它们平坦的黑眼睛会转向后方，这副姿态似乎在向世界表明，它是一位专注而致命的杀手。我们曾深潜在昏暗的海水中对鲨鱼有过惊鸿一瞥，它们是我们永远不可能完全照亮的世界中最黑暗的阴影。不过，《鲨鱼周》节目夸张的描述只适用于一小部分鲨鱼。自古以来，大部分鲨鱼拥有这些基本元素——强大的牙齿和捕食的习性，不过它们在吓人程度上排名甚低，它们通常只是在泥渣中捕食小型猎物而已。[29]

在4.18亿年前，鲨鱼突然出现在生命演化的舞台上，带着它们崭新的发明——颌，这是从它们和硬骨鱼共同的祖先那里继承而来的。鲨鱼的骨架由软骨构成，比硬骨更轻，也更灵活。鲨鱼头上长着一种专用器官，叫作洛仑兹壶腹（Ampullae of Lorenzini），里边有一组异化的纤毛细胞，可以感知到微弱的电场。[30] 生物学家在一次实验室测试中发现，鲨鱼可以只依靠猎物释放出的电信号找到猎物，而用电极模拟猎物释放的电信号时，鲨鱼也会做出同样的反应。[31]

所有这些都是鲨鱼的重要特征，不过最重要的还是鲨鱼的牙齿。4.18亿年前，最锋利的撕咬来自头足动物的喙，而当鲨鱼的锯齿状牙齿出现之后，立马就成为最完美的取食工具。在当时，动物界已经存在诸多进食工具：喙、钳、吻、锉，但牙齿还没出现。牙齿是一项了不起的发明，它们赋予了鲨鱼一项重大优势。

如何长出锋利的牙齿

锋利而可替换的牙齿为鲨鱼赢得了“市场份额”。在早期海洋新演化出的诸多捕食者中，牙齿可谓鲨鱼的生物性“品牌”。对于新兴事物来说，创新尤为关键。无论是拉里·佩奇（Larry Page）和谢尔盖·布林（Sergey Brin）发明的顶尖算法 PageRank，[32] 还是鲨鱼在动物盔甲日渐增厚的环境下进化而来的牙齿，都体现了创新的重要性。在4.18亿年后的今天，鲨鱼当年的创新依然能为它们带来丰厚的回报。

鲨鱼的牙齿会不间断地生长，每7~10天就能长出一副新牙，而旧的牙齿则会像磨钝的剃刀一样被抛弃。[33] 这些牙齿极其锋利，切割面只有

0.025 毫米宽。鲨鱼的牙齿是地球上最锋利的自然结构之一，[34] 如果你不小心，连鲨鱼牙齿的化石都会割伤你。这些令人生畏的武器为鲨鱼留下了漫长而血腥的历史遗迹。

鲨鱼的牙齿是如何长得这么锋利的呢？我们制造锋利物件时，会先做一个薄片，然后锤炼、打磨，直到边缘变得更薄为止。生物的结构不可能用锤炼和打磨的方法来加工，它们必须在长出来的时候就已经是锋利的。细胞和组织通常最擅长制造柔软的东西，制造坚硬锋利的结构是 4.18 亿年前的一项创新，而牙齿是鲨鱼独创的设计，可谓微型细胞工程界的一项奇迹。

鲨鱼牙齿的“制造”历程从嘴巴深处开始。一开始，它们是鲨鱼喉部软组织中的一排排硬脊，在嘴巴中依次生长，并且逐渐向外围移动，就像涌向海滩的波浪一样。[35] 单个牙齿最先是一团无定型的组织，之后在基部硬脊的上部，牙齿从一排细细的细胞中升起，形成一个由纤维构成的扇形。这些薄纤维限定了牙齿的锋利边缘，狭窄密集的纤维边缘是锋利牙齿的保障，否则牙齿就是钝的。一旦牙齿在精确限定的范围内开始生长，纤维之间的细小缝隙就会被一种类似骨质的材料填满，这些材料慢慢累积，最终形成了自然界最为锋利的刀具。[36] 最后，切割面还会被封上一层“牙釉”，用以增加牙齿的强度。细长的结构通常会比较脆弱，所以纤维的边缘会有细微的起伏，这样牙刃上就会形成锯齿，从而在不增加牙齿厚度的情况下增加强度。至此，牙齿已经移动到了口中，排在正在使用的那排牙齿后面，时刻准备好替换那些被骨头、石头，甚至钢铁硌碎的牙齿。

4.18 亿年前的鲨鱼牙齿是非常尖利的，但只有 3 毫米长。[37] “制造”这些牙齿的鲨鱼很少出现在化石记录中，我们第一次见到的鲨鱼身体化石来自 4.09 亿年前，体长只有 23 厘米。[38] 最著名的鲨鱼化石宝库来自 3.7 亿年前，其中保存的化石相当完整，就连胃里的食物也保存了下来。这些是古老的原鲨鱼，叫作裂口鲨（Cladose lache），它们以原始的鱼类为食，使用圆边的牙齿撕扯猎物。[39] 裂口鲨已经具备基本的鲨鱼体形，但还没有经过细化。它们身躯细瘦，鳍片却大得夸张，看起来像是鲨鱼中的一个少年书呆子。裂口鲨只能算是鲨鱼的一个早期“型号”。

一些鲨鱼的体型从古至今都没变过。比如栖息在深海中的欧氏尖吻鲛（Goblin shark，又称哥布林鲨，见图 2-2）。它们长着一个细长的“大鼻

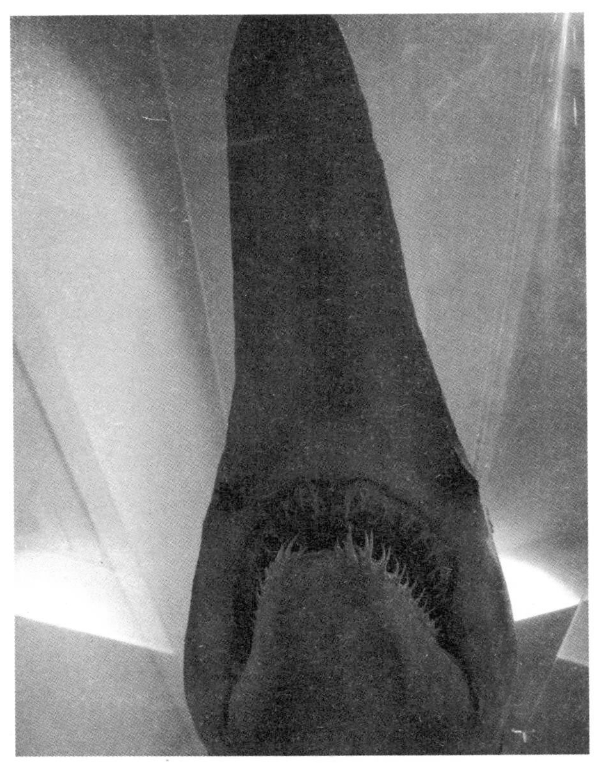

图 2-2　欧氏尖吻鲛的口鼻部

资料来源：由亨加里安·斯诺（Hungarian Snow）摄于日本品川水族馆。

子”，“大鼻子”下面的嘴巴里长着一口乱七八糟的尖牙。欧氏尖吻鲛的悬挂式下颌和冰锥一般的牙齿长在橡皮筋一般的弹性韧带上。平时韧带是拉紧的，嘴巴也处于回缩的位置。直到猎物靠近时，韧带会突然放松，嘴巴快速弹射而出，一口咬住猎物（通常为底栖软体生物），接着以同样的速度缩回到颅骨下面。[40]

皱鳃鲨（Frilled shark）也有活化石之称，因为它们有着修长的体型以及古老的下颌结构（见图 2-3）。虽然皱鳃鲨向我们揭示了远古鲨鱼的生活方式，但它们还是在之后的研究中被归为更为现代的鲨鱼种群。皱鳃鲨拥有将近两米长的鳗鱼状身体，还拥有针状的牙齿，用以快速出击，确保抓取动作迅速的小型猎物。[41]

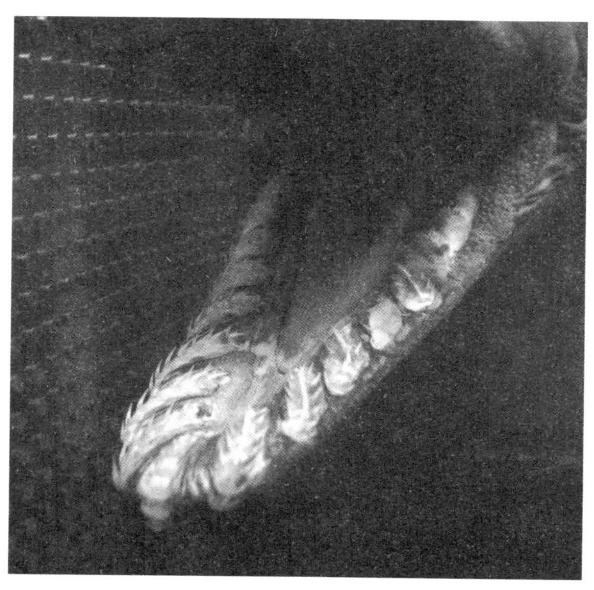

图 2-3　皱鳃鲨的针状牙齿，用来抓取类似乌贼的软体动物

资料来源：由 OpenCage 摄于日本下关海洋水族馆之海洋科学博物馆。

鲨鱼是活化石吗

现代海洋中的鲨鱼和 4 亿年前的不太一样。和鲎不同，鲨鱼在演化中并没有保持稳定的基本身体结构。从底栖无脊椎生物的捕食者到现代海洋中的捕杀机器，鲨鱼的演化是一个灭绝和改良的过程。

2.5 亿年前，地球经历了最严重的一次大灭绝事件，被称为二叠纪–三叠纪灭绝事件[42]。这场灭绝事件竟然消灭了 96% 的海洋物种。[43] 灭绝事件的原因可能是快速变化的生态和气候，但也有科学家认为，大规模的火山活动才是罪魁祸首。[44] 早期的鲨鱼也灭绝了，不过它们留下了一小群叫作软骨鱼的后代，这些后代就是现代鲨鱼的祖先。在它们生存的年代里，海洋空空荡荡，直到 500 万 ~ 1 000 万年以后，海洋才恢复了生机。[45] 软骨鱼的生活条件极为残酷，猎物极其稀少。尽管如此，它们还是生存了下来。支撑它们生存下来的是强大的身躯和不断改进的牙齿。它们的种类变得越来越多，体积变得越来越大，最终演化为令人望而生畏的现代鲨鱼。

以鼠鲨目为例，这是第一个大白鲨风格的鲨鱼类别，诞生于 65 万年前。它们的牙齿已趋完善，而且口部结构也发生了改变，拥有了外翻形的下颌。[46] 在攻击的时候，颌关节会使下颌像花瓣一样打开，露出里边狰狞的牙齿。

威风凛凛的巨齿鲨可以长到 12 米长，体重相当于 8 头大象的体重（77 吨）。[47] 它的颌有 1.8 米宽，可以输出 1.8 万公斤的咬合力。它总共有 276 颗锯齿状牙齿（见图 2-4），最大的有 16.5 厘米长。[48] 巨齿鲨和大型须鲸演化于同一时代，也就是大约 2 000 万 ~ 3 000 万年以前，它们很有可能以这些须鲸为食。[49] 巨齿鲨集现代鲨鱼的所有特征于一身，快速而强大，捕食着体型同样庞大的猎物。巨齿鲨在 200 万年前的冰河时代灭绝，原因至今不明。

图 2-4 重建后的巨齿鲨化石

注：该化石于 1909 年由美国自然历史博物馆巴什福德·迪安（Bashford Dean）教授重建。据报道，图中巨齿鲨的体型比实际略大一些。

一开始我们以为，像皱鳃鲨之类的鲨鱼是保留了一些原始的功能的。但实际上，皱鳃鲨属于先进的种群，只不过重新演化出了祖先的身体结构。鲨鱼牙齿上面的釉质也由一层演化成了三层。[50] 不同于鲎和鹦鹉螺，鲨鱼在现代海洋中依然是无可比拟的成功者。哺乳类动物有着一个微不足道的开端，它们从远古的有袋类祖先，一直到成为占主导地位的大型陆地动物，其间跨越了无数阶梯，逐渐提升了生态价值。鲨鱼的演化历程比起哺乳类动物来毫不逊色。

所以，鲨鱼究竟算不算活化石呢？它们的基本结构和身体构造在4.09亿年中没有发生改变。它们牙齿的生长方式以及人类设备难以模拟的电流感应能力，无论是在远古还是现在，都是它们的决定性特征。从动物时代降临之时开始，鲨鱼就以捕食者的身份，一以贯之地存活于海洋中。鲨鱼们巡游在陆地上除了马陆（Millipedes，千足虫）以外几乎别无他物的时代，巡游在三叶虫和菊石的鼎盛时期，巡游在其他动物还没有牙齿的早期海洋中。大陆在沧桑中漂移，海洋生物随着生态变化时多时少，而鲨鱼们依然游弋在它们的水域之中，捕食着猎物。与其说它们是活化石，还不如说它们是活着的奇迹。

演化只会奖励短期成功

尽管活化石的解剖结构各异，但它们还是拥有很多共性：远古的生物，依赖若干高度改良的生物学特性成功地生存下来，执着地守护着它们的生态位。当然，这些群体的物种分化和适应已经进行了亿万年，不过和它们保留的特性相比，它们变化了的特性可谓微不足道。能生存几百万年的物种没有几个，而生存时间比这长100万倍、其间身体结构没有发生根本变化、渡过了若干世界末日般的灭绝事件，而且承受住了人类文明兴起的影响的生物，简直令人难以置信。然而，证据就摆在我们眼前。

与流行的公众认识相反的是，演化不意味着演进。更有可能的是，演化只会奖励短期的成功，完全不理会任何长期的规划。如果一个物种成功地繁衍了下一代，演化就会至少给它一个及格分。按照这种观点来看，为什么成功的身体结构不能长久维持呢？这个问题有两个答案：一是环境的变化，二是与竞争对手以及猎物的共同演化会推动持续创新。对于活化石来说，长期的成功似乎是和避免变化相伴而行的。大灭绝事件像波浪一般从浅水区蔓延至大洋之间，迄今已经经历了五次，而人类的活动正酝酿着第六次大灭绝。[51] 这些事件重置了生命发展的方向，为海洋物种的生活环境带来了灾难性的改变。不过，有些生存环境受到的影响比较小。深海是世界上最稳定的自然环境，这里冰冷安静，幅员辽阔。也许正是由于这种稳定而又广阔的环境的庇护，才使腔棘鱼和鹦鹉螺之类的远古生命形式存活至今。

远古生命形式能存活至今还有一个因素，那就是物种之间的协同演化比赛。演化舞台的剧本很大程度上是随着参赛者而变化的——捕食者消费猎物，竞争者排挤弱者。当一个参赛者演化出一种成功的策略，就会为其他竞赛者带来压力，让它们也不得不屈从于这个方向的演化。有的竞赛者拥有合适的基因工具套件，可以做出回应，因此它们会做出改变并持续发展繁荣。有的竞赛者缺乏工具套件，要么由于运气不好，要么由于数量少或者基因多样性缺乏，最终走向灭绝。而那些作为活化石的动物，可能由于某种原因，保持了一种特殊的生活方式，没有卷入这些协同演化的竞赛中去。

腔棘鱼和鹦鹉螺占据着一些生态位，这些生态位将它们隔离和保护起来。目前已知的腔棘鱼有两种，分别生活在相隔数千里的两片狭窄水域中。[52] 鲎仅剩 4 种，局限于大西洋和东亚的海岸上。鹦鹉螺大约仅存有 6 种，游弋在印度洋和太平洋热带区域的深水中。[53] 同时，尽管人类频繁地进行捕鱼活动，但依然有400多种鲨鱼游弋在各大洋中，从体积如猫的温驯的珊瑚礁居民，到噩梦般可怕且如钻石般稀有的欧式尖吻鲛，它们都是演化史上的长寿物种，并且长期保持着多样性。从这方面来讲，它们可以算是这颗星球上最成功的多细胞生物。

我们希望这一切能给人类带来一些谦卑感。除了鲨鱼以外的“活化石”，它们都是一些低调的生物，它们十分奇特，在各自的生态位中过着与世隔绝的生活，极少闯入人类的活动。它们的存活很可能是自然界的一个奇怪事故，就算它们完全消失，这个世界也不见得会想念它们。不过，它们的奇特也伴随着它们的脆弱，因为小生境中的生物很大程度上需要依赖它们的生存环境。由于美国东部海岸的开发活动，美洲鲎的数量已经连年下降，而它们数量的下降给食物链的上下游都造成了影响，甚至影响到了迁徙的海鸟。[54] 人类是一个年轻的物种，我们这种灵长类生物的存在时间仅仅相当于演化史的“心跳”的一次波动。我们只是历史的过客，而鹦鹉螺、鲨鱼、腔棘鱼，它们才是真正的历史。

THE EXTREME LIFE OF THE SEA

03

微小之最：
细菌，一夜间改变海洋生物的大局

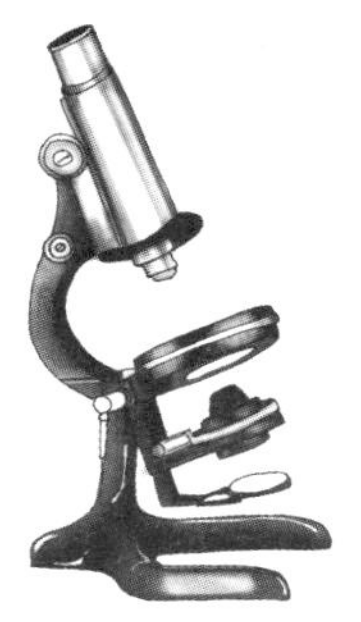

海洋中最小的物种对海洋的化学成分和其中的生命有着重大影响。

多胜繁星，地球仍是微生物的世界

此时此刻，你正被100万亿个细菌包围。别去找消毒液了，这些细菌就生活在你体内！人体内活动的微生物的数量比人体细胞的数量多10倍。它们在你的体内提醒着你，尽管生命取得了长足的发展，但地球依然是微生物的世界。[1]

微生物是肉眼看不见的单细胞生命形式，包括细菌和古菌，后者是一种多生活在极端环境下的生物。微生物还包括一些更高级的单细胞物种。微生物是最早的生命，30亿年之前，在早期的各种大灾难让地球初步成型以后，它们突然大量出现在世界的舞台上。当代的微生物后裔依然是地球上最多样化的生命形态，在生物圈中拥有压倒性的优势。它们探索过众多生活方式，多到其他生物无可比拟。时至今日，它们拥挤地生活在地球的每一个角落。从茂密的丛林到干燥的沙漠，再到这颗星球上的每一滴水中，微生物在我们的眼皮底下统治着整个世界。海洋的化学成分就是由细菌产生的，而这些最微小的生命对维护海洋环境起到了极其巨大的作用。

小包装：生物不过是一个个肉质冰山

微生物虽然数量众多，但体积微小，如果将 1 000 个细菌从头到尾一字排开，宽度才勉强相当于一个英文句点。相比而言，变形虫和原生动物的体积则较大。17 世纪，博物学家通过显微镜观察池塘里的水，发现这些微小的“巨人”在水里扭动。[2] 不过，当时的显微镜没法甄别出更小的东西，几百年过去了，细菌依然没有在科学面前现身。伟大的法国生物学家路易斯·巴斯德最终证明了它们的存在，而且发现它们会引发多种疾病。与巫术和体液平衡理论相比，“细菌理论”不见得有多精彩，不过它的优势在于科学性。没过多久，就连最狂热的怀疑论者也不得不退让。巴斯德成了一个传奇，他的理论现在也成为每一个生物科学分支的基础知识。[3]

在这位法国名人去世一个世纪以后，我们的技术才取得了足够的进步，有能力充分研究海洋中的微生物。英国著名生物学家查尔斯·达尔文发现了微生物作为较大生物食物的重要性。不过他也承认，自己无法理解细菌存在的意义。正如他在 1845 年写道：“我猜想，众多的低级浮游动物以捕食微生物为生，但在清澈湛蓝的海水中，究竟是什么养活着这些微生物呢？[4]”

从 20 世纪 70 年代开始，我们对海洋微生物的了解有了根本性的改观。研究人员在劳伦斯·波默罗伊（Lawrence Pomeroy）和法鲁克·阿扎姆（Farooq Azam）的带领下，使用了新的方法来计算海洋微生物的数量。[5] 他们的先进技术带来了巨大的惊喜，不仅发现了众多新的细菌种类，还展示了超乎想象的细菌数量。将得出的结果投射到整个海洋以后，微生物学家发现了一个惊人的结论：细菌占据了海洋生物总重的很大一部分比例。鲸鱼、鱼类、龙虾以及每一种惹人注目的动物，都只是微生物在海洋中的肉质冰山而已。

波默罗伊和同事预估，海洋中总共有 10^{29} 个细菌，1 后面有 29 个 0，这是一个不可思议的数字，它代表的数量超过了宇宙中星辰的总数。[6] 巨大的数字是一种启示，一夜之间改变了海洋生物学的大局。在近海曾被认为没什么生产力的一片开阔海水中，细菌新陈代谢产生的能量超过任何其他生物。这种代谢活性取决于多种化学物质的“交流”。有的细菌以微量的水溶碳为食，有的则从海水中吸收矿物质。由于微生物的数量异常庞大，它们的活力是相当惊人的。如果将海洋中的细菌从头到尾排成一行，它们可以绕银河系 30 圈！[7] 达尔文眼中“清澈湛蓝的海水”其实并不“清澈”，而是一口翻滚着生命的大锅。

微生物之所以有能力控制海洋的化学成分，靠的就是它们的数量和效率。一升水中就有 10 亿个细菌，相当于印度的人口数量。这 10 亿细菌的总重只有约 0.1 毫克。[8] 如果它们是光合细菌，就会产出异常多的能量。以细菌的代谢率而言，总重相当于 100 个人的重量的光合细菌产出的能量相当于一座核电站产生的能量。[9] 当周围的条件足够适宜，细菌会利用这些代谢能量进行爆炸性地繁殖，从而改变海洋的化学平衡。[10]

小而多：一亿亿亿个原绿球藻组成的氧气引擎

地球上数量最多的光合细菌和丑小鸭类似，它们被人类注意到并得到赞赏是过了很久之后才发生的事情。一开始，它们出现在科学家提取的北海（与法国相望的北海）水样中，看上去就像颜色异常的斑点。接着，它们出现在电子显微镜下，被当作来历不明的块状物。[11] 再后来，它们出现在搜索海洋细菌的仪器上，被当作“仪器噪声”。最后，它们好不容易有了名分——麻省理工学院的海洋学家佩妮·奇斯霍姆（Penny Chisholm）和同事将它们命名为原绿球藻（Prochlorococcus）。原绿球藻是最小的海洋生物之一，也很可能是世界上数量最多的生物，至少在我们已知而且命名了的生物钟中，名列榜首。[12] 据推测，这种生物在大海中有一亿亿亿个。[13]

这个数字太大了，我们的大脑已经无法轻松理解。如果将地球上所有人的所有细胞（70 亿人，每人 10 万亿个细胞）取下来丢进海洋中，差不多能凑够 700 亿亿个细胞，而要达到原绿球藻的数目，我们需要 15 万颗地球。原绿球藻的数量庞大，它们通过光合作用产生的氧气支持了很大一部分地球生命。海洋学家向来低调，不过他们估计，大气中 10% 的氧气都来源于原绿球藻。[14]

这些似小实大的“引擎”被发现以后，海洋学家就发现它们无处不在。除了极地海洋以外，其他地方都有微生物的身影。为了适应不同的环境，它们的基因异化为众多种群，被奇斯霍姆称为“联邦”。而在几十年前，我们却完全不知道它们的存在。

原绿球藻能在众目睽睽之下隐身，靠的就是它们惊人的体积，或者说惊人的小体积。它们的平均大小仅有 600 纳米（1 纳米等于 10 亿分之一米），比培养瓶中的大部分细菌小两三倍。当你在显微镜下寻找微生物时，它们总是模糊地躲在背景中。和绕着原子旋转的电子一样，它们似乎无处不在，但又不占据任何空间。蛋白质分子的平均大小是 5 纳米[15]，所以，原绿球藻的细胞的宽度也就勉强能容纳 100 个列成一排的蛋白质分子而已。细胞中的空间如此宝贵，就连人类的 DNA 也是压缩在一起，被精简到只有 1 700 个关键基因。[16]

比原绿球藻拥有更小基因组的生物不是没有，但为数不多。有一种灵长目生殖器上的寄生细菌，尽管没完没了地抱怨“小区环境不好”，但也会自豪地夸耀自己有 600 个基因。[17] 不过，这种寄生菌需要依靠宿主才能生存下去，它们的数量永远都不会增长到太多。原绿球藻通过阳光制造食物，而且广泛存在于海洋中，就数量而言，它们可谓是演化竞争中的真正赢家。原绿球藻通过这么少的基因，取得了比其他基因组更为庞大的生物更大的成功。这究竟是如何做到的呢？我们目前还不知道。

不挑食：只要大小合适，什么都能吃

达尔文的疑惑在于，所有他观察到的海洋细菌都需要燃料：这 1 000 亿亿亿细胞需要解决吃饭问题。原绿球藻会光合作用，能利用阳光和二氧化碳合成食物。它们还能利用阳光把二氧化碳分子编织成大分子（如糖类），具有这种能力的菌类叫作自养菌（Autotroph）。最小最简单的细菌没有这个能力，这些细菌被称为异养菌（Heterotroph）。异养菌要存活，必须进食大型有机分子，并将其分解，在这个过程中通常会消耗氧气。我们人类作为异养生物也是如此。异养菌效率惊人，而且几乎完全不挑食，只要大小合适，它们什么都能吃。简单的糖类自然不在话下，大分子如蛋白质和脂类，异养菌会将其拆分为氨基酸，然后像吃寿司卷一样吞掉它们。许多细菌擅长吞食复杂的油脂，2010 年，墨西哥湾的“深海地平线”钻井平台爆炸以后，一些细菌在清除原油泄漏方面立下了汗马功劳。[18] 在海底猎食的一些细菌甚至可以从细胞膜中吸收外来的 DNA 片段，要么将 DNA 片段拆成碳磷原子变成养分，要么直接窃取 DNA 中的信息，将这些信息粗暴地粘贴到自己的基因组中。[19]

毫不挑食的特性使得异养菌成为世界上最大的垃圾清扫团，这也解释了为什么海洋中会生存着这么多细菌。每一个浮游的微型甲壳类动物排出的每一颗粪粒，都会被成群的细菌包围进驻。当发现新的珍贵粪粒宝藏以后，它们会将新陈代谢开到最高挡。粪粒溶解散开，破碎成越来越小的颗粒。最小的颗粒是细微的碳链，叫作溶解有机碳（Dissolved Organic Carbon，简称 DOC）。溶解有机碳能和营养分子形成强化学键，是一种良好的食物来源。所以，溶解有机碳能形成一个高效的环境，让细菌能以惊人的速度吸收营养和热量。[20] 海洋中总共有 7 万亿吨溶解有机碳，比陆地上所有动植物加起来的总重还重。[21] 溶解有机碳代表了世界上最令人瞠目的食物量，能与之相比的，恐怕只有拉斯维加斯的自助餐了。

微生物的食物链

假设你是一位素食主义者，正在参加一场典型的美国烧烤野餐，你已经饥肠辘辘了，但周围全是肉类和奶制品，没有一样东西是你能吃的。大型海洋动物碰到的也是这样的问题。最多的一部分食物被捆绑在溶解有机碳上面，这些食物占海洋生物物质的很大一部分比例，而鲸鱼、鲨鱼、普通鱼类以及微小的桡足类动物却无法享用。以溶解有机碳为食的细菌本身又太小，大部分捕食者无法取食它们。勤劳的微生物作为海洋中的回收者，为海洋中的每一种生物提供了巨大的间接利益（见图 3-1）。

异养微生物什么都吃，因此生物“垃圾”会得到回收利用。细菌以最小的有机分子为食，把能获取到的能量和生物物质一点不剩地吸收进去，并且快速不停地复制、繁殖。细菌死后，它们的身体又分解为溶解有机碳。

很多细菌群落数量的倍增只需要 7 天，甚至更短。[22] 这种微观银行回收生物物质的数量是惊人的。

海洋中的细菌生物物质总量大约为 110 亿吨。[23] 如果每一个细菌每 7 天繁殖一次，那么每分钟就会产生 1 100 万吨新的细菌。人类每年需要从海洋中获取 9 900 万吨食物，而且获取率似乎已经无法再提高了。所以，全球人类一年所需的鱼产量中的有机物，细菌最多只需要 9 分钟就能生产出来。

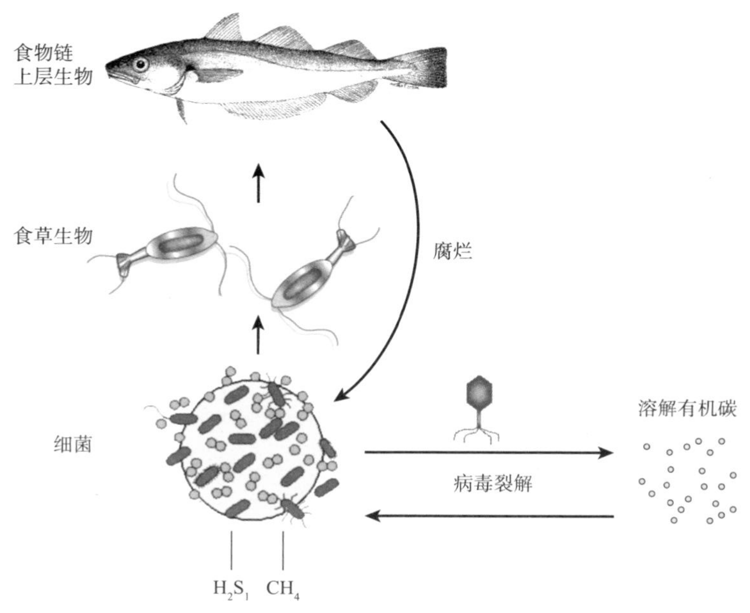

图 3-1　微生物 / 病毒循环示意图

资料来源：Image from Chris Kellogg, U.S. Geological Survey.

如果这种增长永远持续下去，海洋就会迅速被细菌占领，水倒成其次了。不过，还有一些生物可以快速吞食细菌，像是塞伦盖蒂的狮子①一样。这些“狮子”的“鬃毛”是它们的鞭毛，尽管它们没有尖牙利爪，但依然是凶猛的捕食者。每公升海水中有 10 亿个细菌，因此每一滴水都是这些“狮子”的狩猎场。[24] 这些捕食者就是单细胞原生动物，变形虫和草履虫就在其列，它们吞噬细菌的速度和细菌增长的速度一样快。这对海洋中其他的居民来说是一件好事，得益于此，它们才能拥有现在的多样性，海洋才不会被过量的细菌填满。原生动物将这些食物和能量向上传递，送到上层的海洋食物链中。这些最小的生物扮演着通用货币的角色，供大型生物使用，它们为海洋中奇特的生物机器的形式奠定了基础。

在开放水域中，微生物的大规模生产机制对海洋至关重要，无论如何强调都不为过。波默罗伊曾经发现了这个隐秘的海洋微生物世界，多年以后他写道：“海洋是微生物的海洋，没有它们，海洋将是一个截然不同的地方，对生命会更不友善。毋庸怀疑，如果没有这些微生物的活动，自然的周期会很快停摆。[25]”如果没有大海中的微生物通过繁衍活动维持海洋环境，再通过捕食活动将营养传递给大型生物，你在超市中就看不到金枪鱼了。“清澈湛蓝的海水”中的金枪鱼看上去孔武有力，但维持它们的却是数以万亿计的看不见的生命。

只能被病毒基因杀死

细菌有很多代谢方式，其中之一就是在食物缺乏或者环境营养平衡错

① 塞伦盖蒂大草原是野生动物的天堂，栖息着世界上种类最多、数量最庞大的野生动物群。著名生物学家肖恩·卡罗尔（Sean B. Carroll）在《生命的法则》（*The Serengeti Rules*）中以严谨、生动的文笔讲述了塞伦盖蒂大草原的生命系统，揭示了贯穿从微观分子生物学到宏观生态的六大法则，让你领会世界的奥秘。此书中文简体字版已由湛庐文化策划，浙江教育出版社出版。——编者注

乱时进入休眠状态。[26] 细菌不会被饿死，它们会一觉睡过饥荒，它们也不会老死，而是会通过分裂和重组 DNA 让自己再度变年轻。细菌很少会被动地死去，它们基本上都是被杀死的。

细菌的死亡通常如前所述，下手的是凶残的原生动物，这些生物细胞比大部分细菌都大，身上长着细密的纤毛，或者一组细长的鞭毛。它们在水中巡游，由于没有嘴巴，所以无法咬住猎物并将其吞下，取而代之的是，每个碰到的细菌都会被原生动物黏住，然后慢慢下沉，就这么活着沉到了原生动物的体内，然后被消化酶分解消化，从此不复存在。

不过情况可能更糟。

死亡也会来自那些比细菌小许多的病毒。海洋中的病毒数量庞大，比它们的细菌猎物多 10 倍。[27] 如果将生物定义为可以自我复制的有机体，那么病毒勉强算符合这个定义。[28] 病毒的大小和蛋白质分子差不多，基本没有自主移动的能力。它们像是蛋白质做成的小瓶子，里边装着一点儿惊恐。病毒基因组（一小段基于 DNA 的信息）总是蓄势待发，随时都可能会杀死一个细菌。

和造成伤风感冒的人类病毒一样，细菌病毒也会将自己固定到细胞上面，向宿主注入 DNA。病毒 DNA 使用细胞的正常机制实现 DNA 的主要功能：为制造蛋白质提供指南。病毒 DNA 制造出的是病毒的蛋白质，这些蛋白质会“绑架”细胞的新陈代谢，并用它来制造更多的病毒。被病毒攻陷的细胞并不会得到任何好处，也不再分裂繁殖，而是变得生不如死，成为病毒控制的工厂。

很快，细胞会被迫制造更多的病毒外壳，再拷贝病毒 DNA，并将它们盘绕放到这些简单的外壳中，这就好比在一罐假坚果中塞入一条塑料蛇。倒霉的细菌变成病毒工厂，像是一个肿胀腐败的球体，里边胀满了蛆虫一般的病毒。最终，细胞被蹂躏到无法忍受，然后炸裂开来。新的病毒蜂拥进开阔的水域，然后四散寻找下一批猎物。

病毒的受害者为海洋带来的不只是“瘟疫”。细菌生前的新陈代谢机制在受尽病毒的折磨以后，最终像任何死者的遗体一样，溶入了水中。异养的食腐动物会吸收其中的蛋白质、脂类、碳水化合物以及一系列稀有营养物质，据为己有。再剩下的就成为溶解有机物，最后成为微生物循环中的养分，将废弃的尸体和大海的其余生态连接起来。[29]

病毒跟踪细菌，毁灭它们，然后形成溶解物，变为食物供应，这是世界上最小的“捕食者–猎物”循环周期。科学家研究并计算了这个过程有多少生物物质参与其中，结果让他们大吃一惊：每一天，海洋中参与循环的生物物质就多达 30%，这一切都是围绕着这微不可见的“捕食者–猎物”循环而展开的。[30] 在 20 世纪 80 年代之前，这个系统以及其中的主要角色还完全不为人知。

杀死赢家，地球上赌注最高的竞赛

细菌的多样性令人难以置信：地球上也许有 10 亿种细菌，其中很大一部分都栖息在海洋中。[31] 尽管细菌种类不计其数，在海洋中兴衰了无数个世代，但它们却从未取得过永久的统治地位，即使数量众多的原绿球藻也不是生态中的统治者，它们和数千种远亲物种住在一起。迄今为止，单一物种或者单一种群挤占其他物种或种群的情况还是极为罕见的。一旦发生，这就意味着海洋已经失去了平衡，微生物的爆发性增长是灾难性的：海滩的景点都会关闭，海产品变得有毒，就连附近的空气也会变成致命的毒气。[32]

是什么样的秘密机制，使得海洋没有被一种超级细菌填满呢？为什么爆炸性增长的多样性是微生物的内在特质呢？答案也许藏在细菌最小的天敌，也就是病毒身上。病毒的演化异常敏捷，生命周期和基因改造的速度都极为迅速，这使它们成为世界上演化速度最快的捕食者。

细菌或者微生物，只要数量庞大，就会成为病毒钟爱的猎物基地，而最成功的微生物则是病毒最明显的捕猎目标。病毒能渗透到目标细胞体内，靠的是它们携带的特殊的表面蛋白。每一种表面蛋白只对一种或者若干种微生物有效。如果一种病毒演化出的新的表面蛋白，正好对一个巨大的种群有效，那么这种病毒就有一个光明的前途，因为这意味着它会拥有一个巨大的潜在猎物基地，以及巨大的潜在增长率。这个循环具备自然选择理论的所有元素：突变、捕食，胜者获得巨大的生殖奖励。[33] 这一循环对微生物的多样性也有着巨大的潜在影响。

海洋生物学家为这个循环取了一个名字——“杀死赢家”。假设海洋中发生了一次巨大的微生物爆发事件，看不见的细菌像乌云一般占据了蔓延数公里的海域。这批细菌的成功归因于它们演化出了某种特殊的环境适应力，但这一成功反而会使它们变成被攻击的目标。病毒无时无刻不在变异，其中一些变异能使它们攻击这一大群细菌猎物，渗透到增长的细菌之中。新出生的病毒从死去的细菌体内涌出，只需要几微米的旅程就能遇到下一个细菌，开始下一轮杀戮的循环。因此，从理论上来说，大型微生物群体会不可避免地遭受到病毒的强烈攻击，它们的数量终将会开始缩减。不过这种缩减只会进行到一定程度，病毒虽然一心想着杀戮，但它们没有自主移动的能力，只能靠运气才能碰到猎物。当曾经爆炸式增长的细菌物种变得稀少时，它们的死亡率就会开始下降，而总体数量也会趋于稳定。

“杀死赢家”是生物成功生存的一个自然安全阀、一个盲目的机制，防止任何单一微生物占据环境。过于成功的微生物会被修剪到较小的规模。这样的过程我们也观察到过：偶尔会有一种叫作金藻的微生物在海洋中爆发，其数量增长之快，甚至在太空中都能看到它们的蔓延。使用天上的卫星，微生物学家可以观察到随之而来的病毒攻击。从边缘开始，整片充满生机的藻团开始出现缝隙和孔洞。在一个星期之内，金藻的数量锐减，犹如风吹云散，兴盛的金藻种群被切成了碎片。[34]

“杀死赢家”的永恒战争，引发了细菌和病毒之间适应和反适应的军备竞赛。一些被感染的金藻会启动一个叫作“凋亡”的自杀流程，像故事中的英雄一样扑倒在手雷上，以防止病毒自我复制。[35] 爆炸虽然会让细胞送命，但也保护了它们的子女，也就是它之前分裂复制产生的细胞的生机。不过病毒也会演化：高级版本的病毒会携带一种能组织“凋亡”的蛋白质，以防宿主细胞自杀。最阴险的病毒甚至会利用这种“自杀机制”，增加自身的繁殖。[36] 有一种叫作赫氏圆石藻（Emiliania huxleyi）的金藻展现出另一种逃生策略。当遭受病毒攻击时，它们会将自己变成移动的逃生舱，其中只包含自身一半的 DNA。[37] 在亿万年的时间里，大海中持续进行的攻击、防御、反击的战斗，催生了微生物惊人的多样性。

单细胞生物和病毒是地球上演化速度最快的生物，而“杀死赢家”是地球上赌注最高的竞赛。[38] 这场竞赛发生在每一滴海水中，发生在过去 30 亿年中的几乎每一天里。它阻止了任何一个微生物物种变得太过成功或占尽优势，也因此担负了部分责任，保持了大海中多样性的平衡。

过去发生的一些事件表明，微生物世界一旦被破坏，会引起可怕的后果。其中一个例子就是，2.5 亿年前的生物大灭绝事件致使地球上 96% 的物种遭遇了灭顶之灾。大规模的火山活动为大气中注入了大量二氧化碳，导致全球性的气候变暖，微生物在温暖的海洋中大量繁殖。于是，海洋食物链被完全破坏，生态系统的天平倒向一边，导致微生物爆发，耗尽了海洋中的氧气。直到 500 万年以后，海洋生态才复苏，走上了正轨。[39]

这一切听起来似乎很熟悉：今天的海洋生物学家都在担忧大气中二氧化碳含量的提高和海洋的变暖。[40] 不管是来自过去的证据，还是有关生态平行的研究结果，都把现在的海洋指向了一个危险的未来。假如微生物再次统治海洋，后果将不堪设想。

04

深水之最：要么是杀手，要么是拾荒者

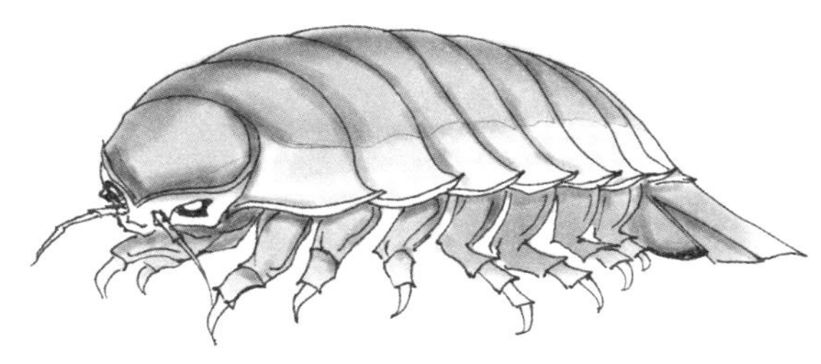

水压高，食物少，居大不易。

1930年6月6日，有两个人爬进一个中空的钢球，将自己密封在里面，然后一头栽入了大西洋。数小时以后，他们回到了百慕大三角刺眼的阳光下。他们看到的东西彻底改变了他们以往的观点。这两人分别是自然学家威廉·毕比和工程师奥提斯·巴顿（Otis Barton），这是人类历史上最深的一次潜水（见图4-1）。他们的潜水工具是一个密封球，直径大约1.5米，安装有一个小小的由石英制成的观察窗。一根钢缆和一条橡胶通气管通向水面，这让潜水球看上去不再那么像一座坟墓。他们下潜到了244米深的海域，这一划时代的成就让他们留名青史，而他们最后浮出水面的原因是“旅程中的感觉有点不太妙”[1]。在接近一公里的水下，四周是千钧重的水压，毕比感觉到的是绝对的孤独，这孤独似乎比水压更为沉重。因为他知道自己已经越过了人类的世界，看到了人们从没见过的场景。

在潜水球里，我感觉到了前所未有的孤独，在漆黑的海洋深处，我们就像尚未出生的胎儿，度过了无尽的“远古时代”，然后降生于这个世界，扮演着微不足道的角色，书写着无足轻重的历史。[2]

黑暗总令人不安，无论是楼梯下的空间，还是篝火照不到的边缘，藏在目不可及之处的东西总会让人紧张。身处陆地之上，我们无法想象海洋最深处的环境。海洋宛若另一个星球，统治着世界最底层的是巨大的水压、极冷的水温以及永恒的黑暗。

潜水球是一种简单的工具，只是一颗小小的球体，没有什么装备，只带着一点儿烧碱，用来吸收呼吸产生的二氧化碳。尽管如此，它还是把两人带到了一个没有人见过的世界。在下潜到 180 米时，毕比用电话线传上来一句话："此处以下，只有死人来过。"这句话清楚地体现了毕比沉重的心情，就像头顶上盐水的重量一样沉重。[3]

毕比在深海中获得了重大发现，这里的生命差异巨大，它们的形态和适应方式骇人听闻，能在极端的温度和压力下生存。在不见天日的深渊里，长着剃刀般牙齿的鱼靠伪装来捕猎，巨大的蠕虫能喝下沸腾的化学"汤"。也有静静流淌着的简单的美——精致的水母在没人能看到的地方孤独地摆动着丝丝触须。而在这片深渊里，到处闪烁着绿色的光芒，这是生物的发光——活着的生物制造的光。水母发出的光是碧绿的条纹状，有的鱼把灯光挂在身上，灯光的闪烁模式是精心计算过的，专门用来吸引猎物。无助的生物在受到攻击时会燃起焰火，试图用此吸引更大的捕食者，结果要么同归于尽，要么趁乱逃生。

尽管毕比走在了深海探索的前沿，并取得了重大发现，但他用的科学方法却极为简单：观察、报告、生存。他手上的科学财产是一架相机、一个摄影师以及百科全书般丰富的深海生物知识，这些知识来自过去的渔网和鱼钩。[4] 在毕比潜水之后的 80 余年里，依靠丰富的现代技术，我们对于深海生物的了解越来越深。我们现在知道的比过去伟大的自然学家要多许多。

图 4-1　威廉·毕比和奥提斯·巴顿与他们的潜水球

深海热泉，深海里的“房东”

阳光这种最宝贵的食物来源，在海底却踪影全无。没有光的地方，是不可能有光合作用的。所以深海里的“妈妈们”不会说“乖乖吃蔬菜”，因为这里根本没有蔬菜。[5] 在黑暗深渊里的物种，要么是杀手，要么是拾荒者，要么是“房东”。

“房东”们住在海底板块的裂口处。这些裂口会喷涌出巨大的热量和硫化物，剧毒沸腾的海水在周围滚动着。这些裂口叫作海底热泉，它们还有一个更为生动的名字——黑烟囱。

第一次海底热泉的勘测发生在 1976 年，科学家们发现了数量庞大、种类繁多的新物种，这让他们大为吃惊。[6] 食物送到深海的速度极为缓慢，这意味着这里的生物只能分到极少的份额，所以每个物种的个体数量都会比较少。海底热泉看上去也没什么特殊，在现代潜水设备的探灯照射下，海底热泉看上去像成堆的乌云，从沉淀物累积而成的尖顶喷薄而出。[7] 这里的化学物质对大多数陆地生物都是有害的，弥漫着一种臭鸡蛋的气味。[8] 尽管如此，海底热泉依然拥有黑暗的深海中最富有生机的生物群落，它们是最贫瘠的沙漠中的绿洲。那这些生命宝库的食物来源是什么呢？

食物也好，臭鸡蛋气味也好，都来自一种简单的化学物质——硫化氢。硫化氢是有毒的，但硫化氢分子中硫的化学键充满能量。生活在海底热泉里边和周围的细菌掌握了化学合成的技能，能将硫化氢的化学能量转化为细胞中的纯生物能量。具备化学合成技能的细菌能将有毒的硫化物分子拆开，使用它们释放的化学能量作为自身生长的燃料。[9] 它们利用地层中释放出来的化学能量生存繁育，这就是它们的生存技能。

海底热泉这个诡异的地方居住着众多奇特的细菌，不过这里的生物群体包括很多成员，一些特别的动物演化出了利用这些细菌的能力。蠕虫、双壳贝类以及虾类的生存都要依靠嗜硫细菌。加利福尼亚州研究深海的生物学家香依·约翰逊（Shannon Johnson）这样清晰地描述过深海中的情形：“为了生存别无选择，要么需要和细菌住在一起，要么需要依靠细菌。[10]”不过，这里的动物并不是以细菌为食，而是为它们提供空间出租。

巨型管虫，细菌最显眼的获益者

细菌最显眼的获益者，也就是深海中最阔气的房东是巨型管虫（Riftia pachyptila），外号“活唇膏”。巨型管虫身体是白色的，一头戴着鲜红的羽状物，折叠在一起像一个花蕾。巨型管虫在海底热泉附近落足生根，用几丁质制造出白色的管道并藏身其中，最长可以长到 1.5 米。[11] 它们的羽状物像是噘起的嘴唇，但巨型管虫其实没有嘴，它们甚至连肠道都没有，取而代之的是它们羽状物附近的叫作营养体的器官。这些肉囊中有很多细菌，细菌的重量占管虫体重的很大一部分。巨型管虫完全依靠这些细菌居民为生，它们处理热水中的硫化氢，并将多余的产品输送至巨型管虫的身体系统内。[12]

巨型管虫的羽状物相当于深海中收集阳光的叶片，它们将硫化氢、二氧化碳、氧气大量吸收到富含毛细血管的红色羽状组织中，将这些分子绑定到一种我们熟悉的蛋白质上，这种蛋白质和我们血液中的血红蛋白类似。在巨型管虫的羽状组织里，血红蛋白将这些分子传输给营养体中的细菌。[13] 硫化物、氧气、二氧化碳合起来就是完美的燃料，它们不仅维持了营养体工厂的运作，还保证了这些租客的满意度。[14]

由于巨型管虫没有口也没有内脏，它们需要完全依靠微生物来获取食物。然而它们不是一出生就有携带微生物，而是在幼虫阶段获取到的。几十年来，生物学家一直以为巨型管虫会使用一个只有幼虫阶段才有的开口，直接将细菌纳入体内[15]。新的研究揭示了真相：细菌通过皮肤入侵到幼虫的体内，然后形成营养体，用来装载这些细菌。在正确的细菌乘客上船以后，幼虫会吐出已成为负担的消化道，过上全靠营养体中的细菌养活的日子。[16]

和很多租房协定一样，房东总能获利匪浅。受寒冷和食物匮乏的影响，大部分居住在深海的生物的生长和繁殖速度都很缓慢。巨型管虫则逆势而行，它们有着惊人的生长速度。太平洋海底的摄像头记录了巨型管虫占领新领地的过程，它们落脚、繁殖，最终长成 1.5 米高的一堆巨型管虫，这一切只花了短短两年。[17] 巨型管虫是海洋中生长最快的无脊椎动物，和它们的一些近亲截然相反。别的管虫会忽略热喷口，转而寻找深海的“冷泉眼”：这些热泉喷口会喷出类似的化学物质，只不过温度很低，而且喷发也较缓和。这里的管虫也能长到差不多大小，不过需要 200 年以上才能做到。[18] 海底热泉处的极限条件充满了危险，尽管这是地球上最不宜居的地方，这里的环境也催生了令人惊叹的生长速度。在首次发现它们以后的几十年里，科学家们又发现了 500 多个新的管虫物种。[19] 预计在南极洲附近的南部海域中还会发现更多，在这片最冷水域中最热的地方，早期的探索已经发现了大量的新物种（见图 4-2）。[20]

图 4-2　聚集在南极附近南部海域的热泉喷口附近的一种新螃蟹物种

资料来源：Rogers, A. D., P. A. Tyler, D. P. Connelly, J. T. Copley, R. James, et al. 2012. The discovery of new deep-sea hydrothermal vent communities in the southern ocean and implications for biogeography. *PLOS Biology* 10 (1): e1001234. doi:10.1371/journal.pbio.1001234.

落鲸的绿洲

海底热泉并不是深海唯一充满意外生机的绿洲。只要有资源，生命就会绽放。并不是所有的底栖生物群都靠化学合成为生。在数千尺以上、阳光充足的海域有着爆发般的生产力，一些底栖生物会依靠这些生产力输出为生。表层水域的碎屑、有机组织的碎片、藻类的片段以及排泄物，这些白色的碎片孤独地从表层水域慢慢旋转飘落，于是有人异想天开地为之取名为“海洋雪”。海洋雪的降落可能会花几个星期，而且大部分都会被上层水域的生物消耗掉，并不会落到海底。细菌是这些涓涓细雪的主要受益者，不过海洋雪抵达海底以后，就会成为海底食腐动物的宝贵食物资源。不过无论如何，海洋雪对于较大的动物来说是一种贫瘠的食材，通常也无法支持密集、丰富的生物种群。[21]

不过，海洋深处的蠕虫偶尔也会获得一顿大餐，就如同中了彩票大奖，一头死去的鲸鱼就是海底的一片“绿洲”。

鲸鱼的下场和海洋雪完全不同。[22] 它们会为海洋底部的生物提供大块的肉，而且是同一个地方的一次性供货。最大的鲸鱼游弋在开阔的海洋中，所以它们往往会死在冰冷的深水中。当它们软塌塌地撞到泥泞的海底，清道夫们就开始工作了。[23]

最先到达的是一队盲鳗、鲨鱼以及乌贼。不知何故，它们总能在广阔的大海中一下子找到鲸鱼的尸体。这一神秘的过程相当于要在半夜里，从巨大的机场中找到唯一一家开门的咖啡馆。在几个月的时间内，体重超过几十吨的鲸鱼尸体身体上的软组织就会被取食殆尽。[24] 但真正的底栖生物——软体动物、蠕虫、甲壳动物，并未到场，撕扯尸体的是快速移动的游泳动物。这就是“游动的清道夫”阶段，是分解落鲸①的三个阶段中的第一阶段[25]。

鲸鱼的肉被吃光以后，下一场宴席就开始了。第二阶段是机会主义者阶段，底栖清道夫开始占领鲸鱼的尸体。这一阶段由甲壳动物和多毛蠕虫构成，不过也有第二波游动的捕食者赶来逗留，它们对鲸鱼视而不见，转而以没有移动能力的底栖清道夫为食。接下来的几个月甚至数年里，这些清道夫的群落以及它们的捕食者寄生在鲸鱼尸体上，直到最后，鲸鱼只剩下一具庞大的骨架。

在第三个阶段，也就是最后一个阶段里，这个看上去忙碌而又可怕的坟场会转为一片繁荣的绿洲。尽管鲸鱼的肉早已不复存在，它的骨头中还有宝贵的油脂。这次由细菌带头，将骨质溶解，然后将其中的油脂大快朵颐。这些微生物不是古菌，但它们采取了古菌贯用的化学合成方式，使用溶解硫酸来消化鲸鱼的骨骼。[26]

落鲸形成的“绿洲”在海底生态系统中起着特殊的作用，这种作用也许一直都被低估了，它们也许是更大的绿洲之间的跳板。海底热泉的存在是短暂的，它们不久就会停掉，有时这个过程仅持续数年。这些喷口之间相距数千公里，只有反复无常的地壳才有发言权。由于一些物种在全球各处的海底热泉都有分布，所以一定会有一些勇敢的个体跨越荒芜去占据新的领地。落鲸也许填补了其中的空缺：微小的孤立生物群，它们和海底热泉处的生物类似，生活在更为稳定的海底热泉之间的湾地中。据科学家推算，在任何时刻，海洋中的落鲸数量大约有 50 万只，它们分布在最大的

① 当鲸鱼在海洋中死去，它的尸体最终会沉入海底。生物学家将这个过程称为鲸落（Whale Fall）。一座鲸鱼的尸体可以供养一套以分解者为主的循环系统长达百年。——编者注

迁徙路线上，每隔几公里就有一只。[27] 它们是哨所，是驿站，黑暗中的旅客们在这些地方定居、繁殖，在它们死后，它们的后代会进一步向沙漠深处行进。[28]

如果深海中的生物总是集中在海底热泉或落鲸的位置，那么它们的存在就会面临一个令人不安的问题。捕鲸会给深海生态带来什么样的影响呢？据保守估计，人类已经消灭了3/4的大型鲸类。从这一可怕的数字中可以推断出，现在的海底落鲸可能只是过去的一小部分。这些“绿洲”过去有很多，现在已经变得稀少。在几个世纪里，通过捕杀大型鲸类，我们已经严重地影响了依靠鲸类尸体的生态系统，使这些生物陷入了饥馑，导致生态系统发生了根本改变。[29]

食骨蠕虫，活在骨头上的僵尸生物

2002年2月，蒙特利湾水族馆研究所的一位科学家罗伯特·弗里琴霍耶克（Robert Vrijenhoek）在离岸的深处海沟中发现了一头落鲸。弗里琴霍耶克驾驶着遥控的潜水器“蒂伯龙号”（Tiburon），在两公里以下的海底台阶上发现了这具灰色的鲸鱼骨架。尽管保存完美，在“蒂伯龙号”的灯光下，骨架却没有显现出典型的蛋壳白色。它是苔灰色的，覆盖着一层神秘的红色生长物。靠近以后，弗里琴霍耶克发现这些红色是数百根红色细丝，尽管海水是静止的，这些细丝却在慢慢晃动着。被金属爪碰到以后，它们迅速缩到一片无形的灰色中。这明显不是植物。将样本带到水面以后，这只无畏的小机器人向科学展示了一个全新的物种：食骨蠕虫（Osedax mucofloris），一种生活在骨头上的僵尸蠕虫。[30]

落鲸生物群的多样化程度很高。一片“绿洲”可能有多至200个物种。[31] 食骨蠕虫在其中鹤立鸡群，因为它们古怪得令人瞠目结舌。食骨蠕虫的拉丁名称翻译过来就是“吃骨头的鼻涕花”，这么形象的分类名称实属少见。食骨蠕虫像是一块颜色鲜艳的不规则凝胶状组织，体积如指甲盖一般大小，看上去像极了打喷嚏之后在纸巾上留下的鼻涕。食骨蠕虫像一根细长的柄状物一样延伸到水中，形状奇特，像鳃一样吸收着氧气。[32]

食骨蠕虫没有口，也没有消化道，和它的近亲巨型管虫一样，也依靠共生细菌生存。但是，巨型管虫靠吸收海底热泉的硫化物为生，而食骨蠕虫则从鲸鱼的骨头中汲取营养。凝胶般的身体掩盖了食骨蠕虫最重要的生存工具——下侧特异化的卷须。和小型钻头一样，食骨蠕虫的根无情地穿透骨头。一种强效的酶能将海水变为强酸，同时触须开始像树根一样分支，将脂质吸出来，输送给食骨蠕虫体内的共生细菌。这一切组成了一件高效的进食机器。食骨蠕虫的群落在鲸鱼骨架上蔓延，在上面钻满了瑞士奶酪一样的微小孔洞。[33] 它们比单独的细菌进食的速度更快，用不了多久，骨架就开始碎裂，像破碎的大理石一样散落在海底。

这些小小的“鼻涕花”还有一件事令动物学家惊奇不已。一直以来，人们从未抓获到成年的雄性食骨蠕虫，结果答案非常简单：成年雄性食骨蠕虫根本不存在。只有雌性才会长到真正性成熟，雄性只能长到被阻碍的幼虫阶段。这些雄性几乎肉眼不可见，它们被迫成为生产精子的机器，为体型比它们大许多的雌性服务。典型的雌性会将几十只雄性拥在身边，保护着它们，让它们为卵子受精。雄性不吃东西，它们靠出生时携带的卵黄度过自己短暂的一生。[34]

一开始生物学家认为，食骨蠕虫似乎需要靠落鲸才能生存下去，它们的特异功能似乎太过专一化，无法利用其他食物来源。不过科学家在实验室里观察到，这些食骨蠕虫会利用牛和海豹的骨头生存，更诡异的是，在史前海洋中鸟类的化石上面，也找到了这些食骨蠕虫的“根”留下的管道。[35] 最近，格雷格·劳斯（Gerg Rouse）和同事将鱼类的骨头丢到深海中，看看它们会吸引到什么样的生物。食骨蠕虫如期而至，展现出了出乎意料的积极性。[36] 海底是一个无边无际的墓丛，食骨蠕虫不知疲倦地在这里工作，清扫着黑暗的厅堂。

反其道而行之，解决深海的气压难题

远离落鲸和海底热泉绿洲的深海是一个荒芜和寂寞的地方。阴冷黑暗，饥饿使生命的进展慢如爬行。但这里不只有阴冷黑暗和空虚，还有它巨大的压力。下到过游泳池深水中的人都知道这种感觉，生硬的气压像手指一样深入你的双耳，压迫着你的面颊。你能感觉到你和水面之间每一个水分子的重量。3.5 米深处的压力还是可控的，而在几公里深的深渊里，情况则完全不同了。这里的水压可达 1 000 个大气压，或者说每平方厘米的体表要承受 1 000 公斤的压力。即使最先进的潜水装置，也要小心地停留在极限深度以上，超过这一深度，水压将会挤破它们的钛金属外壳。

压力带来的最大问题是，气体会在高压下被压缩到更小的体积。以潜水的海豹为例，人类潜水之前会深吸一口气，而海豹却正好相反，它会在潜水之前长呼一口气。当它潜到水下 120 米时，肺里的气压会从 1 个大气压增加到 10 个大气压。根据波义耳定律，海豹肺里空气的体积会被压缩到 1/10[37]，它的肺也随之被压缩。由于肺里一开始就没有多少空气，因此会被压缩成坚实的固态。[38] 这防止了氮气溶入海豹的血液。人类潜水员的血液中溶入过多的氮气会导致“氮醉”，通常这是上浮或下潜速度太快引起的。排尽空气的肺还有一个好处，那就是它不再具有浮力，从而能让海豹在深度下潜时耗费更少的能量。

潜水的古怪传统：深海泡沫塑料的乐趣

总的来说，在潜艇上工作的科学家不是一个只想着找乐子的群体，他们还遵守着一个古怪的传统，这个传统是对波义耳定律的验证：在下潜之前，他们会将一个泡沫塑料杯拴到船体上，泡沫塑料中微小的互相隔离的气泡使它成为良好的隔热材料，而现在它们不得不向波义耳定律投降：杯子被戏剧性、永久性地压缩成了一团。[39]（见图4-3）

这个泡沫塑料杯并没有什么特别的高深之处，或许它只是一个简单的纪念物而已，用来提醒每一位深海探险家，他们所处的是一个非常奇怪和特殊的环境。

深海人造黄油

当压力抵达极高水平时，受到影响的就不只是塑料杯，因为压力会改变分子间的交互结构，细胞的正常工作也会受到破坏。动物细胞是由带脂的外膜包裹起来的，这层外膜由一些勉强算是脂类的烃分子构成。细胞膜上面有一些蛋白质构成的传输门，在通常情况下，它们会将营养物质和离子搬进搬出，调节细胞的功能，为细胞提供营养，排走废物。不过，当细胞膜的脂类受到极高压力时，就会变硬变厚，变得像玻璃瓶里的猪油一样。细胞膜会凝固，传输门也会合上。细胞无法得到所需的物质，也无法和别的细胞交流，更无法正常工作。[40]

图 4-3 被潜水器 Johnson Sea-link 带至深海的泡沫塑料杯

资料来源：Image courtesy of Ross et al., NOAA OE, HBOI.

为了适应深海环境，深海中的动物重新设计了它们细胞的化学性质。深海生物的细胞膜用的是一种不同的脂类，即使在巨大压力下也能保持流体特性。深海动物实现这点的一个方法就是，减少细胞膜上饱和脂肪的使用。饱和脂肪是一种“固态脂肪”，由碳原子直线排列构成，碳原子之间只有一个化学键。在高压或者低温时，这种排列的分子会紧紧叠在一起，就像伐木场摞起来的木头。黄油、肉类、黑巧克力，这些食物都含有较多的饱和脂肪，因此很容易凝结，甚至会阻塞人体动脉。[41] 相反，在不饱和脂肪酸中，相邻的碳原子之间有一个或者多个双键，使得分子链发生扭曲，从而保持了它们在高压或低温下的流动性。这些分子像弯弯绕绕的树枝，而不是直挺的树干，所以不容易紧紧摞在一起。

人造黄油中饱和脂肪的含量较低，直线型分子只占油脂成分的10%～20%，而其中不饱和脂肪（弯曲型分子）的含量很高。所以，和黄油比起来，它更不易凝固。由于这种化学特性，深海生物的细胞膜更多是用“人造黄油”构成，而非“黄油”，人造黄油含有更少的饱和脂肪酸。表层水域的鱼类，比如鲑鱼，体内饱和脂肪酸的含量可达35%，在5公里深的水下，同样的身体结构受到高水压后，演化出了不一样的结果：鱼类体内仅含10%的饱和脂肪酸。[42] 在深水中，松散的脂类也会被压力压缩，但还可以保持适当的流动性，并且能正常工作。当然反过来也是成立的，深水动物带到浅水后，即使小心养护，也无法正常生活。在低压下，它们的不饱和脂肪会融化，蛋白质也无法正常工作，一切都将陷入混乱。因此，海洋生物学家必须非常小心地采集深海标本。如果不将这些生物装到超高压容器内，它们的生存情况会变得很差。

不过，很多极其有趣的深海生物却没法装到小“打捞瓶”里，给生物学家做标本研究用。因为，尽管深海环境非常寒冷，水压巨大，食物奇缺，但在亿万年的演化中，一些生物找到了生存的秘诀——长成大体型。

大王巨足虫，深海巨人

生活在海洋最深处的居民在浅水区也有亲戚，它们的颜色、行为、基因都有所不同。[43] 在美国西部沿岸，深海“脆海胆”（Allocentrotus fragilis）颜色苍白，带着脆弱的壳，而它的姐妹物种紫海胆（Strongylocentrotus purpuratus）则生活在潮池中，更为常见。脆海胆是第一个进行过全基因组测序，并和它的浅海亲戚进行过基因比对的物种。脆海胆大约有28 000

个基因，在两种海胆基因中发现的一连串不同点，说明了脆海胆在向深水演化时，基因必须发生的改变。修改几个基因是不够的，许多基因需要发生改变。[44]

在演化中，有的物种会改变基本的体积和生长模式。很多深海生物都演化为较小的体积，这可能是因为深海永远都处于饥荒之中。[45] 不过有些生物却反其道而行之，这种适应方式被称为深海巨型化。人们在深海中捕到过大得惊人的动物，它们看起来就像电影中出现的怪物。

有一种巨型等足类动物，叫作大王具足虫（Bathynomus giganteus），它就是这么一个物种。等足类动物是一类背部有层叠式护甲的甲壳类动物。陆地上也有它们的存在，球鼠妇就是一种等足类动物，它们在遇到危险时会蜷成球形。大王具足虫本质上就是一只体重达 9 公斤重的球鼠妇，最大的体型有一袋多力多滋玉米片那么大，从头到尾长达 60 厘米。[46] 大王具足虫背着一身宽大的护甲，身下伸出 12 条带着钩爪、窸窸窣窣地划动着的腿，桃色的面甲上长着巨大的复眼，看上去气势汹汹。[47] 这种动物尽管看上去可怕，像是恐怖电影里走出来的生物，但它们其实过着简单的生活。它是食腐动物，也是机会主义捕食者，只要能啃点儿尸体，捕食一些行动缓慢的底栖无脊椎动物，就很满足了（见图 4-4）。

导致深海巨型化的确切因素是什么呢？生物学家们还存在争议。[48] 值得庆幸的是，巨型管虫是一个简单的例子：简单的定居动物通过共生细菌获取大量能量。[49] 对于其他深海动物来说，巨型化发生在冰冷且富氧的水域，尤其是极地。水中氧气多就意味着生物可以将氧运送到较深的身体组织里，对于甲壳类动物来说尤为如此，因为它们的鳃功能较差。不过大王具足虫也出现在缺氧的深海中，由于这个以及其他一些原因，目前“氧气假设”这个理论已经被搁置了。[50]

深海还有两个特点可能会致使巨型化：低温和环境的稳定性。[51] 在低水温中，细胞体积会增大，个体体积也会增大，所有低温深海中的大型生物都得益于此。环境的稳定性也是所有深海物种都能感受到的，比起浅水区不稳定的环境，在深海中，长长的寿命成为演化中的一个更好的押注方式。不过当赌注是生存时，即使在同一环境中，不同的生存策略也都可能获得成功。

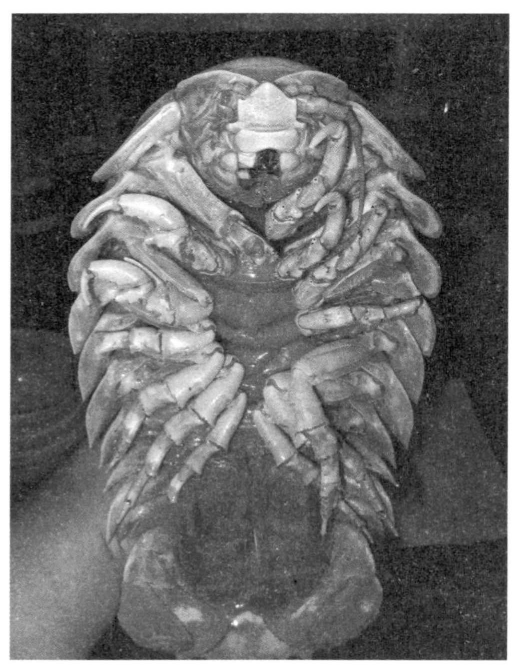

图 4-4　大王具足虫

资料来源：照片来自美国国家海洋和大气管理局的海洋探险计划，由 Ryan M. Moody 摄影。

有的物种会延缓性成熟，在大量生产后代之前会一直生长。[52] 这些物种将食物能量用于生长，并以延迟生育为代价，如果动物体积较大，生育数量较多时，这一策略从长期来说会比较成功。[53] 不过延迟生育始终是一场赌局，因为任何动物都可能在任何时间死去。所以，那些死亡率像实验室的豚鼠那样高的动物，体积刚刚长到能生育，就投身到父母这一行了。深海的环境同步催生了这两种生存策略。快速繁殖者占据了海底热泉和落鲸形成的“绿洲”，利用临时的丰富资源扩散它们的基因。其他物种则利用了深海稳定的环境，借用《星际迷航》中的说法就是，尽可能活得健康长寿，以期兴旺发达。

大王乌贼与大王酸浆鱿，庞大的头足动物

几个世纪以来，从作家赫尔曼·梅尔维尔、儒勒·凡尔纳，再到探险家威廉·毕比，他们无不为深海添加了几分浪漫色彩。地图的边缘爬着各种海怪，这些是怀疑和恐惧带来的梦幻幽灵。当现代科学将明亮的光芒扫向这些黑暗的地方以后，神话就像影子一般一一消退了。不过，还真有一种黑暗时代的“恶魔”活了下来，成为永不平息的传说。这也许是唯一一种将事实和虚构紧紧结合起来的生物：大王乌贼。

有两种头足类动物，尽管体积巨大，人类却没怎么观察到过，这也算得上是一种讽刺了。这两种动物分别是大王乌贼和大王酸浆鱿。大王乌贼体长比较长，不过大王酸浆鱿体型更宽厚，体重也更重。[54] 据传，19 世纪和 20 世纪的人偶尔遇到过大王乌贼的尸体，长度可达 18 米，而大王酸浆鱿可达 24 米，不过这些数据从未得到过确认。目前已知捕获的最大的大王酸浆鱿体长为 10 米，这是从外套膜的尖端到最长触手的尖端测量出来的结果。[55] 而大王乌贼则可能达到 12 米长，1870 年，两只差不多这么大的

大王乌贼被冲上海岸，被报道以后，史密森学会（Smithsonian Institution）将其记录到了大王乌贼的档案中。[56] 乌贼的体长只占总长的一半，剩下的长度是它们的触手。[57] 所以 9 米长的个体体长为 5 米，和小货车差不多一样长。在地球上体型如此之大，而我们又知之甚少的动物，除了巨型乌贼以外，恐怕没有其他动物了，起码我们是这么认为的。[58]

大王乌贼活动在世界各地的开放水域。它们是活跃的捕食者，以鱼类和其他头足类动物为食。不过它们也是猎物：海豚、鱼类，甚至海鸟都会捕食它们的幼体[59]，而抹香鲸则是大王乌贼最强大的猎手，甚至比人类都强。从抹香鲸胃里经常能找到未消化的大王乌贼的喙，体积如垒球般大小，而它们的身侧则带着战斗的伤痕，那是强大的大王乌贼用它们的钩子和圆锯留下的。[60]

最近，一批生物学家从世界各地采集来大王乌贼的样本，并进行了合并，用以研究大王乌贼的基因。[61] 他们发现了两个奇怪的规律：第一，尽管这些样本来自世界各地，它们的基因却表明，全球分布的是同一个物种，并不是各地分布着不同的物种；第二，大王乌贼的基因的多样性极低，似乎是在几十万年前经过一次瓶颈期，然后这个种群才开始扩散的。这一基因历史规律和它们的捕食者抹香鲸诡异地相似，全球各地的抹香鲸差异性很小，基因差异性也很低，这是种群近期扩张的证据。[62]

大王酸浆鱿比大王乌贼更重，可达 500 公斤，在它的触手上长着骇人的钩子。它们的分布范围局限在环南极洲的遥远南大洋中。目前搜集到的标本极其稀少，最大的纪录是 2007 年从罗斯海的一艘渔船捕上来的，当时这只大王乌贼正在渔网中大嚼一只智利海鲈鱼，傻乎乎地不愿松口。这只大王酸浆鱿冷冻以后被送到了新西兰博物馆，至今你还可以在那里看到它。[63] 奥克兰理工大学的史蒂夫·奥谢（Steve O'Shea）曾开玩笑地说，它可以被做成“卡车轮胎大小的鱿鱼圈”。[64]

直到 2004 年，无论是大王乌贼还是大王酸浆鱿，我们都没有在自然栖息地观察到过活体，所有的相关知识，要么来自搁浅或者漂浮的尸体，要么来自偶尔在海水表层的邂逅，或者来自抹香鲸胃里的零钱般的乌贼喙。不过，后来一艘日本的遥控潜水器终于拍到了世界上最难以捉摸的影像：900 多米深的水下，一只 4.5 米长的大王乌贼正在栖息地狩猎。

东京的国立科学博物馆的洼寺恒己（Tsunemi Kubodera）和小笠原赏鲸协会的森恭一（Kyoichi Mori）花了很长时间来搜寻深海大王乌贼，然而收效甚微。但运气降临的时候，他们的摄像机已经准备好了。在摄像头下，大王乌贼的动作一览无余，在探照灯的照耀下，大王乌贼向着鱼饵游去，银色的皮肤泛着光芒。大王乌贼的触手像花朵一样展开，展现出完美的几何形状，上面的吸盘里藏着锯齿般的尖牙利齿。这只幽灵般的生物带着一种奇异的优雅，触手轻轻绕着饵料笼旋转，然后似乎受到了惊吓，轻快地游走了。充满噪点的照片并不能真正显示出这个幽灵的大小；它的触手可以拥抱住一辆家用轿车。尽管如此，这种动物却从不表现出攻击性，只有在捕食时才会显示出一个“猎手”的高效。在大众的印象里，大王乌贼大多是鲜红色的，狂怒地挥动着鞭子一般的触手，在水面附近极力求生。洼寺恒己和森恭一拍摄到的是大王乌贼在自己领域中的活动似乎都在它们的掌握之中，实在是令人惊叹。[65]

那么，真正巨大的个体在哪呢？就像《加勒比海盗》中尼摩船长在他的“鹦鹉螺号”甲板上与之搏斗过的那种巨型乌贼。特殊个体的存在是有可能的，也许它们藏在海洋之下的远古幽暗之中，也许藏在冰山之下，也许藏在太平洋的火山之间。目前还没有在鲸鱼的胃中发现过第三种巨型乌贼，但如果它们躲在广阔的深海中，故意躲开了人类的潜艇，那么我们就无法知道它们的存在了。想象总是比现实更为诱人：我们总会把怪物标到地图的边缘。

发光，生物的“魔法灯”

我们之所以了解物种，是因为我们把它们拉出了水面，然后命名。不过在深海中，这些物种相互之间也是了解的。它们不需要像参加无聊的高中同学聚会一样带上名片，而是会在身上装饰灯光。

将自己想象成一条生活在深海的无尽黑暗中的无助的小鱼，蓝黑色的水上不见顶下不见底，四周都是没有月光的长夜，然而这长夜并不安宁，借着任何一丝光线，成百上千双急切的目光都在监视着你。四周的黑暗中潜藏着众多捕食者，它们长着数不清的针尖般的细齿。随时随刻，只要上面漏下来一丝阳光，你就会被出卖。

不过，这里也有其他光线，正如没有月亮的夜空会有星星。在深海，四周永远围绕着蓝色和绿色的闪光，一点儿隐约的光都可能意味着一顿美餐，也可能意味着可怕的死亡。这里的主要光源不是太阳，而是有机蛋白质，深海是地球上唯一一个靠有机蛋白质发光的生态系统。

萤光素酶（Luciferase），它可以通过分解高能量分子来发光，这个过程不是生成代谢能量，而是生成了光子。[66] 一些鱼类携带有萤光素酶基因，并将发光蛋白质排列在皮下的发光器中，发光器是专门用来发光的一种坑状的皮下器官。很多鱼类会自己分泌发光物质，不过有的鱼类也长着装满共生发光细菌的囊。

生物发光是深海中最重要的一种生存技能。有的鱼的发光器装在腹部，它们发出的光和上层透下来的暗淡光线类似，所以当它们在顶上游过时，下面的鱼就看不到它们的身影，这样，不管是捕食者还是猎物，都获得了隐身功能。[67] 简单的浮游生物创造了大量的光噪音，只要受到一点儿扰动，它们就会发出光来填满深海。[68] 这些“语音”也许真有一个用处——实验显示，当浮游生物被虾类捕食时，会发出光。[69] 捕食型鱼类看到光以后就会像特警队一样冲过来，将虾吞掉，而不会理会浮游生物。海洋生物学家史蒂夫·阿道克（Steve Haddock）和同事最近记录了深海鱼类生物发光的 7 种多防御功能。[70] 生物发光在攻击中也发挥着重要作用：明亮的光线会吓退或者迷惑猎物，比如将灯光安装到悬挂着的诱饵上面，举在恶魔般的嘴边，或者用作远光灯，用来寻找水中悬浮的微小猎物。

或许最有名的创新者是鮟鱇鱼（Anglerfish），它们用一根带肉的长杆作为诱惑。鮟鱇鱼指的是一整类特别丑陋的动物。它们没有背鳍，而是将形成背鳍的脊骨移到眼睛以上的一个位置。第一根脊椎加厚并大幅延长，形成一个突出的手指，顶上带着一小块不规则的组织（叫作饵球）：一个生物发光诱饵。[71] 诱饵上海绵一般的组织里住满了任劳任怨的发光细菌。发光细菌让诱饵在黑暗中发出诱惑的光，从而让宿主招摇撞骗。和有经验的渔夫一样，鮟鱇鱼将鱼饵做得极其诱人。抽动、摆动、转动，看上去像一个疯狂地嬉戏的蠕虫，这是一个不可抗拒的目标。比鮟鱇鱼小很多的捕食型鱼类靠近诱饵，尽力发起攻击，然而它们一下就消失了，无声无息：它们被吸进一张巨大的嘴里，被针尖一样的牙齿穿透。每一种鮟鱇鱼都有它们独特的诱饵，有的比身体都长，不过它们都会发光。[72] 鮟鱇鱼是如何侦测到猎物的，目前还不清楚，它们的眼睛很小，视力也不好。有人认为，当鮟鱇鱼的诱饵被触动时，即使动静很小，也会触发猎杀反射。越来越清楚的一点是，鮟鱇鱼会攻击任何体型的鱼类。有一个记录记载，一条 4 寸长的鮟鱇鱼嘴里有一条一尺长的鼠尾鱼。当人们发现时，它们漂在巴布亚新几内亚的海域，捕食者和猎物都已经死了。[73]

深海动物发出的大部分光是蓝绿色的，和深海微弱的阳光匹配。不过巨口鱼科中的软颌鱼却会发出不同颜色的光。[74] 它们强大的发光器长在眼睛下方，在水中发出红色的光芒。它们有的物种使用了一种特殊的发光蛋白质，有的则在发光器前面加了一个红棕色的滤光片。[75]

红色在深海是一种特殊的颜色。海水会吸收红光，相对来说蓝光更容易在海水中传播，所以绝大部分海洋生物发的光是能传递得更远的蓝绿色。软颌鱼的捕食者和猎物都是在 1.5 公里深的水下演化而来的，它们的眼睛对蓝绿色的光都特别敏感。

软颌鱼是一个罕见的例外（见图 4-5），它们演化得对自己发出的红光尤为敏感。软颌鱼眼睛里用来感知光线的蛋白质（视蛋白）发生了改变。在 261 这个位置上发生了一个突变，改变了一种氨基酸，该氨基酸使蛋白质更容易吸收光线。结果，软颌鱼的蛋白质吸收红光的能力比其他深海鱼类都强。它们可以看到用自己特殊的聚光灯照亮的猎物。[76] 大部分深海动物都只能闪烁灯光——为防被发现或者被吞食，它们的灯总是会快速开起和关闭。在充满杀手的黑暗世界中，明亮的灯光可以照亮食物，也可以引来死亡。软颌鱼和水面捕食者比起来更为娇弱，但它们还是主导了竞赛，能看见红色，同时还能防止自己被看见，戴着红色的护身符在深渊中游窜。

群星闪耀

深海的真实特色不是由汽车大小的大王乌贼体现的，也不是由“黑烟囱”边上杂草般的两米长的巨型管虫体现的。当我们想象这些东西时，错过了深海的绝大多数事物。我们通常认为水都是清澈的，光线是无处不在的，大家伙们总是在空阔处游荡。威廉·毕比发现了深海的本质。当他坐在自己小小的潜水球中，深海的夜幕留给他最深刻的印象，不是他看到的那些神奇的捕食性鱼类，而是深海的灯光。它们在黑暗中盛开，像脉动一样闪烁着，填满了潜水球小小的石英观察孔。在他的周围，所有的光芒都在用一种陌生的语言互相交流着，诉说着生命和死亡的故事，讲述着孤注一掷的捕食者们的伪装。想象一下这些动物，不要把它们作为教科书里的图片，想象它们真正生活在自己世界里的样子。没有一丝光芒，笼罩在一片黑暗中，仅仅通过生物发光的闪烁以及一抹黑色的剪影，它们就能知道彼此的存在。

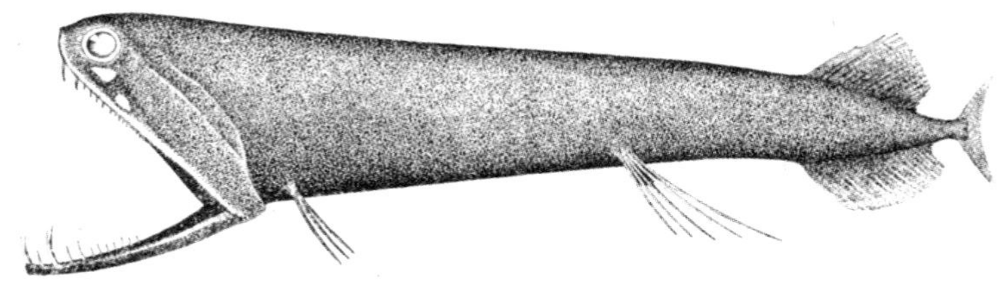

图 4-5　黑软颌鱼

资料来源：Goode, B. G., and T. H. Bean. 1896. *Oceanic Ichthyology*. Special Bulletin 2. Washington, D.C.: Smithsonian Institution, plate 37.

作为第一个访问深海的人，毕比认为自己肩负了一种巨大的责任。看到这些无人见过的景象以后，他觉得必须描述一下它们。他去过了地球上陆地以外的另一个世界。在第一次太空行走发生的 30 年前，毕比用预言般的方式描述了海洋深渊：

> 能和这奇妙的冥间世界相比的，肯定只有大气以外遥远的裸露太空了。在星辰之间，没有阳光会照亮行星空气中的灰尘和垃圾。在黑暗的太空里，行星、彗星、太阳、群星，一切会闪耀的天体，和这双充满敬畏的眼睛看到的广阔海洋不到一公里以下的生命世界一定很相似。[77]

05

浅水之最：
腹背受敌，生存的关键来自平衡上下两方的危险

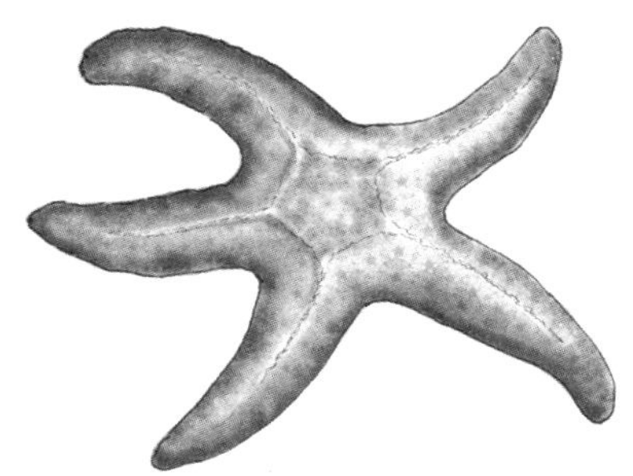

对于栖息在潮水上端的海洋生命来说，
生存的关键在于如何平衡来自上下两个方向的危险。
离水越远，环境越危险。离水越近，邻居越危险。

流线型海胆，活过脱水与竞争的赢家

20 年里，夏威夷的卡卡阿克（Kaka'ako）海滨公园的石墙一直是太平洋的屏障。成吨的巨石像砖块一般整齐地拼在一起，蔓延海岸几公里长。孩子们在海岸线上嬉戏，在巨石之间跳跃追逐。游客沿着滨海游览，有的游客将食物摆在野餐桌上。波浪在不断地涌进，一排接着一排，经年累月地拍打着这些黑色的巨石。

小孩子一般都不会被允许越过海水的边界线去玩，这里的岩石上爬着硬币大小的紫色小圆盖，它们就是“肉棘海胆属”（Colobocentrotus）的碎石海胆（Shingle urchin）。它们没有海胆典型的尖刺，它们身上的刺是以一种特殊的形态存在着的，从海胆的身体上面像裙子一样凸出来，又圆又钝，像是冰棍的小杆。这些短小棘刺长在海胆的上表面，像是一个一个拼在一起的小蘑菇，结构就像卡卡阿克的石头墙，而且和石墙一样，它们也是大海的屏障（见图 5-1）。

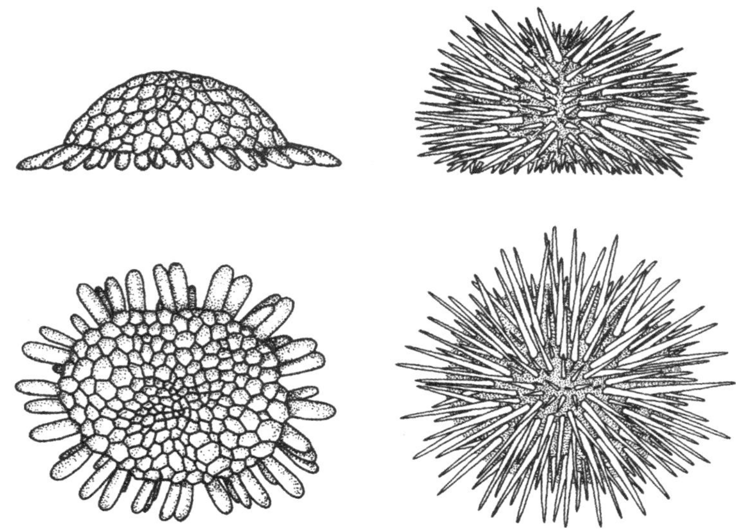

图 5-1　夏威夷的碎石海胆（左）和一般的多刺海胆（右）

资料来源：Denny, M., and B. Gaylord. 1996. "Why the urchin lost its spines: Hydrodynamic forces and survivorship in three echinoids." *Journal of Experimental Biology* 199 (3): 717–729. Doi: http://jeb.biologists.org/content/199/3/717.full.pdf. Drawing by Freya Sommer.

碎石海胆能生存下来靠的是两项适应能力。一是特殊的背部棘刺形成了一个光滑的轮廓，用以减小海水穿过时的阻力。二是这种海胆有着异常强壮的足，可以紧紧抓在石头上面。碎石海胆的底部有着数以百计的管足，使用细小的真空室产生吸力。每一个管足只有意大利面那么宽，但合起来以后，它们可以牢牢地抓住岩石。所有的海胆都有管足，只不过碎石海胆的管足更为强壮。

这些适应能力从直观上来看很合理，但它们的实际应用效果如何呢？一个简单的实验可以回答这个问题。我们将普通海胆的棘刺装到碎石海胆身上，在增加了海水阻力的情况下，我们可以测试一下这些动物的管足还能否抓住岩石。如果能抓住，那么管足的力量就比减少海水阻力更重要。如果抓不住，那就说明碎石海胆的光滑圆顶才是更关键的生存策略。

布兰德·加连（Brad Gallien）当时还是夏威夷大学的研究生。他把普通海胆的刺取下来，嵌到碎石海胆的光滑表面，再将这个怪物放到夏威夷海浪旋涡之中的岩石上。观察显示，这些加上去的棘刺大大增加了海胆受到的阻力，但它们还是能够站住脚。显然，和身上的棘刺比起来，强大的管足对碎石海胆更为重要，管足还具有取食和运动的作用。[1]

还有一个起作用的元素，那就是海胆的位置。波浪拍打在碎石海胆的岩石堡垒上，会浸透碎石海胆的棘刺防护，使其保持潮湿。碎石海胆没有肺和鳃，它们只能利用潮湿的体表组织，通过简单的溶解原理来吸收氧气。

和其他海胆一样，碎石海胆也可以在没有水的情况下短期生存，不过时间一长就会死去。不过，碎石海胆作为一种海洋生物，有一个奇怪的特点，那就是，如果在海水中淹没太久，它们也会死亡。氧气在空气中比在水中更容易扩散，所以对于海胆来说，如果它身体潮湿，而且处在水线之上，就更容易呼吸。或许是穿着厚重的盔甲的缘故，碎石海胆的呼吸能力比其他海胆差很多。如果它们困在水下，即使是短短的几天，也会被淹死。

想来也怪，碎石海胆怎么会怕水呢？不过实际上，每一种潮间带生物都面临着同样的窘境。高潮带可能又干又热，低潮带却是捕食者和竞争对手的野蛮丛林。不管海滩上的是沙子，还是岩石，高潮带和低潮带之间的生命都得在脱水而死和竞争而亡之间维持平衡。这样一来，潮间带的生命需要沿着水线维持生计：它们沿水平方向呈长条状分布着，和旧唱片上面的水平沟槽一样。当潮水退去，潮间带的各种生物一片一片地分布在各处，就跟泥沙一样一览无遗。

全球各处的海岸线上都能看到这样的区域。早在 20 世纪 30 年代，T. A. 史蒂芬森（T. A. Stephenson）和安·史蒂芬森（Ann Stephenson）就绘制了这些区域。[2] 在全球范围内，从一条海岸线到另一条海岸线，这个夫妻团队找到了众多类似的水平区域。他俩认为，很明显这是基于环境从一端到另一端微小变化的逻辑系统在起作用。"区块的划分源于梯度。"他们这样下了结论。[3] 在他们看来，梯度既是生物的梯度，又是物理环境的梯度。不过毫无疑问，潮间带生物都是靠近海水分布的。

沿岸的任何一个地方都是某种生物的理想栖息地。从高处到低处有两个不断变化的条件。其中之一是太阳和干燥空气带来的有害环境。这里生活的毕竟都是海洋生物，无论在水面以上待多久，它们的身体系统都会受到考验。

潮间带另一端的海水是一个危险的地方，里边充满了强壮的大型开放水域生物。在这里，由太阳和风带来的环境压力已经消退，而竞争和捕食带来的生物危害则大大增加。[4] 简单来讲，在离水线远的地方，环境压力是主导因素，离水线近的地方，生物压力是主导因素。潮间带的每一个地方，都是这两种风险像水和火一般的独特组合，这一组合随着潮水的高低而变化着。海岸线上的每一种生物都需要适应一个精确组合的环境：生活在环境和生物压力的精确组合之中。

住在离海最远的地方

最高的潮间带地区是飞溅带。在这里，潮间带很少是潮湿的，唯一的水源来自大浪激起的水花。这里的岩石上散布着海藻、地衣以及小海螺的群落。[5] 很少有生物能忍受这里的干燥环境，所以这里的生物的生活空间很充足，很少能看到生物互相排挤的情形。真正的捕食者就更少了，它们被限制在岩石的裂缝中，只有这里才不会受到高温和暴露带来的伤害。于是这里就成了潮间带中最高、最干燥、多样性最差的区域。这些高处的生命生活得很安全，不过住在这里还需要有应对糟糕环境的能力。

几十年来，潮间带的海螺等软体动物一直在改变着岩石本身的形态。尤其是石鳖，它们长着锉刀一样的舌头（称为齿舌），其中含有磁铁矿成分，因此非常坚硬，使得它们可以侵蚀岩石。在一些受保护的热带海岸线上，这些微小的锉刀已经改变了海岸线的形态。最有代表性的神奇效果就是，帕劳群岛海岸线上蘑菇形的岩石小岛。[6]

滨螺（Littorina）是生活在最高处的一种海螺。它们挑选的地方在半个月的潮汐周期中只会被波浪拍打到一两次。滨螺的背壳和小卵石一般大，顶端收束成锥形。滨螺用舌头刮食岩石上薄薄的藻类和碎屑，并以此为生。它们的英文名称 Littorina 来自 “Littoral”（滨海）这个词，也就是海岸线上从最高水线到海水完全浸没区域之间的地带。如果将滨螺丢到潮水池或者水桶里，它们会马上开始慢慢向上爬。滨螺倒不会像碎石海胆一样被淹死，不过它们的喜好也是很明确的。对于这种海螺来说，水不是一种生存需要，而是一种致命的危险。

是哪些适应能力让这种动物可以离水生活呢？答案有好几个，不过前提都是科幻小说《沙丘》中弗雷曼人（Fremen）式的用水效率。和所有居住在潮水之上的生物一样，滨螺也需要一定量的液体保持鳃的潮湿。在干燥的日子里，它们会分泌出一种黏胶，用最少的水将自己粘在岩石上。如果环境非常热，它们会释放一些存储的水，将其蒸发掉，就跟人类出汗的原理一样散发一些热量。[7] 这种策略会很快让海螺变干，所以和温带的近亲相比，热带的滨螺生活的位置会低一些，而且颜色更淡，形状更圆，这样它们可以存储更多的水，也能少吸收一些热量。[8]

不过这些为滨螺带来成功的适应能力也会给它们带来坏处。滨螺不只生活在沿海的岩石上，有一个不同的种类叫作织纹螺（Nassarius），它们生活在美国东部海岸的盐碱湿地中。当潮水进来时，泥泞的湿地会灌满海水，织纹螺就会缓缓撤退到长长的草叶上。同样，这也是一种精致的平衡，用来应对上下两条界限带来的风险。除了水中的捕食者以外，织纹螺还需要应对天上的鸟和泥地里的螃蟹。典型的潮间带生物采取的折衷方案是，海螺会爬到草叶上，但不会爬到草叶顶端。尽管如此，织纹螺还是会偶尔爬到草尖上，它们的重量让草叶变弯，微风让草叶前后晃动。过不了多久，海螺就会被水鸟捡走吞掉。[9]

为什么这些织纹螺会有这样的自杀行为呢？答案是因为一种叫作雌盘吸虫（Gynaecotyla）的微小寄生虫。它们会感染滨螺并且改变它们的行为。和狡诈的科幻怪物一样，雌盘吸虫会寄生在海螺的脑部，并且破坏海螺对高处的恐惧。用不了多久，正常的高度就没法满足它们了，所以它们爬到更高的地方，终结生命。因为寄生虫有自己的需求，在发育的过程中，它们需要离开海螺，开始另一个生命阶段。只有海螺被吃掉以后，这种寄生虫才能在捕食者体内完成发育并且繁殖后代。

合作共赢的生态系统

滨螺居住的盐沼面积广大，是美国东部沿岸的主要生物栖息地。溪流在泥泞的低地蜿蜒，将泥地切成一块一块。这里的泥地非常柔软，一脚踩偏，就会陷到齐膝深的臭黑泥里。潮水在这些河道里回旋涨落，一天两次淹没这块平地。和岩石海岸线一样，沼泽环境也可以根据高度的细微不同分割成若干区域。最低的一级是泥滩，这里细腻的粉质泥土每天会被水淹没几次。在这片泥沼帝国之上的是最前方的盐沼植物。新英格兰的盐沼已经被充分研究过了，在这片地方，你会发现厚厚的米草（Spartina alterniflora，又名互花米草）[10]，不过大片看似简单的米草掩盖不住它下面复杂的生物特征。在这里，各个物种需要通过一种特殊的互动方式，以保持这片栖息地的稳定。

沼泽草的根不深，不过面对往返的潮水和肆虐的风暴，它们必须紧紧抓住下面的细泥。波浪越过大西洋拍打到海岸上，沼泽地捕捉到波浪并将其“驯服”。沼泽草将下游冲洗而来的泥沙收集起来，防止它们流到海里去。于是这些植物就构成了海岸的基地，扎根在北美东部的大部分地方。不过这些草类要完成自己的工作，还需要一个生态系统，这个系统的整体大于各小部分之和。沼泽草需要其他生物的帮助才能生存。

生态学家将这种现象称为“共生”。沼泽草密集的根部网络守住了海岸线，也为小动物提供了庇护。植物防止了水流过快，为定居的软体动物提供了一个安全的环境。在新英格兰的盐沼中，软体动物的角色是由罗纹贻贝（Geukensia demissa）来扮演的。罗纹贻贝是一种双壳贝类，与蚬和扇贝一样。它们的两片外壳由强劲的铰链韧带相连接。罗纹贻贝最主要的事业就是，在涨潮的时候大量过滤海水并从中吸取食物。它们的排泄物营养丰富，并且会直接落到植物的根系中，成为植物的“福音”。盐沼资源匮乏，这种关系对整个生态系统都有益处。[11] 我们是如何知道罗纹贻贝的作用的呢？布朗大学的马克·伯特奈斯（Mark Bertness）做了一个实验：他把罗纹贻贝从沼泽中移走，接着，由于土壤失去了重要的养分，沼泽草的生长区域就开始大片萎缩了。[12]

深藏的罗纹贻贝和坚韧的沼泽植物在一起看上去并不像是一个团队，不过它们的功能却合为一体，互相提供了关键的帮助，让彼此受益匪浅。通过这种方式，它们创造了一片新天地。其他物种也有帮助：招潮蟹在肥沃的泥渣中过着拾荒者的生活，它们在其中挖掘洞穴，既能躲避天敌，又能防止脱水。在这个过程中，它们也为沼泽泥地增加了氧气和养分，促进了米草的生长。

沼泽中的生物是环境的建筑师，它们通过共生和合作，深刻地改变了居所的结构和成分。[13] 与珊瑚礁、红树林一样，它们一起建立和维护了自己藏身立足的栖息地。

红树林，唯一在海水中存活的植物

在许多热带地区，陆地的边缘不是沙滩，不是岩石海岸，也不是盐沼，而是由红树林定义的。红树林粗糙的枝条纵横交错，绵延许多里地，将蓝色的潟湖变成了不可穿越的灌木丛。众多坚硬多节的根条扎在柔软的泥沙中，支持着红树林从泥泞中伸出来。和盐沼中的草类一样，这些树也面对着艰巨的环境挑战。在这里，极少有其他植物能够生存。海水盐分高，波浪不停的拍打，阳光强烈，泥沼中氧气缺乏，这些都是植物生存的障碍。事实上，红树林是地球上唯一一类根部浸泡在盐水中还能生存的植物。[14]

尽管生存很艰难，红树林在众多热带地区还是取得了成功。对红树林来说，严重的环境障碍变成了一种竞争优势。这一切是如何发生的呢？答案在于红树林高跷一般的根系[15]。众多根系淹没在水下，给人一种漂浮森林的错觉。红树林的根比大部分植物都重一些，在不断变化的环境中，它们可以提供重要的物理结构支持。根系像桥桩一样垂直扎到泥地中，每条树根大约一寸宽，密密麻麻像迷宫一样阻碍着水流。营养丰富的沉淀物在进入海洋之前被这些根系困住，让这里成为生态系统的庇护所。[16]

牡蛎、海绵、海鞘以及藻类，在根系周围形成了一层厚厚的地毯。虾类和小鱼在宏伟的水下宫殿拱门间穿梭。和在沼泽中一样，这些动物的排泄物为周围提供了养分。各种动物躲避在红树林的摇篮中，为红树林提供了丰富的营养。[17]

盐和氧的问题

和其他营养物质一样，盐是生命的必需品，但摄入过量也会致命。生活在海洋中的生物被盐分包围，因此演化出了各种排盐的方法。海龟将多余的盐分通过泪腺排出体外，鳄鱼的眼泪比海水的含盐量更高。[18] 盐沼中的米草长着盐腺，能将盐分从叶面排出，然后被风吹走或者被水冲走。红树林也有着类似的适应能力，比如白皮红树（属于使君子科）就得名于此。它们每个叶片的基部都有两个腺体，会排出带少量水的多余盐分。时间一长，树叶上就堆满了盐的结晶，在热带的阳光下，闪着晶莹的白光。

其他种类的红树林采取了截然不同的方式，它们一开始就拒绝吸收盐分。真红树（属于红树科）通常生长在海水淹没最严重的沿海环境中。它们的根和白皮红树不一样，具备着天然的海水淡化功能。它们的根不是马马虎虎地直接吸收海水，而是通过专门的过滤器将水吸收到体内。[19] 这种方式使真红树可以选择哪些分子可以进入体内，哪些需要被过滤掉。在这个系统的加持下，99% 的盐分在根部就被过滤掉。真红树吸收的盐分，不比你家后院随便哪棵树吸收的更多。[20]

红树林面对的另一个持久的问题就是窒息。陆地植物的根部如果完全被淹没，就无法充分吸收氧气。雪上加霜的是，红树林底部的沉积物中充满了活跃的微生物，它们会消耗掉大量氧气，致使红树林的根几乎完全没有氧气可用。对于大多数植物来说，水淹加上缺氧，结果将是致命的。

和之前一样，面对这一挑战，不同种类的红树有着不一样的适应能力。真红树生活的环境水最深，潮水也最猛，它们的树根将它们抬起的高度也最高。真红树的树干上布满了微小的皮孔，这些微小的结构起到了吸收氧气的作用。[21] 真红树的树叶上还长着“软木疣”，这是一种空心的细胞组织，可以让氧气扩散到植物体内，然后通过茎内的空间向下传送到树根内部。[22]

其他种类的红树会将呼吸管垂直伸到空气中。黑皮红树（海榄雌科）长着专门的气根，它们从泥土中生长出来，可以长到几尺高。气根上面长满了皮孔，还长着一种专门的通气组织，这些组织重量轻，体积大，专门用来吸收氧气。红树的气根和其他适应能力对于大部分陆地植物来说都是一种对生物物质的浪费，因此没有什么好处。但在红树林这个颠倒的世界中，这些适应能力却是完全合理的。

弹涂鱼，离开水的鱼

红树林根系之间多样的生物吸引了鱼类的到来。很多珊瑚礁鱼类的幼年期就是在红树林度过的，长大以后才会游到离岸的珊瑚礁区域。[23] 这里也有捕食者，它们潜伏在迷宫的阴影中。小鱼可以在最窄的缝隙间躲开天敌，不过还有一个躲避的方向，那就是向上躲避。在一个几乎被完全淹没的世界中，水线以上的不动产是一个躲避天敌的珍贵场所。就是因为这个原因，一些鱼类学会了离开海水，带着呼吸器游到了陆地上。

弹涂鱼属于虾虎鱼科（见图 5-2），它们可以离水存活很长时间，因此活跃在世界各地的潮间带栖息地中。弹涂鱼体型瘦长，通体是斑驳的棕色，头顶上长着跟青蛙一样的大眼睛。这些动物体型小，动作快，捕猎时迅疾如电，然后将猎物从针尖般的牙齿之间吞下。弹涂鱼的胸鳍强壮，就算没有水的浮力也能够支撑身体的重量。它们可以使用胸鳍，像拄着拐杖一样慢慢行走，也可以快速奔跑。[24] 此外，它们还可以跳跃，甩着尾巴借力跃到空中。弹涂鱼在潮水池之间跳跃，最高的跳跃纪录是 60 厘米，这对于体长只有 10 厘米的弹涂鱼来说已经很了不起了。[25]

图 5-2 弹涂鱼

资料来源：Photograph by Webridge.

弹涂鱼可以离开水，但没法吸收氧气。那为什么它还会这么活跃呢？事实证明，它们已经演化出了呼吸空气的能力。弹涂鱼的嘴里、喉咙里、鳃上面，布满了可以吸收氧气的黏膜，只要保持湿润，就能像一个低效率的鳃一样起到呼吸作用。[26] 由于呼吸效率低，弹涂鱼必须具备巨大的嘴和喉咙，这样它们才能有更多的表面积用来呼吸。所以每一次弹涂鱼冒险离开水时，它们都要含着一个气泡，就像潜水员背着氧气瓶一样。[27]

弹涂鱼居住在水下碉堡一样的泥洞里，这里可以躲避潮水和炎热。碉堡的底部有一个空气腔，是弹涂鱼在修建地洞时挖出来的，建好之后，弹涂鱼还会不时地补充里边的空气。当低氧的潮水淹没弹涂鱼的洞穴以后，它们就躲在下面，依靠自己的空气泡泡安全地度过涨潮期。[28]

中潮带，致命的中土

滨螺和红树林大多生活在水域之外，这里的环境压力最高，它们的生理机能面临着不断的挑战。在比它们低几尺的海岸区域中，生物受到的压力更为平衡。这就是潮间带中部区域，这里退潮时会露出，涨潮时会被淹没。

藤壶是温带海岸线的标志性生物：这种小型甲壳类动物头向下黏在岩石上，使用叶状的足从潮水中过滤食物。[29] 藤壶有着厚重的背甲，可以用来抵御波浪的冲击和脱水。同时它们也需要经常淹没在水中进食和呼吸。藤壶的幼体“随波逐流”，但它们必须避免扎根太高，不然就是自寻死路。

海岸上的怪物

所有的潮间带都一样，低处的环境中充满了怪物。海星和海螺都以吞食没法移动的藤壶为生，但如果它们去到太高的地方，就会被太阳晒到脱水而死。这些捕食者可以在涨潮时慢慢爬到岩石上，但它们必须在退潮之前逃走，不能留在岩石高处。这些捕食者也面临着一个难题：它们进食往往需要很长时间，就算在涨潮时开始进食，等到退潮时可能还没有吃完。[30]

这些海螺是带壳动物的捕食者，它们的捕食对象一般就是潮间带中部岩石上的藤壶。不过藤壶有着厚厚的外壳，大部分的捕食者都无从下口。海螺可以用它们的钻头式的特殊口器攻破藤壶的防御。它们在藤壶的硬壳上打孔，穿到藤壶的体内，然后像蚊子吸血一样将猎物的体液吸走。不过这种邪恶的手段成本很高，要花很长时间才能完成打孔，并注入消化酶。所以，海螺经常需要放弃吃了一半的食物，在退潮时跟着撤退至水下。

海星进食的速度也很慢，它们把自己盖在一群藤壶上面，然后将众多气球一样的胃挤出来闷杀猎物。更快的吃法是将藤壶一只一只从岩石上剥下来。海星可以用它们触手上的管足将身体安全地固定下来，然后使用中间口部附近的管足控制猎物。海星触手上厚厚的肌肉会收缩并向上拉拽，将藤壶剥离岩石表面，[31] 然后将藤壶送到嘴里，一边开始消化，一边慢慢撤退到潮水以下（见图 5-3）。

图 5-3　海星捕食贻贝

资料来源：Photograph by Linda Fink.

藤壶在岩石上落脚的高度取决于它们能否接触到水以及水中的营养含

量。离水太远的藤壶会在长大繁殖之前就被晒干死去，不过下面的界限又是由捕食者决定的，生活在低处的藤壶生长迅速，但很快会成为捕食者的美餐。于是最终的结果就是，世界各地的海岸上都能看到灰白交错的地带，这里有成千上万只藤壶，它们拥挤在两道壁垒之间，上边是地狱火一般的阳光，下边是众多饥饿的捕食者。

贻贝海滩

许多温带海岸都有居满藤壶的区域，在这片区域紧挨着的低处，是一条紫色和黑色构成的地带，这里铺满了贻贝。这些双壳贝类密密麻麻地挤在这里，就像是中世纪的墓地。它们透着温润的光泽，有如一片巨大的外星孔虫产下的卵。它们和藤壶有诸多类似之处，也是无法移动的滤食动物，不过对于贻贝来说，它们和环境的交互方式不同于藤壶。贻贝的壳更薄，更为开放（它们贝壳铰链处的肌肉在静止状态下只能维持贝壳虚掩的状态），也更容易不停失水。因此它们不能像藤壶一样生活在岩石高处，只能占据较低的区域。它们也更需要保护自己免遭波浪的影响。贻贝会用一根叫足丝的线把自己固定到岩石上。足丝是由一个小腺体分泌的蛋白质黏胶，贻贝会将其一端粘到岩石上，另一端粘到自己身上。当黏胶固化以后，足丝就把贻贝固定到了它的众多同伴之间。[32] 不过，贻贝有缓慢移动的能力，它们可以产生新的足丝并固定好，然后将旧的足丝弄断，就像登山员一样，在垂直岩壁上慢慢向上攀登。

海鸥可以撬开并且取食贻贝，也可以将它们整个吞下去。蛎鹬（Haematopus ostralegus）可以甩动它们厚重的喙将贻贝敲开。除了这些来自天空的天敌以外，海里的捕食者才是贻贝最大的威胁。海星在涨潮时缓缓爬上来，从岩石上摘走一只不幸的贻贝，然后以冰川流动的速度逃到它们的安全区。离水最近的贻贝最先遭殃，这样就形成了这片紫色地带的最低界线。贻贝很少出现在这条线以下，除非它们已经幸运地长到足够大，无法被海星吃掉了。

罗伯特·特利特·佩因（Robert Treat Paine III）做过一个生态试验，这是历史上最著名的实验之一，也可能是最简单的一个。他来到美国太平洋西北的海岸上，这里的潮间带中央有一条贻贝形成的石青色区域。就在这里，他把海星都找出来，毫不客气地丢到了最近的海湾里。佩因在这上面花了差不多 49 年的时间，日复一日，年复一年，海星在这片区域的数量大幅减少。实验的目的是，看看这些捕食型海星是不是足够活跃，能够控制贻贝的生活范围。答案是一个响亮的“能”字。贻贝摆脱了海星的威胁，于是迁移到了比任何其他区域的同伴更低的区域。佩因的简单实验让潮间带低处变成了贻贝的安全区，并证明了贻贝活动区域的下限是由天敌的逼迫导致的，而不是它们不能承受低处的物理环境压力。[33]

海岸低处的生命地毯

海浪在海岸上引爆，发出震耳发聩的咆哮，将白色的泡沫抛向天空，在岩石上留下星星点点的海水。沙质土壤中探出低矮的蜡菊，开着绚丽的紫色花朵。驼背的柏树在悬崖上守着夜幕。大片的海带在海浪中翻滚，犹如战场留下的残骸。这个岩石群位于加利福尼亚海岸、蒙特利湾的最南端，是世界上最壮观的海岸线之一。

太平洋的潮水拍打着高处的潮间带，不过在水面以下，波浪的表现形式很不一样。在潮间带低处，波浪不是在拍打，而是在搅动，前后晃荡着底部的海水。

海带属的植物可以说是专为这种搅动的环境而生。棕色的复叶从长绳一样的枝干上伸出来，在波浪之间翩翩起舞。如果长在较高的地方，它们就会被波浪剥光叶片或者被阳光烤干。低潮带的物理环境更为松弛，创造了一大片身体更为柔软湿润、会移动的生物。它们的数量也更多，因为海洋为低潮带提供了丰富的营养。这里波浪和缓，盐度稳定，海洋植物被完全淹没在水下，可以长得更高更健康，这种食物链底部的额外生产力为整个生态系统带来了成倍的放大效应。

在我们大多数人眼里，低潮带就是海洋，这里几乎一直在海水的淹没之中，只有在潮水最低时才能看到底部。在皮诺斯角，岩石的基底被一层植物完全覆盖。一片红、绿、棕交错的粗毛地毯盖在岩石上，就像亚特兰蒂斯浮到了水面附近。这里大部分时候都没有什么物理危害，生物不需要额外的保护来防止阳光暴晒和脱水的伤害，它们只需要短暂地忍受一阵不快，然后就又会被海水覆盖。不过有好就有坏，这里的生物十分密集。低潮带可以从陆地和海洋同时获取资源，这些资源吸引了大量的生物。

海葵的“刺客”之歌

西北太平洋的黄海葵（Anthopleura xanthogrammica）已经适应了以波浪带来的福利为生的生存方式。这些带触手的捕食者沿着裂缝和水沟静静地躺着，等着波浪将海蜗牛、小螃蟹、贻贝以及各种猎物送到跟前。它们以刺细胞作为武器库，长着没有牙的嘴，看上去就像《绝地归来》（*Return of the Jedi*）中巨大的萨拉克怪物。和萨拉克一样，黄海葵也会吞没一切碰到它嘴上的东西。只有最坚硬、最无味的残余物才会被它们吐出来。

海葵的刺细胞是一个小小的叫作刺丝囊（Nematocyst）的足球形状的结

构。里边盘绕着一根尖刺，连接在一根中空的纤维上面，浸没在强大的毒液中。该装置连接在一个简单的接触触发机制上，当被触发以后，它就会把尖刺向着外面的干扰物发射出去。和捕鱼的带绳鱼叉一样，它会穿透目标，并且通过中空的纤丝发出一小股毒液。小动物会在数秒钟之内陷入瘫痪，不过对于人类这样的大型动物来说，它们基本上是无害的（见图 5-4）。

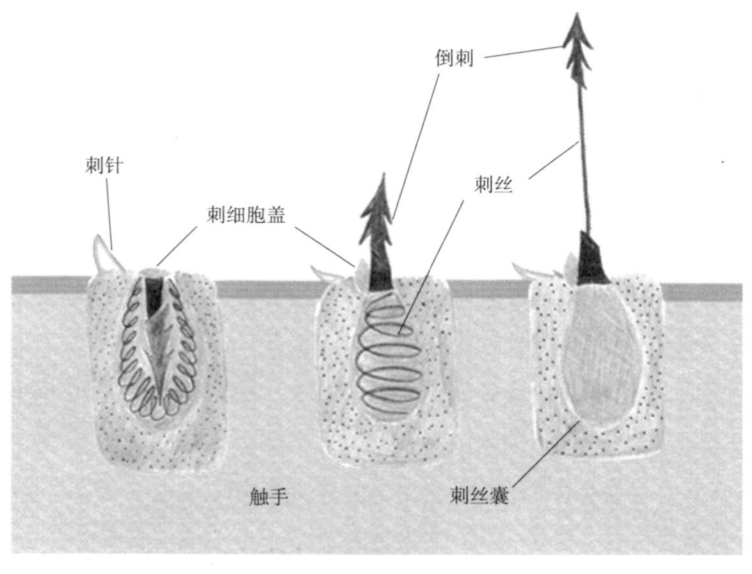

图 5-4　海葵的刺丝囊

注：海葵的刺丝囊上面有一个叫刺针的触发器，在触发以后，它会打开一个带合页的盖板，释放出一根附在中空纤维上的勾刺。腔肠动物都有这套捕食机制，这也是水母蜇人的原理。

一些海葵的近亲能使人产生严重的刺痛。葡萄牙僧帽水母（Portuguese man-of-war）能在人皮肤上留下一排如马蜂蜇过一般的伤痕。大部分海葵没有这样的能力，不过它们的刺丝囊还是足够强大的，强大到既能征服猎物，又能在各种拥挤的生物之间立足。

没有外壳的海蛞蝓，全靠毒素护身

海蛞蝓（Nudibranchs）是无壳的海蜗牛。它们大多是肉食动物，而且外观都很漂亮。彩虹有多少种颜色，你就能在各种海蛞蝓身上找到多少种颜色。它们身上装饰着叶状的附属物，看起来就像是热带的花卉。海蛞蝓生活在几乎每一条海岸线的浅水岩石之间，四处搜寻着猎物。海蛞蝓柔软的身体需要保护，其中一些采取了毒素的保护形式。明亮的颜色和鹿角般的装饰向海洋宣示着它们的毒性，不过它们的毒药是从猎物身上盗取的，其中包括海葵。

海葵身上覆盖着一层黏液作为自我保护，这层黏液还可以防止海葵被自己的刺细胞误伤。当海蛞蝓发起攻击时，它的第一步是在海葵身上磨蹭，将这层黏液蹭走，同时小心地避开海葵的口和触手。一旦海蛞蝓身上沾满黏液，它就可以无所顾虑地进食了。海蛞蝓将海葵撕成碎片，大口大口地吞下。它们会将海葵的肉消化掉，却将刺丝囊留下。这些刺细胞穿过海蛞蝓的消化系统，被输送到海蛞蝓的表皮。这些会自主工作的“小鱼叉”不会意识到自己已经换了地方，依然能够正常工作，对着可能攻击海蛞蝓的天敌抛出毒刺。通过这种了不起的适应能力，身体柔软、毫无武装的海蛞蝓让自己变成了最危险的猎物。

生命在海洋边缘，生物压力与环境压力并存

很少有低潮带的生物可以在高处生存。它们的身体无法应付阳光和空气带来的物理压力。它们会萎缩，干枯，然后死去。它们的装备更适合用来应付捕猎和竞争，也就是各种生物的威胁。所以，低潮带代表着沿海渐变区的一个极端，这里环境面临的挑战几乎已经完全被生物挑战代替。

同样，高潮带的物种只要向下移居几尺，就会被更强大的海洋捕食者或者更厉害的竞争者吃掉，它们适应干燥环境的能力变得毫无用处。到了高潮带的界线以下，这些生物就完全无法适应了，因为这里的竞争者和捕食者太大、太快、太强。这些渐变区和几十年前史蒂芬森博士认识的一样，它们统治了世界各地的潮间带生物。

潮间带的故事中充满战争，是两个对立势力之间的斗争。和大多数的斗争一样，两者之间的边界是斗争的核心地带。生物压力和环境压力就是斗争的双方，它们在涨潮和退潮的间歇一决高下。战争的规则很简单：离水越远，环境越危险；离水越近，邻居越危险。你是更愿意住在西伯利亚的苔原，还是住在里约市最暴力的贫民窟中心呢？在皮诺斯角，你可以看到这种最基本的紧张关系，从被风吹弯的柏树，到离岸百米远的海獭穿梭的海带林中。

潮间带的条纹区域是战争的前线，是史蒂芬森经典的渐变区理论的物理展示，我们可以在全球的每一片海岸上看到这种展示。每一个物种都在自然的不同方面达成了一种妥协，它们的生存也受到了特殊条件的制约。这种妥协在卡卡阿克海滨公园的石墙上一览无遗，也被编入了各种生物的适应特性之中。就连在大海和陆地之间最狭窄的一条湾带中，生命也找到了它们的平衡点。

06

长寿之最：
占尽体型优势，甚至可以逆转新陈代谢

一些人们最为熟知的物种拥有特别长的寿命。

破晓时分，在一处宁静的太平洋环形珊瑚岛上，薄纱巾一般的沙滩在朝阳中闪烁着金色的光辉，沙蟹（Ghost crab）匆匆穿过沙地，微风掠过宁静的环礁湖边缘，围着环礁湖的是一些低矮的岛屿、碧绿的海水，还有零散的椰子树。

一瞬间，这一切都消失了。

在太平洋里，第二颗“太阳”从山一般的火焰中冉冉升起。过热的蒸气从爆炸中心呼啸而出，吞没了近海一队废弃的旧战舰。滚滚浓烟将云彩推向天际，千钧之雷在海面咆哮。然后在距离地面 1.5 公里的高空，火团将自己熔制成一顶羽毛帽，顶在一柄烟柱上面，形成了一朵蘑菇云。现在是早上 6 点整，1954 年 3 月 1 日，美国陆军刚刚在比基尼环礁引爆了世界上的第一颗氢弹。

城堡行动（Operation Castle）展示了美国历史上最具威力的武器，比预期的强大两倍，相当于 1 500 万吨 TNT 炸药的威力。测试所在海岛已经被蒸发得不见踪影，辐射物御风而行，污染了超过 1.8 万平方公里的海洋以及周围的环礁。[1] 时至今日，城堡行动的余波已经基本消退，但并没有完全消失：氢弹的影响还在延续，延续在这颗行星的每一滴海水中，延续在深海鱼类的身体里。

碳龄测试，探秘海洋生命的繁衍规律

格雷格·凯列特（Greg Cailliet）是莫斯兰丁海洋实验室（Moss Landing Marine Laboratory）的鱼类生物学家，该实验室位于加利福尼亚州的蒙特利湾。凯列特多年来致力于鱼类年龄的判断上。通常情况下，鱼的体积越大，它的年龄就越大，不过一旦超越了这条简单的规则，就连分辨一条两岁的鱼和一条百岁以上的鱼都会成为难上加难的问题。所以，当包括凯列特和他的学生在内的学者开始仔细研究时，发现很多鱼的年龄远远大于我们过去的猜想。

了解这个有什么用呢？这主要和鱼类数量能增长多快有关。快生快死的鱼类的繁殖速度会比较高，可以快速补充种群数量。这些杂草般速生的种群可以允许我们更频繁地打捞，然后多搬一些到厨房里，少留一些在海洋中。[2] 而且，和鱼类年龄有关的信息不仅能帮我们为餐桌存货，还能教我们很多关于海洋中这些隐秘居民的知识，让我们掌握波涛下面世代更迭的节拍。

如何辨别鱼的年龄呢？和人类不一样，从它们表面几乎看不出年龄的增长，因为它们既不会长白头发，也不会长昏花的老眼。答案藏在一个奇怪的地方——它们的耳朵里，或者至少藏在它们的耳骨里。这种耳骨叫作耳石，会随着鱼的生长而长大。和树干的年轮一样，每年耳石上面会长出一层新的骨质。鱼类学家会将细小耳石的剖面精心打磨后放到显微镜下，艰难地数上面的环状年轮。不过，不同的鱼类年轮增加的速度也不同，有的每年增加一圈，有的每季度增加一圈，所以只知道年轮的数量还不太够，科学家还需要一个内在的标记，一个参考点。[3]

不管地图多么精确，数据多么完美，如果没有一个参考位置作为起始点，这一切都是没有用处的。凯列特和他的学生也需要一个起始点，而这个起始点是在氢弹爆炸的突发辐射中找到的。

在实验室里研究太平洋石斑鱼（Pacific rockfish）时，凯列特与他的学生艾伦·安德鲁斯（Allen Andrews）和丽莎·克尔（Lisa Kerr）决定看看鱼耳石中的碳-14 的含量。碳-14 是标准碳原子的一个不稳定种类，它形成于初生恒星的氢聚变熔炉中，不过一旦形成后它就开始衰变。我们星球上的碳-14 总量维持着一个平衡值，一边是它本身的衰变导致的数量减少，另一边是宇宙射线会导致新碳-14 的产生。人类在比基尼环礁创造了很多碳-14 元素，尽管本意并非如此。氢弹会先触发一次小型的核爆，并利用这些能量启动氢聚变。一瞬间就相当于诞生了一颗新的恒星，伴着它一并产生的是全世界生物体内，包括人们体内无法错认的碳-14 的标记。[4]

这种在比基尼环礁爆炸中形成的物质是如何跑到加利福尼亚州离岸的深海鱼类骨头中的呢？石斑鱼居住在深海中，不过幼年的石斑鱼游弋在水面附近，这里有丰富的营养物质和猎物。在大气层核试验期间，核辐射扩散到了整个世界，被这些幼鱼吸收到体内，给这些鱼苗的耳石核心位置注入了碳-14 标记，然后它们带着这些标记逐渐长大，成年后下潜到深海中。这个标记像一个刻在耳石上的无形暗号，石斑鱼将它一直携带在身上。[5]

凯列特和实验室里的学生开始测试，看碳-14 能不能帮他们解决一些关于深海鱼类的广为流传的谜题。他们开始研究一种神奇的鱼类，叫作黄眼石斑鱼（Sebastes ruberrimus，又称锉头平鲉）。这种鱼生活在加利福尼亚州外海 100 ~ 300 米的深水中，它们能长到一米长，是具备经济价值的鱼类。[6] 在美国西海岸的市场上，它们被叫作“红快嘴鱼”（Red snapper）[7]。2001 年，据说由于过度捕捞，这种鱼的数量只有原来的 7% ~ 13%，因为它们生长和成熟得不够快，无法补足被渔民捞走的数量。这个过度捕捞的问题很令人惊讶，因为比起其他鱼类，人们对黄眼石斑鱼的捕捞并没有那么多。于是凯列特和同事开始研究，为什么这种鱼对于捕捞压力这么敏感。答案就在于年龄。

一经研究，凯列特的学生就发现，很多黄眼石斑鱼的耳石中有一个含碳-14 的核心，这意味着这些鱼在核爆时就已经是活鱼苗了。[8] 不过，还有一些更有趣的现象——最大的鱼并没有携带碳-14 标记。但这些鱼在核试验之前就已经出生了，那时氢弹还没有在海洋表面添加一层新的碳-14，就连凯列特的学生也都没出生。

黄眼石斑鱼耳石里的核爆碳元素分布证明了，这些鱼的年龄比任何人想象的都大。这些信息，加上同事用其他同位素标记研究得出的结果，清楚地表明黄眼石斑鱼可以活到百岁以上。[9] 它们在死亡之前一直会产出健康的后代，科学家没有观察到它们有生殖衰老的迹象。因此，年龄和体积较大的鱼会为下一代产出大量的卵，它们被钓走以后，未来鱼卵的数量就会大幅减少。[10] 再加上这种鱼的繁殖年龄也很高，要到大约 20 岁 [11]，所以，当渔业捕捞带走有价值的年长的大鱼以后，种群要花很长时间才能补足数量。

修改教科书上的鱼类知识点很简单，但对这些鱼类生活的基本细节一无所知才是最大的问题。凯列特在论文中提到，深海捕鱼是一种现代现象；在大部分的人类历史中，我们捕的都是浅水中的鱼类。随着时间的增长，我们开始进入离岸更远的地方，去开发那些我们尚未完全了解的深海资源。[12] “有一些深海鱼群寿命更长，生长更慢，更容易受到伤害。”凯列特说，“它们不仅要竭尽所能地生存，还要面对突然出现的另一种致命性因素。”[13]

这些鱼类的生长这么缓慢，渔业怎么能够维持下去呢？凯列特坚信解决方案包含两个方面：一方面，科学家应该努力研究哪些鱼类可以作为长期的捕捞资源；另一方面，渔民应该谨慎地捕捞。“可持续性意味着你可以在某个地方一直捕鱼，而鱼还能一直维持固定的数量。在允许渔业指数级增加捕捞之前，你需要知道基本的生命历史。”[14]

弓头鲸，体型巨大的长寿红利

1993 年，阿拉斯加的一个因纽特人将刀插入一只刚杀死的弓头鲸（Balaena mysticetus）身上已有的一处参差不齐的伤口上，刀尖触碰到了一个硬邦邦的东西。在坚硬的皮革和厚厚的鲸油下面，躺着一件不可思议的东西——石质鱼叉断掉的一个尖头，这是一种手工制作的武器，制造工艺很古老，已经有 100 年没人用过了。美洲的原住民无意中碰到了自己祖先在百年前的手工杰作，竟然藏在一头鲸鱼的体内，这头鲸鱼在那次攻击中幸存了下来，并且比攻击它的人活得还要长寿。只要考古学家确认了武器的来源，也就确认了这头鲸的年龄：它伤在 100 多年以前，当它在北冰洋中奋力求生时，拿破仑三世正在跟普鲁士进行着战争。[15]

弓头鲸是一种巨大、缓慢、笨拙的过滤机器，它们靠在北极海域中筛取巨量的浮游生物为食。弓头鲸最大能长到 15 米长，体重可达 60 吨（相当于成年大象的 10 倍），[16] 拥有半码厚的油脂以及厚重的头骨，头骨特别适用于打碎浮冰。

弓头鲸油脂丰厚，行动缓慢，市场价值高，所以捕鲸人认为它们是一种适合捕杀的好鲸。[17]

北极原住民偶然发现古代的鱼叉，这让国际捕鲸协会颇为紧张。国际捕鲸协会负责管理全世界的捕鲸活动，他们一开始认为，弓头鲸只能活 50 年。第一次发现的鱼叉被他们谨慎地忽略掉了，后来陆续发现的鱼叉尖头[18] 让他们不得不开始关注这个问题。这些发现也为科学家提出一个要求，那就是寻找一种更有效的测量方法来确认鲸类的年龄。核爆产生的碳元素对于弓头鲸没有用处，它们的牙齿是柔软的鲸须，和鱼类坚硬的耳石不一样，而哺乳类动物的骨骼会在一生中不断重建，核爆产生的碳元素并不会在它们内部积累成层。所以研究人员需要从不同的视角来审视这个问题。

杰弗里·巴达（Jeffrey Bada）是斯克里普斯海洋研究所（Scripps Institution of Oceangraphy）的海洋化学家，他用一种截然不同的方式测量了弓头鲸的年龄。他利用了这种动物眼睛的两个特点。第一，弓头鲸的眼睛晶状体的核心是在出生前由蛋白质构成的。第二，一旦眼睛晶状体形成后，组成蛋白质的氨基酸会逐渐由 100% 的左型，变成 50% 左型加上 50% 右型。左右型表示的是氨基酸的化学构成方式。地球上所有细胞中的所有蛋白质一开始都是 100% 由左型氨基酸构成的，不过随着时间的推移，有的氨基酸会自发地从右变左。所以，当你测量了晶状体中右型氨基酸的含量，而又知道氨基酸左右转换的速度有多快时，就可以估算出动物的年龄。[19] 研究人员用这种方式总共测量了 90 只弓头鲸的年龄，其中 5 只大型雄性弓头鲸的年龄估算在百岁以上。[20] 所以，两种迥异的年龄测量方法得出了相同的结果：野生的弓头鲸可以活到很长的寿命，远远高于已知的其他哺乳类动物。

巴达和同事推测出了弓头鲸会打破哺乳类动物生命周期的规律的原因。为什么它们的寿命比其他哺乳类动物长这么多，甚至比其他鲸类都长？他们推测，这本质上和北冰洋的极寒以及拥有巨大体型的好处有关。冷水中的哺乳类动物通过新陈代谢和温度隔绝来维持体温，而热量又会通过皮肤散失。所以体型越大，就会有越多的体重用来生产热量，而单位体重对应的表面积就越小。总结而言，体型越大，体温就越容易维持，而维持了体温，体型则会更容易变大。于是弓头鲸会将尽可能多的能量用于生长，从而延迟了生育的年龄，结果它们成为哺乳类动物中生育年龄最晚的动物之一，第一次怀孕要等到 26 岁。住在常年冰冻，食物稀少的北极，增加体型需要花很长的时间。对于弓头鲸来说，前几十年的生活只是后面漫长生命周期的前奏。

捕鲸者在北极的大肆捕捞造成了新的严酷现实：弓头鲸已经不可能再活得长寿了。在捕鲸的“黄金年代”，弓头鲸是被捕捞最严重的鲸类之一。这种相对缓慢而又满载油脂的“北极巨人”被猎杀到濒临灭绝。欧洲人用它们的油脂点亮整座整座的城市，用它们的鲸须做成的伞骨和束腹衣则一直是巴黎完美时尚的象征。

在禁止大规模捕猎以后，弓头鲸的数量开始回升，但回升的速度一直很缓慢。[21] 在北冰洋西部，增长最快的群体每年也只能增加 3 ~ 5 个百分点。[22] 弓头鲸的孕期超过一年，而且几乎全部都是单胎，每育一胎都会面临巨大的挑战，怀孕和产奶会耗尽母鲸的油脂存储，所以母鲸每隔三四年才能生育一次幼鲸。[23] 以新的年龄来估算，母鲸在 80 年的繁殖中可能会产出 30 只幼鲸，每只母鲸对于种群数量的贡献很大，比过去认为的要大很多。这也意味着，每只母鲸对未来弓头鲸数量的增长具有重大意义，因为它有着出乎我们预料的巨大繁殖潜力。

弓头鲸的长寿是一件最了不起的事情，因为它能让我们了解鲸类在人类成为它们的威胁之前的正常生活。在自然界中，生物衰老的速度在物种之间差异很大：皇家信天翁可以活 58 年，而同样大小的加拿大雁只能活到其一半的年龄长度。[24] 不过，无论可能的生命周期有多长，在野外环境下，几乎看不出有动物会展现出过度衰老的迹象，我们人类会活到弯腰驼背病痛缠身，因为我们用技术延长了我们的生命周期，而它们极少会活到这么长时间。大部分动物都是死于天敌、寄生虫、疾病或者极端天气，在死时还没活到会显老的年龄。而长寿的动物大多是自然界高死亡率的动物，即便是人工饲养环境中的长寿动物。[25] 弓头鲸的长寿表明，在人类捕鲸活动之前，成年弓头鲸的死亡率可能是极低的，低至让这种巨大的哺乳类动物在演化中把生物钟调到最缓慢的嘀嗒声。

海龟，只要跨过幼年死亡的坎

想象你正位于夏威夷的科纳海岸，在一条叫作普阿科（Puako）的海岸线上。远处海平面上的太阳缓缓地落下，哈里阿克拉火山耸立在跨越毛伊海峡的橙色和紫色的云彩之间。波浪拍打着黑色的熔岩海岸，远处的海面由彩虹般的沙底映着的鸭绿色变成深色的蔚蓝。这是夏威夷的冬天，一只座头鲸（Humpback whale）从远处经过，然后是两只，三只。鲸鱼们乘着细碎的波浪向南游去。你戴着呼吸管从海岸游出去，穿梭在火山巨石和辗转的波浪间。当你到了珊瑚礁附近，潜至随着风的节奏波动的水下，你会看到绿海龟（Chelonia mydas，夏威夷语 honu）在潜水滑行，它们看着笨拙的你，眼神里不是害怕而是惋惜。其中一只绿海龟背壳颜色比其他海龟深一些，上面布满了白色的划痕，就像画家用来遮油画的罩单。它把自己揳在一株珊瑚下面的缝隙中，啃食着底部的海藻。然后你透过像蛇一般扭曲着的海水，着迷地看着它蠕动的嗓子（见图 6-1）。

图 6-1 绿海龟

资料来源：Photographed near Marsa Alam, Egypt. Photograph by Alexander Vasenin.

当晚，绿海龟拖着身子爬到你海滩小屋前的岩石上，享受夕阳留下的余温。你能闻到烤鱼的味道，新鲜的月鱼（Opah）是一大早捕获的，下午你在路边摊上买的。晚餐很快就要准备好了，你捧着一杯冰镇的红酒，凝结的水珠在杯子外侧留下脉络一般的痕迹。

这是热带天堂的美妙假日，围绕着你的是美丽奇异的生物。不过，在这完美的一天里，有一点你肯定没想到：你遇到过的每一只动物都很可能比你的年纪更大。座头鲸年轻的有 20 岁，年长的有 90 岁。取食的绿海龟穿着饱经风霜的外壳，很可能在你父亲才开始学剃胡须的时候，它就在和饥饿贪婪的海鸟的决战中奔命了，而绿海龟头顶上的那株珊瑚在 1946 年大海啸以后就驻足在这里，而它们驻足的珊瑚礁则是几百年前由它们前辈的骨骼构建成的。那条你马上就要就着蔬菜色拉和白米饭吃掉的月鱼，它的骨头里可能也携带着城堡行动产生的放射性标记。虽然你居住的是一个镶嵌在时间中的世界，但你不是这个世界里的长者，它们才是。

当长寿能带来益处时，演化就会让动物变得更长寿。对于你家草坪上的野草来说，由于它们活不过冬天，所以快速繁殖对它们来说益处更大。与之相反的是，有时在寿命方面的投入是演化这场赌局中更好的押注方式。海龟投下了生命的骰子，得到了一个矛盾的生存策略，一边是漫长而平安的生活，一边是极具风险的繁殖方式。而这个生存策略让它们存活了数亿年。[26]

成年海龟会长到很大的体积，年龄相对更大：最大的种类体重可以达到 900 公斤。[27] 它们依靠的是典型的龟类的生存方式：由层层骨板构成的厚重外壳，上面点缀着绿色、棕色、黑色的旋涡。最老的壳上往往镶嵌着开口的藤壶，长着摇曳的细嫩的海藻，或者带着锯齿状的白色的划痕。不过和它们陆地上的近亲不同，海龟不能把头和鳍足缩到壳内。它们穿着外壳，就像穿着凯夫拉防弹背心。

撤退到坚不可摧的骨头堡垒中，这个策略在陆地或者较浅的淡水环境下是可行的，但在浩瀚的大海里着实愚不可及。所以陆龟的游泳能力相当于一块煤球，一落水就沉底了。海龟的壳是一种被动的防御工具。意想不到的速度和敏捷度，加上厚厚的外壳保护，可以让它们免遭大部分捕猎者的伤害，除了少数最凶残的捕猎者，例如鲨鱼和逆戟鲸（Killer whales）。不过这些捕食者虽然致命，却也很难碰到。尽管人类的捕猎使海龟在世界许多地方濒临灭绝，但成年海龟的自然死亡率（无人类帮助下的死亡率）还是极低的[28]。一旦到了成年，海龟的路就很好走了。

成年海龟能活很长时间，但它们的年龄还是一个迷。龟类生物学家给海龟注射了染色剂，然后再过若干年捕回来观察，利用这种方法，生物学家最终确认，海龟的一些骨头会每年增加一条生长线。[29] 一开始，海龟生长的速度挺快：幼年夏威夷绿海龟每年可以生长 2.5 ~ 5 厘米。不过，30多岁的成熟海龟的生长速度会变得超级缓慢，以至于无法通过测量龟壳的大小来估算年龄。没有核爆产生的碳元素作为指引，没有体内潜藏的远古鱼叉，海龟的精确年龄恐怕只有它们自己知道。

海龟的寿命也许和鲸鱼一样长，但它们产出的后代要远远多于鲸鱼。交配以后，雌海龟穿越数百甚至数千公里，来到某个特定的岛屿上产卵，这通常是它们出生的岛屿。在夜幕的掩护下，雌海龟会从水中蹒跚而出，花费好几个小时用鳍足挖开沙子，然后在挖出的洞穴里产下一大堆蛋。即使是年轻的雌海龟也会产出数十枚卵，某些大型龟类可以产数百枚卵。[30] 最后它们会把卵埋起来，铺平沙子做好遮掩。一晚上筋疲力竭的劳作以后，雌龟们慢慢滑回大海，永远地抛弃了它们的子女。直到多年以后它准备好了下一拨卵，才会再次回到这处沙滩。[31]

依靠温暖的阳光，龟卵在沙子中孕育。一旦时机成熟，它们就会同时孵化。它们用喙撕破坚韧的蛋壳，用小小的鳍足挖开头顶的沙子。幼龟们先是十来只，接着是几十只，再接着是几百只出现。它们像步兵排一样冲向海水。这不是米莉·赛勒斯（Miley Cyrus）电影中的甜蜜场景，而是敦刻尔克战役和卡廷惨案的可怕混合体。幼龟们夹在螃蟹、陆地捕食者以及饥饿的海鸟的混合火力之间，开始逃亡，然后十来只、几十只、上百只幼龟被无情地吞食掉。能抵达海水中的为数不多，接着它们又要面对更多致命的捕食者。[32] 极少数幸运的幼龟拼命游到了大叶藻覆盖处或者马尾藻丛林中，在叶子的掩护下慢慢成长。[33] 活过幼年期的海龟有 50 年的预期寿命。

通过在早期就解决死亡的问题，海龟群体获得了显著的成功。一团一团毫无防御力的软壳的蛋、无助的小海龟在海滩的夜幕中被屠杀。死亡是海龟幼年时期必经的一道坎，而它们后续的岁月里明显不存在这种威胁。海龟成熟较晚，繁殖也不频繁。这些动物的老化进程几乎处于停滞状态：百岁的个体身上的细胞和组织，和年轻的成年个体没什么区别。[34] 这些生存策略似乎很成功：海龟在大海中游弋了两亿年，它们是各大洋中存在最久、最广泛的物种。

黑珊瑚，将新陈代谢减缓至蠕动般的节奏

生存在 300 米深的海底，黑珊瑚（Leiopathes glaberrima）在宁静的黑暗中消磨着时光。它们要消磨的时光实在不少，因为这些珊瑚可以活数千年。典型的浅水珊瑚群落以阳光为燃料，拥有着很强的生产力；黑珊瑚则将新陈代谢减缓到蠕动般的节奏，人间的百岁对黑珊瑚来说只相当于一年而已。

这些黑珊瑚群落以冰川的步伐进行着自我建造，每年仅能增长头发丝直径那么短的一点儿。然而，最煞费苦心的工程成就了海洋中最精致而又最持久的生命。黑珊瑚将碳酸钙结晶组装成石灰石雪花，再将它们一起扭

制成令人难以置信的纤弱枝条、卷须和尖刺。所谓的"黑"，是因为它们的骨架是黑色的，骨架上的珊瑚虫则盛开着鲜艳的颜色：橙色和黄色装饰着黑色的细针。一些珊瑚上长着白色的珊瑚虫，在深渊般的黑暗中闪耀着光芒，就如同午夜的雪落在常青树上。一切都很脆弱，和吹制的玻璃雕塑一般，它们只生长在冰冷宁静的海水中。[35] 如果碰到强水流，或者哪怕是最小的波浪，黑珊瑚也会被撞成碎片。

2009 年，在夏威夷瓦胡岛离岸的深水里，研究人员探索了生长在那里的一大片黑珊瑚森林。[36] 这种黑珊瑚看上去像一堆爆炸后的细长的橙色电线，有一两米高，亮橙色的珊瑚虫长在梳子一般的珊瑚枝上面，这些珊瑚枝杂乱地从黑色的坚硬主干上伸展开来。[37] 最老的珊瑚虫每年能将珊瑚枝延长 0.4 毫米，大约相当于 4 根头发的直径。珊瑚枝每年只会长粗不到 0.005 毫米（头发直径的 1/20），同位素断代揭示了这些简单的动物在埃及建造金字塔时就已经活着了，也就是大约 4 600 年前。[38]

这些动物将海龟的经验发扬得更为极致。珊瑚虫的幼虫和幼体过着危机四伏的生活，但一旦它们的体积超过某个下限值，在深海稳定的海流中，就没什么能威胁到它们了。如果它们能活到 100 年，就很有可能活到 1 000 年，甚至更高。随着年龄的增长，它们产的卵会越来越多，繁殖成功率也会越来越高。缓慢生长的回报就是缓慢生育，时间跨越数百年，也许要 4 000 多年才能产出一个成功的珊瑚虫后代。

找到这些深海长者，就是找到了活着的时间机器。它们包含着过去的记忆，这并不是说它们可以在餐桌上给子孙们讲故事，而是它们的细胞层中记载着关于周围环境的数据。它们层叠的枝条为我们打开了一扇门，从这里我们可以访问到储存在有机石灰石中的远古环境数据。周围水域的辐射、海水的化学成分和盐度，甚至年复一年的气候变化，一切都被记录在案。[39]

灯塔水母，不断返老还童

海洋是如此广阔和多样化，几乎每一个生物规律都会在海洋中找到例外。本章一直基于一个规律：每一种生物最终都会死亡。不过，请看看这条规则的例外吧：灯塔水母（Turritopsis nutricula），永生的水母。

灯塔水母是一种微小的半透明水母，它们铃铛形身体的底部宽度只有6毫米，身上包裹着弯弯曲曲的触须，用以蛰猎物和传送食物。水母的生活很无聊：进食、繁殖、重复。对于小型海洋无脊椎动物来说，生活是残酷的，捕食者和环境压力会随时要了它们的命。灯塔水母之所以“不死”，不是因为它们不会死，而是因为它们不需要死。它们有一项能力，一项和常见的动物相比很特殊的能力，那就是可以逆生长。[40]

刚成形的灯塔水母是一堆长得像海葵的水螅体，它们长在海底，聚集成花边状的群落，个个伸出小塔一般的触须，捕捉着漂过的食物。水螅体还会长出芽体，脱离后会变成一个会游泳的水母体。然后，水母体会发育出生殖腺，生产出下一代的水螅体，然后就死了。对于这种水母来说，这一切都是正常的生活流程。

灯塔水母能将这个过程逆转。在受伤或者受到环境压力以后，会游泳的水母体会将体内的特化细胞，甚至芽体，都传回它们初始的幼体形态上。[41]通过快速分解自己的身体，水母从成年转回到了幼体，然后再次长到成体，只不过这次是崭新的身体，也更能适应周围的环境。[42] 灯塔水母和BBC科幻电视剧《神秘博士》（*Doctor Who*）中的英雄再相似不过了，当接近死亡时，他的身体会“重生”，变成一个外貌和性格不同的人。和神秘博士一样，这些小水母在经历创伤但没有被杀死的情况下，可以重启它们的生命周期。[43]

这个过程叫作转分化，可以让灯塔水母避免衰老。如果一种动物可以逆转到幼体形态，那它们无须变老，从技术上讲，这就是永生。我们已经深度了解了转分化（Transdifferentiation）的分子过程，然而对于这种动物在自然环境下的实际行为还知之甚少。在野外，我们从未观察到过动物的转分化，即使灯塔水母的转分化也没有观察到过。这些永生的水母体型微小，而且是半透明的，在水里几乎看不到它们。我们没有对单个水母做过长时间的跟踪，因此没法确认灯塔水母是否真的会用这种方法应对衰老。

长者之村，离不开珊瑚礁和潟湖的成就

美属萨摩亚是东方的一个微小的岛屿系列，这里是最早迎接日出的地方。这里马努阿群岛中的塔乌岛（Ta’u）、奥洛塞加岛（Olosenga）、奥弗岛（Ofu），都是人类居住过 2 000 多年的家园。奥弗岛到处都有长寿和“衣食无忧”的物种：棕榈树、鲨鱼、海龟，还有无处不在的果蝠，它们在风中、在海洋中生活着，占据了从上面天空到下面珊瑚礁的岛屿空间。不过，在这些位于太平洋中央的微小的岛屿前哨所在，没有什么能比当地文化更古老，也没有什么能比珊瑚更长寿。

有一种常见的珊瑚叫作滨珊瑚，它们长成金色的团状，由珊瑚虫聚成巨大的圆顶，胶结在水晶般清澈的海水底部。它们从珊瑚礁上长出来，就像一个个面团，大小从高尔夫球到篮球不等，然后慢慢长成一辆车般大小，再长成一栋房子般大小。每一寸珊瑚都要花许多年才能长成，所以每一寸珊瑚都是珊瑚礁依然兴旺的证据。塔乌岛离岸水域住着萨摩亚珊瑚的母体，这是一堆从珊瑚礁升向水面的珊瑚，高 9 米，宽 12 米。它比一头蓝鲸都重，比任何萨摩亚生物都古老。

这并非个例。虽然萨摩亚珊瑚的母体是最大和最老的，但在这些岛屿周围还有其他巨大的珊瑚体，它们占据着珊瑚礁和潟湖，就像巨大的车辆散布在活着的停车场之中。最好找到的珊瑚体分布在奥弗岛，在深度不足3米的浅洲礁池中。在那里，一村的“长者”中坐着一系列巨大的珊瑚。巨大的群落一个紧挨着一个，在这里生长了几十年到几千年。有的群落已经大到抵达潟湖深度的极限，很久以前就长到了能触摸到海面的高度。它们已经无法再长高，但还会继续长宽，一直长到9～12米宽的珊瑚团。

为“长者村”提供住所的潟湖是一口深深的时间之井，稳定性是它的特点，也是它的珍贵之处。每一年，占据着每一寸群落的每一只微小的珊瑚虫，在这里进食、生长，然后再制造几层碳酸钙骨骼。不过在跨越世纪的每一年，在跨越岁月的每一天，只要发生一次环境灾难，就可能让每一个活着的“长者”面临末日。珊瑚村的神奇之处以及其中居住的“长者”证明了，奥弗岛在过去千年里的每一天，为充满活力的珊瑚提供了优渥的环境支持。珊瑚本身就具有长寿的能力，没有哪种生物能比它们更能活到将来。不过珊瑚礁和潟湖必须允许它们活那么长，而且必须持续为它们的生活提供保障。

07

速度和旅程之最：快可逃生，远为觅食

由于水的阻力，在海洋马拉松比赛中，速度和距离都成了巨大的挑战。

海洋生物对海水阻力的适应能力是人类完全难以企及的。作为陆地生物，我们四处行走，就如同行走在真空中，尽管周围包裹着空气，但它影响微弱，我们毫不在意。水对我们的运动来说是一个巨大的阻碍。水的速度和重量，以及更重要的是它对其中移动物体的强烈的包裹作用，使水成了我们永久的物理障碍。

水的阻力阻碍了一切在海洋中运动的东西。阻力以及克服阻力的耐力，这两者对于在海洋中运动的生物来说尤为重要，对于以每小时 65 公里的速度在水中奋力冲刺的鱼类是如此，对于用身体抽水，让自己变成天然喷气式发动机的鱿鱼也是如此。而对于 10 万公里的长途跋涉来说，这两者也同样的重要，所以鲸类游水的效率超过了任何人造机器。这两者对信天翁也同样重要，它们飞翔在地球上最大的气候系统上空，从波浪中汲取力量，用于驱动它们史诗般的迁徙。

鲱鱼，海中最快的游泳运动员

一位优秀的年轻游泳运动员从台上跃出，一头扎进水中。他心跳加快，寒毛直竖，将头埋在两手之间。这时他如果把头抬高一点儿，护目镜就会被水冲掉。在和水面接触的一瞬间，他的手在游泳池中划开一条通道。最终突破水面换气的时候，他会将两手分开，将手臂调整到新的位置。他的动作迅疾如电，强健的肌肉和丰富的经验使他的姿势很标准。他奋力摆脱着水的阻力，肌肉和水合作，用每一个动作驯服着周身的水流。最快的游泳运动员通过燃烧身体的能量，可以达到每小时 8 公里的游速，比鲱鱼（Herring）略微快一点儿。[1]

这样的对比是不公平的。人类运动员需要花费一生去调整这具已经适应了陆地生活的身体，让它能在陌生的液态环境中运作。而鲱鱼的家就是大海，它继承了一系列能适应液态环境的基因，解决了自己在水中运动的持久问题。

旗鱼，每小时 130 公里的“风帆”

一艘细长的渔船划过海面。这艘船长 7.5 米，雪白的玻璃纤维船体在加勒比的阳光下闪耀。这是一艘旅游兼商用船，也是技术上的一个奇迹。强大的发动机、先进的渔线轮、用高科技打造的完美渔线——现代技术已经用机械取代肌肉，突破了鱼类速度的极限。

一位捕鱼向导透过黑色反光太阳镜扫视着海面。渔船越过又一道波浪，船头起伏，这时向导喊了一声，带着黄色手套的手指向百米以外的波浪。于是乘客们眯起眼睛顺着看过去，然而只能看到一排翻腾的气泡。似乎是为了安慰这些没有经验的游客，一条鱼从水面跃起到阳光中，银黑相间，长着长矛一般的喙，闪闪发光的鳞片包裹着整个肌肉发达的身躯，这是一条旗鱼（Sailfish）。有那么一瞬间，旗鱼就这么定在空中，身体下面烘托着银色的水滴。然后水花突然飞溅，旗鱼回到了水面之下，不过依然紧贴着水面，它的形象在水面上被投射成了 100 个立体主义风格的银条。

旗鱼既是这种鱼的鱼名也是它的属名，这种鱼可以说是海洋中最了不起的运动员，它们有着流线型的身材、发达的肌肉以及凶狠的长喙。剑旗鱼科（Billfish）所有的鱼，包括旗鱼、枪鱼（马林鱼）、剑鱼（Swordfish）等多种鱼类，外观都很相似。它们的生活习性也差不多，都是独居的大型捕食者，生活在世界各处的大陆架上，以捕食小鱼为生。剑旗鱼科的鱼游泳速度都很快，不过旗鱼拥有比它的亲属更快的游速。据说，它们的冲刺速度接近每小时 130 公里，捕猎时的稳定速度则接近每小时 50 公里。[2] 鳍和肌肉的组合——几何与物理的组合，给予它们无与伦比的效率。[3]

在开放海域的卵经孵化以后，旗鱼就开始了惊人的突发式生长。在短短 6 个月里，它们就由一丁点儿大长到 1.2 米。[4] 即使在幼年期，旗鱼的“帆”也让它们显得与众不同。这是一片巨大的扇子一样的背鳍，可以像扇子一样开合。当旗鱼在蔚蓝的海水中穿梭时，背鳍是收起来的，但它们也能突然举起背鳍，让你突然注意到它们。[5]

人类短跑运动员不会在整个赛程中全力冲刺，研究分析表明，旗鱼也一样，它们只在特殊场合下才会快速游走，[6] 就连它们的进食过程也是井然有序的，这和人们之前想象的不同。鱼类生物学家吉尔伯特·沃斯（Gilbert Voss）曾经讲述了 1940 年佛罗里达的旗鱼捕猎的场景，这是人类第一次观察到旗鱼的捕猎，因此也算是一个比较有名的事件。旗鱼的团队有 6 ~ 30 条，猎物是鲱鱼一类的小鱼，旗鱼绕着小鱼游动，将巨大的背鳍举起并晃动着，迫使猎物形成紧凑的小群。一旦小鱼形成了球状的小群，旗鱼就会一条接一条地发动攻击，它们上下左右摆动着长喙，击打着鱼群里的小鱼，猎物晕头转向以后，就会被旗鱼一口吞下。

监测鱼类的速度是非常困难的一件事情。海洋生物作家理查德·埃利斯（Richard Ellis）说，人们常常提到的旗鱼的速度（每小时 110 公里）来自佛罗里达州的朗克钓鱼俱乐部（Long Key Fishing Club），那里的钓鱼爱好者将带着钓钩的旗鱼放进水里，用秒表计算出了这样的速度。[7] 人们做了许多精确的关于鱼类速度的测量实验，结果也在意料之中。有一种金枪鱼和剑旗鱼的近亲叫刺鲅鱼（Wahoo），它们长着鱼雷般的身躯，游速可达每小时 77 公里。黄鳍金枪鱼的速度和刺鲅鱼差不多，每小时可达 75 公里。[8] 据说，有些鱼类的游速还要更快，也许的确如此，不过要游这么快，需要的可不只是肌肉。

飞快进食，绝不放过一闪而过的猎物

飞快的游泳速度，要求它们同时具备飞快的进食速度。以剑旗鱼的速度而言，捕猎是一件有难度的事情，就像在一条拥挤的街道上以 60 公里以上的速度开车，同时还要一把从路边拎走一杯咖啡样。在捕猎时，剑旗鱼在水中飞速地游动，迅速地扭动着身躯，用敏锐的眼神观察着猎物，背鳍和长喙精确地挥动着，将猎物从鱼群中挑出来。咀嚼是一件浪费时间的事情，剑旗鱼会将猎物一口吞吸进腹中，成年的剑旗鱼甚至连牙齿都没有。[9]

所有的剑旗鱼，包括它们的近亲金枪鱼，都是冷血动物，居住在猎物丰富的冰冷的海水中。尽管如此，它们依然能够通过大量消耗体力来保持肌肉的温度。金枪鱼的血液循环系统中甚至还有热量保持机制，能控制通过鱼鳃散失的热量。[10] 除了肌肉运动提供的热量，这些鱼类还演化出了特殊的供热组织。这些组织其实是无法伸缩的肌肉——暗棕色的肌肉组织，可以直接将卡路里变成热量而非通过运动。也许你在金枪鱼身上见过这种肌肉，那就长在它脊柱的两侧。不过就算鱼的核心身体部位是温暖的，鱼的其他部位，尤其是靠近水的位置，例如它们的反射神经和眼部肌肉，都一直是冷的，它们的功能也比较迟钝。对于剑旗鱼来说，眼睛和神经反射对它们至关重要，在它们的眼部和颅腔旁边，我们也能找到这些棕色肌肉的供热组织。[11]

如果剑旗鱼的眼睛维持在较高温度（通常比周围的水高4℃以上），就会拥有赛车般的扫视速度和精准度，这种情形只出现在好莱坞动作片中"躲子弹"的镜头中。剑旗鱼的视网膜处理信息的速度极快，可以侦测到眼前一闪而过的猎物。不过，如果将它们眼睛的温度降到海水的温度，扫视速度就会下降，它们无法看到眼前闪过的猎物。[12] 温暖的视网膜在光线较暗时也能看得更清楚。这意味着剑旗鱼在300米深的水下也有捕猎优势，剑旗鱼也经常在这一深度下觅食。所以这些鱼类在追逐冰冷海水中成群的猎物时，锐利的视觉和快速的反应是它们的两大法宝。

飞鱼，一次性逃生性质的短暂飞行

假设你在斐济的堡礁后面乘船飞驰，无意中闯入了一片鱼群。这是一群二三十厘米长的小鱼，它们没有四散奔逃，反而是直线前冲，在碧绿的水中一跃而起，双鳍横叉，尾部在水面上划出猛烈移动的正弦波，推动着自己像你的船一样快速前进。带着不屑和腻烦，它们像特技飞行员一样，成群飞向天边。

演化出飞行能力的动物只有三类：鸟类、昆虫、哺乳类动物。每一次，演化都设计和选择了不同的方式，将肌肉运动转换为升力。羽毛的翅膀、外骨骼的翅膀和毛皮的翅膀都利用这种原理。尽管鸟类、昆虫、哺乳类动物都以自己的方式演化出了飞行能力，但在波浪下面还诞生了第四种飞行模式。这是一种一次性飞行模式，是一种空中异类，是演化史上的一个奇迹。拥有这种技能的生物有一个最恰当不过的名称：飞鱼。

有超过50种飞鱼生活在热带海域。[13] 它们鱼雷状的身体遍布着发达的肌肉。力量给它们带来了速度，不过水的密度意味着速度需要消耗奢侈的代谢能量。水中游动需要的能量是以速度的平方倍增的。[14] 不过，空气的密度比水低很多，因此空气的阻力比水低得多。所以，在水中快速运动的代价是很昂贵的，但在空气中却很容易。针对这个简单的物理事实，飞鱼科的鱼类将鳍演化成了神奇的飞行工具。

你在渔船上看到飞鱼飞起来是有原因的。想象一下，在短短几分钟之前，它们还在水下疏散地成群游动着，身上带着自豪的蓝色、紫色、黄色标记。胸鳍是它们最引人注目的特征，延长成翅膀的形状，拖在身体两侧，细腻的纹理和透明的表面使得它们看起来像极了昆虫的翅膀——它们就是海上的蝴蝶。鱼群按队列游动着，以浮游生物和微小的鱼类为食。[15] 突然之间，一只鲯鳅从下面黑暗的地狱中冲出，它们有9公斤重，满口细齿，肌肉发达，突然切入飞鱼的队列。队列最左的护卫，一条蓝色的雌飞鱼，最早觉察到危险临近，于是它第一个转向，它的同伴们一一跟随，这些久经考验的老兵们立即感觉到了情况有变。

那条雌飞鱼奋力游动着，不过鲯鳅的追赶毫不松懈。它的体型更大，更强壮，百米冲刺的速度也更快。我们的“女英雄”别无选择，只有向上，它加速到了时速30公里以上，航向对着水面，死亡紧随身后。[16] 抵达飞鱼世界的银色边界以后，它祭出了自己的秘密发动机——身下一条分叉延长的尾巴。它的尾巴下叶以每秒 50 ~ 70 下的速度拍打着海水，最终达到了火箭一般的推进效果。

我们的“女英雄”将胸鳍展开，尾部的一副小鳍也一并展开了，让它看上去像一架双翼飞机。胸鳍提供升力，尾鳍提供动力。这时它的身体只有尾鳍下端还在水中，随着最后一次尾鳍的推动，大海突然落在了身后。现在托着它的是空气，尽管又热又闷无法呼吸，却能救它的命。它的同伴从左右两侧升起，形成了沿着水面飞行的队列，速度比它们在水中时快一倍。猎手似乎已经被它们甩在了身后（见图 7-1）。

图 7-1　鲯鳅追逐飞鱼

资料来源：发表于 1889 年的《大众科学月刊》（*Popular Science Monthly*）第 35 卷，作者不详。

不过，鲯鳅还不打算放弃。它的游速可达每小时 60 公里以上，在水下紧跟着。[17] 尽管飞鱼似乎已经逃走了，但有一个关键问题，飞鱼并不是真的在飞行，它们只是在滑翔而已。它们的鳍无法像翅膀一样扇动着提供飞行动力，只能通过滑翔来延长滞空时间。一旦离开水面，飞鱼和鲯鳅都将面对一个无法避免的事实，那就是，滑翔的飞鱼终将回到水中。

每次飞行的时间只有几秒钟，残酷的重力将飞鱼拉向水面，而水面以下则是鲯鳅彩虹般的追赶速度。当飞鱼减速时，它们将尾部浸到水中再次加速，扇动几十下尾鳍以后，它们可以沿着海面再次滑翔起来。[18] 致命的赛跑在海上闪过，它们几秒钟就能掠过奥运会 50 米的泳池。鲯鳅紧跟着飞鱼，飞鱼向一边躲避，它也跟着转向。鲯鳅吃过很多飞鱼，我们的“女英雄”每一次尾巴触到水面，对鲯鳅来说就是一次攻击的好机会，不过一次失手的攻击就会让飞鱼逃之夭夭，所以鲯鳅只能紧紧追赶。[19] 两者都拼尽体力，向着天边飞奔。

只有远方突然飞溅的海水会告诉你谁是胜者。

跳跃的海豚和带疙瘩的鳍，最经济的进化

在大海中，一群行进中的海豚大概是最有趣的场景了。它们紧贴着水面向前游动，从水中滑过，几乎不留一点儿涟漪，然后跃到空中，形成一条优雅的弧线，似乎是故意对着我们这些笨拙的旱鸭子炫耀着它们的美。海豚的跳跃难道只是为了取乐而已？事实证明，这可能只是它们的游泳常识。

快速游泳的代价是很昂贵的，所需的能量以速度的平方增长。通过游泳和跳跃的组合，海豚或许利用了空气中比水更小的阻力，或许偶尔跳一

下可以减小阻力，节约能量。不过跳跃同样也会消耗大量能量，所以为了让跳跃变得划算，跳跃的消耗必须比在空气中前进节约的能量更低。科学家经过仔细的分析，证实了这一点：跳跃只在达到某个临界速度阈值后才划得来，也就是所谓的“交叉”速度。在时速 15 公里以下时，海豚在水面以下平稳地游动。超过这一速度以后，跳跃就比游动更有效率了，于是海豚就开始跳跃。[20] 这不仅仅是为了好玩，也是因为节约能量。体型在这里也很重要，体积越大，跳跃就越耗能，交叉速度也就越高。

大型鲸类体型太大，无法通过这种方式旅行。要将 30 吨重的一头鲸丢到空中，消耗的能量实在太多了，而交叉速度则要达到每小时 50 公里以上。迁徙的鲸鱼很少能达到这样的速度。不过也有一些鲸鱼会跳跃，这是为什么呢？

座头鲸是一种中型鲸类，身长可达 18 米。这种鲸数量众多，也很常见，在限制捕鲸后，它们的数量快速反弹。它们传奇般地跃出水面的行为，成了游客们的最爱。[21] 通过挥动有力的鳍，这些巨人将上半身托出水面，然后拱起背部，将身躯砸在水面上，激起一片闪闪的白浪。长须鲸也有类似惊人的跳跃行为，不过它们的体型要大很多。[22] 大部分最大的鲸类不会跳跃。座头鲸和它的近亲相比，最大的优势在于它们的敏捷度。鲸跃要求鲸鱼能将身体弯曲到相当大的角度，这对于大货车一般大的蓝鲸来说是完全不可能的，而座头鲸的胸鳍则是它们完成神奇运动轨迹的关键。

按比例来看，座头鲸的胸鳍是所有鲸类中最长的——5.5 米长的鳍，对于体长 20 米的鲸来说是不常见的。[23] 这对胸鳍像天使翅膀一般精巧，夹杂着一道道白色条纹，边缘带着众多疙瘩一般的突起。这些突起经常被认为是藤壶，其实它们是鲸鱼的毛囊，被改造成拳头大小的胶质疙瘩，这种结构称为节瘤。鳍越大，通过鳍前沿的水就越多，鳍受到的阻力也就越大。座头鲸特有的节瘤破坏了水流，迫使水流越过鳍面。结果就是大幅改进了水动力模型，而且水下的升力也大大提高。[24]

人类工程师最终注意到了这一点，他们赞叹鲸鱼的鳍，并且从中汲取经验。加拿大的一家工程公司最近以鲸鱼的鳍为原型设计了风力涡轮发电机，扇叶的前沿带着节瘤一般的金属突起。[25] 这一简单的设计改进带来了惊人的效率：和平滑扇叶相比，阻力减少了 32%，升力增加了 8%。[26] 转速为每秒 5 米的鲸鳍式的冷风扇，鼓风效果相当于功率高 25% 的普通风扇。对于习惯于细小边界成果的工程师来说，这一改进实在是振奋人心。

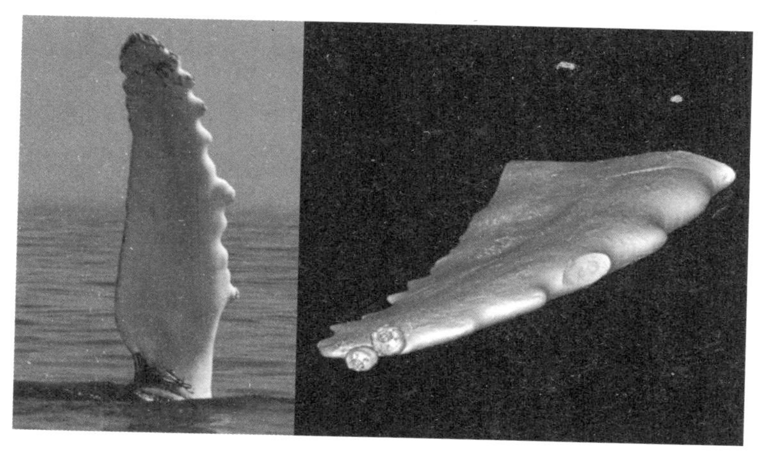

图 7-2　座头鲸胸鳍前沿可以看到节瘤

资料来源：Left image courtesy of W. W. Rossiter. (Right) Three-dimensional reconstruction of flipper tip from CT scans. Both images from Fish, F. E., L. E. Howle, and M. M. Murray. 2008. "Hydrodynamic flow control in marine mammals." *Integrative and Comparative Biology* 48(6):788–800, figure 5. Used by permission of Oxford University Press.

飞行的鱿鱼，拥有最棒的喷射推进器

截至目前，我们描述过的所有速度高手都是有骨头的动物。它们体内带着骨骼结构，如鱼类和海洋哺乳类动物。我们接下来要讲到的速度高手会依赖外骨骼的装甲壳。不过这两种情况都是肌肉和硬质组件的结合，这些硬质组件将能量传递到骨头或者外壳，然后移动水产生推力。

不过有一种数量众多的动物，它们善于运动，但没有骨骼。鱿鱼（枪乌贼）就是最好的例子：它们体内没有一点儿骨头，但可以通过自然的喷射推进器划破海洋快速前进。[27]

鱿鱼是头足类动物，头足类动物的成员还包括墨鱼（乌贼）和章鱼（八爪鱼）。它们凸出的大眼睛带着外星人般的智慧扫视着世界，眼睛下面挂着八只腕足和两只较长的触手（为了和其他腕足区分，称作触腕）。头足类动物的喙通常就围在这些触手之间。整体看上去就是一个带着巨大眼睛的“头”，加上一堆弯弯绕绕的触手构成的“足”。在“头足”的背后，鱿鱼的身躯是一支包裹着大部分内脏的肌肉发达的长管，管子的一端收束成肉质的锥尖状。鱿鱼没有骨头和牙齿，不过有一些种类的墨鱼体内埋着卷曲的贝壳残余，被称为“墨鱼骨”。

鱿鱼是通过将水抽入并泵出身体实现运动的，推力来自水本身。鱿鱼将水吸入外套膜，再通过一根较小的虹吸管用强脉冲将水挤出。通过对虹吸管的精细操作，鱿鱼可以精确地控制水的流量、强度和方向。[28] 所有的头足类动物都有虹吸管，就连笨拙的章鱼也不例外，不过鱿鱼的虹吸管可以让它们行进的里程最长。

水是很重的，所以你会以为鱿鱼的加速很缓慢，事实并非如此。鱿鱼外套膜环绕着强壮的肌肉，能将大量水通过虹吸管挤出身体，产生巨大的加速度。它们还有一样秘密武器，用来应对紧急情况：一个闪电般快速的逃逸机制。这种机制类似于龙虾的逃跑反射，是一套高度专业化的神经结构，称为巨轴突。[29] 这是一根贯穿外套膜的特粗神经纤维，有人的头发那么粗。特粗的神经纤维有利于神经信号快速传递到外套膜的所有肌肉，于是外套膜就会喷出极限水量，将鱿鱼送往远处。巨轴突的作用，就是将一个简单的"逃跑"指令，翻译成复杂的逃跑反应。

几个世纪前，人们就了解了鱿鱼的水下喷射推进器。自从 19 世纪以后，人们就观察到过在水面上滑行的鱿鱼。这一直是一个没有印证过的海洋神话，不过最近的一次勘测记录了巴西海域的一对鱿鱼，它们做了比滑行更了不起的事情。一排 15 厘米长的银色"导弹"破水而出，加速冲向远方，身后留下一束高压水流。[30] 还有一份和日本鱿鱼相关的报告，这种鱿鱼本是一种常见的捕捞物种，但它们也展示了一样的飞行能力。[31] 我们现在还没有完全了解其中的空气动力学细节，不过鱿鱼的喷射发动机做到了飞鱼无法做到的事情：在空气中加速。巴西的翼柄柔鱼（Sthenoteuthis pteropus）能达到 2g① 以上的加速度。不过鱿鱼的外套膜容量有限，燃料会很快耗尽，这样的短暂加速只能给空中的鱿鱼带来 13 公里以下的时速。飞行的鱿鱼是一个难得的力与美的见证，尽管极少有人亲眼见过。

龙虾跳，甲壳动物的条件反射

甲壳类动物是海洋中最常见和最成功的物种，但它们依然很笨拙。让我们像作家戴维·福斯特·华莱士（David Foster Wallace）一样，想想龙虾

① g 指度量重力加速度的单位。

这种动物吧。这是一个鳍的世界，它们却如被诅咒一般长着腿，鱼类在头顶游动，它们却只能在海底爬行，身上卡着沉重的铠甲，拐个弯就像一辆老式大巴一样困难。如果被路过的波浪拍倒，那它们就只能背躺着挣扎，等着下一轮波浪救回。

重装铠甲也是有好处的：成年大龙虾几乎没有自然天敌。然而未成年的龙虾会受到各种天敌的威胁，从章鱼到它们自己的亲戚，都会将它们吃掉。[32] 小型甲壳类动物如普通虾类，终身都面对着天敌的威胁。作为回应，甲壳类动物演化出了一种令人惊叹的适应能力：一种极为强大的逃跑反射，可以轻易将这些爬行的"小坦克"弹射出去，直接达到速度精英们的境界。

我们身披几丁质的主角受到了攻击，或者说它认为自己受到了攻击，此时一位潜水员靠近，举起相机想拍张好看的照片。面对这种挑衅，它突然收缩，将尾巴拉下来贴到腹部周围，进行着一系列的抽搐动作。甲壳类动物的腹部由厚重的肌肉构成，向后延伸，并从胸部向下卷曲着。[33] 逃跑动作就像你伸开手，掌心向上，然后突然紧紧握拳。这一动作会将龙虾在一瞬间向后弹射：中等大小的龙虾可以达到 100 米 / 秒的二次方的加速度，是重力加速度的 10 倍，似乎一瞬间龙虾就被送到了 1.5 米 / 秒的二次方远的地方。[34] 布加迪威龙超级跑车是速度最快的量产车，但也只能达到 12 米的加速度。[35] 就跟动画片《兔巴哥》(*Looney Tunes*) 中的哔哔鸟 (Roadrunner) 一样，龙虾一下就不见了，身后什么都没留下，只有一团浑浊的泥水。在一个星期的六天里，龙虾的尾巴是一团适合蘸着荷兰酱吃掉的美餐，而在第七天，这条尾巴救了龙虾的命。

这种行为叫作虾类逃跑反射，或者简单就叫"龙虾跳"吧（尽管研究最多的是小龙虾）。[36] 这种行为是由整个神经系统精细的内部架构支持的，神经元和神经纤维让身体进入快速反应状态。甲壳类动物永远都是竖着尾部，随时准备着“龙虾跳”。当受到威胁时，它们可以在短短的百分之一秒内触发逃跑反射。[37] 不过，它们的大脑真能工作这么快吗？其实“龙虾跳”并不是龙虾思考后做出的选择，而是一个指令神经元的产物，是一个将数千神经处理过程集成一个敏感的触发器的系统。[38]

在实验室里，用电流刺激一下这个大型神经元，或者碰触一下龙虾的腹部，就能人工触发龙虾的肌肉关节恐慌反应。[39] 一旦启动就不可收拾，就像篮球明星雷·艾伦（Ray Allen）毫不费力的精准的稳定跳投一样。巨型神经纤维提供了快速的反应，但也限制了它的灵活性。通过亿万年的无数次重复动作，一个简单的拼命甩尾动作，演化成了龙虾内置的永久性恐慌警报电路。它们的大脑屈服于体内深处的硬连线系统，为了原始的速度牺牲了控制。在世界上所有的动物之中，没有哪一种逃跑反射比龙虾更快[40]。

枪虾，最快的反应速度

假设你在加勒比海度假，乘船去当地的珊瑚礁处浮潜。你在船舷的折梯上摇晃着，波纹钢潜具上面装好了橡胶鳍，然后你咬住呼吸管，翻身投进水中。

海水像洗澡水一样温暖，海底的紫色、粉色、蓝色让你眼花缭乱，健康的珊瑚礁里穿梭着众多鱼类。你的耳朵里充满水声，听不到多少其他的声音，但有一种持续的咔嗒声吸引了你的注意。不是几声就过去了，而是不计其数的，就像玻璃杯中丢进去 1 000 块卵石一样。你的第一个想法：这是水流搅动石头的声音。其实这是一种生物发出的声音：一种神奇的小型甲壳类动物——枪虾科的枪虾。

枪虾发声的方法和你想象的可能不一样。它们不是将钳子的两部分撞在一起发出声音的，而是利用水的基本物理特性，有效地放大了它们钳子快速开火的声音。[41] 它们利用了空化作用，也就是水在低气压下蒸发成小气泡的现象。当压力下降时，气泡就会产生，当压力再度上升时，气泡就会突然破裂，于是在极短的时间和极小的空间内释放出巨大的能量。空化作用是船只螺旋桨最大的工程难题——它们旋转速度极快，这会创造出数以百万个气泡，气泡会破裂，发生爆炸。就连最坚硬的螺旋桨都会被这种爆炸慢慢破坏，从而影响它们的使用寿命。枪虾发明了一种生物方法来创造这些空化爆炸，将它们的冲击波变成武器，就像老式的燧发枪一样。

这也是枪虾得名的原因。枪虾的一只钳子是精致的叉形，但另一只钳子体积巨大，仿佛《X 战警》中的布鲁斯·班纳决定进入绿巨人模式的一只拳头。这只钳子带着改装过的夹子，夹子一边带着一大块插口，另一边是一个带铰链的突起的“手指”。将这个“手指”想象成锤子，再将插口想象成砧座，前者正好能契合后者的插口中，就像是在车间加工过的一样。[42] 铰链关节处有着强大的肌肉，枪虾扛着这一整套机械，打开时像一把左轮手枪，合上时就完成了一击。当枪虾触发了关节，锤子就砸到了砧座的插口中（见图 7-3）。

落下的锤子将插口中所有的水都排出去，一股强烈的水流在插口边缘的引导下喷出来，速度如此之快，立即引发了空化作用并产生了气泡。[43] 气泡快速地被推走，不过在水的阻力之下很快减速，然后由于压力增加而变得不稳定。在诞生的瞬间，它就噗地消失了，爆裂时还释放出光和热。气泡中的最高温度可达 4 700℃，高到足以融化金属钨。[44]

“枪”在水中向前产生了一个强大的冲击波，成了枪虾的捕猎工具。

枪虾躲在洞穴中，就像海底的劫匪，拿着武器随时准备突袭小型猎物。它的“枪”发出的攻击比任何反应速度都快，以锤子的力量命中猎物。电光石火之间，人眼完全来不及反应，看上去似乎是猎物被看不见的力量震退了一步，仿佛是受到了凶狠的珊瑚礁之神的致命一击。猎物被击晕或丧生以后，枪虾从洞里溜出来，将美餐拖进洞穴。[45]

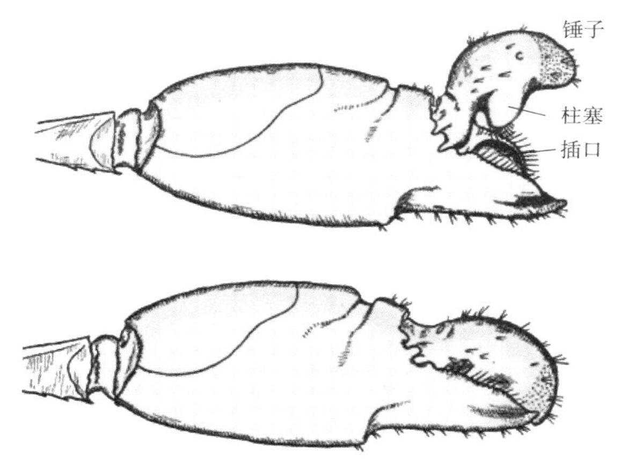

图 7-3　加利福尼亚枪虾的响钳

注：（上）响钳是打开状态，由一个开关机制控制。可以看到能活动的锤子、柱塞以及插口。（下）开合系统闭合，活动的锤子和柱塞精确地嵌合到砧座的插口中。

资料来源：Johnson, M. W., F. A. Everest, and R. W. Young. 1947. “The role of snapping shrimp (Crangon and Synalpheus) in the production of underwater noise in the sea.” *Biological Bulletin* 93: 122 – 138.

正如你所想象的，这一独特的工具不只用于暴力。枪虾目包含数百个物种，其中不少物种将这种工具用于搏斗和噪声的武力炫耀。还有几种枪虾建立了蜂巢式的社会，与蜜蜂和蚂蚁这样的社会性昆虫一样。在巢中，同伴们用枪声来互相问候或者传递威胁警报，将武器高高举起保护自己。对于这样强有力的战斗种族，在巢穴中群居的枪虾通常会避免冲突，争端是通过摆姿态和鸣枪警告来解决的，在争斗中很少会有一方受伤[46]。

长跑高手：鲸鱼 8 000 公里的伟大迁徙

在水中快速游动会很快消耗掉储存的能量，除此之外，海洋还给生活在其中的动物带来另一个挑战，那就是可能的长距离迁徙。从南极的某些位置开始，通过一片向北的区域，穿过大洋，一直到北极圈内。这么宽广的栖息地带来了长途旅行的机会，而一些海洋物种就是沿着这些区域迁徙。要解决迁徙的问题，这些动物需要一个和提速不同的解决方案。

开放水域 10 米深的地方，周围都是不同的蓝色，从透明一直过渡到吞没光线的黑暗。波浪在上面行进，形成了一条条重复的长线，互相追逐着冲向千里以外的海滩。海洋中一片静寂，就像是无法穿透的迷雾。

一个身影出乎意料地滑过，一个巨大的黑影，带着强大的扁平尾部，两侧带着宽阔的鳍。在它后面有一个小一些的身影若隐若现。它们同步上升到水面，快速吹出几个带有鱼腥味的音调，然后下降并继续它们波澜不惊的漫游。它们渐行渐远，大海又恢复了空虚的等待。

我们这颗星球上一些最长的迁徙是由游泳者完成的。蓝鲸会从南极洲附近的南大洋游到副赤道海域。座头鲸每年会从阿拉斯加出发，经过漫长的旅程，最终在夏威夷宣布回家，并用水上和水下戏剧般的演出作为庆祝。[47] 灰鲸会离开白令海峡的觅食区域，沿着加利福尼亚海岸蜿蜒而下，一直抵达墨西哥下加利福尼亚的潟湖，然后开始繁殖。[48]

对于人类来说，游泳是一种很好的锻炼方式，因为水很沉重。中等速度的游泳消耗的能量相当于快速的跑步、划船或者骑车。任何游泳健将的父母都能作证，游泳会消耗大量能量。奥运会游泳运动员每天可能会吃掉一万卡路里的食物。[49] 成本这么高，鲸鱼为什么要做这么长的迁徙呢？

鲸鱼在旅程之前会先吃饱肚子，它们的觅食区一般都在遥远的极地海洋中。在短暂炎热的夏日里，海里会生产出大量丰富的食物，整个夏日鲸鱼们都在尽情享用。不过当冬季来临，水变得越来越冷时，浮游生物进入了生长停滞的淡季。于是鲸鱼们抛弃了觅食区，在夏末出发，向着热带地区迁徙。

填满了肚子，鲸鱼们依然面对着食物供应所和冬季避难所之间 8 000 公里的旅程。它们不是爆发型运动员，如果海豚是红色的增压摩托车，这些迁徙的巨人则是跨越东西海岸的货运列车。和火车一样，它们也要花一段时间才能完成加速。加速度和效率相比并没有那么有用，所以这些巨人用固定的动作推进着身体。蓝鲸的例行巡航时速为 1.5 ~ 6.5 公里，在运动中不会浪费一点儿能量。[50] 一旦巨鲸达到了它们的巡航速度，要维持这个速度就不需要消耗多少能量了。[51]

鲸鱼最引人注意的还是它们的体积，但迁徙的鲸鱼也是工程界的奇迹。蓝鲸是最了不起的例子，200 吨的体重分散在 30 米的修长的身躯上，它们的尾鳍能以 90% 的效率提供推力，远远超过了最好的商用船螺旋桨。螺旋桨挣扎着拼命提供推力，而鲸鱼似乎可以从容不迫地完成同样的任务。[52] 支撑这些特质的是钢铁般的忍耐力，是忍耐力推动着鲸鱼不吃不喝，在几周内跨越整个大洋。[53]

鲸鱼抵达越冬地后开始休息，为幼鲸哺乳，或者唱起吸引配偶的忧伤歌曲，它们是歌手莫里西（Morrissey）① 的拥趸。它们选择温暖的海水，在汤加的珊瑚礁区域欢跃，在下加利福尼亚的潟湖中嬉戏，而不用在极地的冰冷海洋中发抖。它们在越夏的温暖水域中可以节约大量能量，并补充迁徙的能量消耗。新的幼鲸是温热环境的最大受益者，它们身体较小，和它们的父母比起来，单位体重散失的热量更多。在这里，它们还能躲开最凶猛的捕食者：逆戟鲸在寒冷的海水中巡狩，一有机会就会捕杀无助的周岁幼鲸。温暖的越冬海水是一个避风港，让它们能躲开部分危险。

冬天结束了，迁徙鲸类进入饥荒时期，对哺乳期的母鲸来说尤为如此，它消耗的还是夏季之前积累的食物储备，而且前方还是反向迁徙的数千公里旅程，这次它们只能空着肚子启程。就算是这些地球上最大的动物，旅程结束以后的食物也是最迫切的需要，当它们抵达极地夏日海域时，已经饥饿难耐。

近年来，一些鲸鱼已经较难找到食物了。1999 年，人们发现很大一部分灰鲸都很瘦，甚至是憔悴。迁徙中幼鲸的死亡率很高，有数百头幼鲸丧生。究其原因，是由于它们的食物已经北迁了。通常灰鲸能在白令海峡找到大片的美味甲壳类动物，这次它们什么都没找到。由于水温变暖，灰鲸的食物退到了北方。但灰鲸们也不是没救了，它们还是跟着线路最终找到了食物，多走了几百公里的旅程，也多消耗了无数能量。[54] 一些鲸鱼可能没有尽快找到足够的食物，致使幼鲸死于非命。剩下的鲸鱼向北行进，抵达了楚科奇海和波弗特海。鲸鱼是海洋变暖的受害者，为了寻找食物而疲于奔命。[55]

人们现在能经常在比过去更靠北的地方看到灰鲸，不过在 2010 年，

① 莫里西是 20 世纪 80 年代摇滚乐的代表人物，全名是史蒂芬·派崔克·莫里西。——编者注

有一只灰鲸震惊了观鲸爱好者，它出现在了地中海的以色列海岸附近。[56] 大约在 1700 年，灰鲸就在大西洋被猎杀完了。300 年里，它们被局限在太平洋海域。这只灰鲸也许是穿过了白令海峡，穿越了加拿大的北极冰原，多游了几千公里，将正常的迁徙路线拉长了许多。一旦这只流浪的鲸鱼吃饱肚子进入北大西洋，它就跟着本能向南迁徙越冬，然后在类似潟湖的地方向东拐了一个弯，没想到这处潟湖正是地中海，而不是下加利福尼亚的繁殖地。

然而，无论它是如何完成的旅程，这只鲸鱼最后消失了，无论是在太平洋还是大西洋，它的身影再也没有出现过。

信天翁，滑翔多于飞翔

如果想比里程，地球上只有一种动物能跟鲸鱼相比。这种动物是一种海鸟，巨大的银色翅膀贴着海面掠过，带着六翼天使一般的空灵——它就是信天翁。长久以来，信天翁的形象与航海史交相辉映。诗人赞美它，说它是自然之美的象征，水手敬畏它，说它是死亡的预兆。尽管信天翁出生在陆地，而且出生海滩的记忆永远拴着它们，但它们依然称得上是真正的海洋动物。它们的大半生都在飞行中度过，进行着无穷无尽的海上旅程，其间偶尔在水中觅食。除了短暂的繁殖季节以外，信天翁一直过着孤独的生活，它们借着宽广慵懒的海上环流，从海洋的一边飘荡到另一边。

空气中的飞行和游泳相比，需要的能量没那么多，因为空气的阻力比水的小得多。但一些海鸟的迁徙距离之长，无论用何种尺度衡量，都称得上是极限挑战。漂泊的信天翁是现存的最大的海鸟，它的翼长是鸟类之最，甚至超过了加州秃鹰。单只翅膀从白色的苗条身体中延展开，长度可达 1.8

米，双翼加起来的翼展就是 3.6 米。尽管如此，这些光闪闪的飞鸟只有不到 14 公斤重。再加上长长的勾状的喙和黑色的眼睛，勾勒出了它们独特的外观。

在 1977 年上映的迪士尼电影《救难小英雄》（*The Rescuers*）中，我们的英雄是一对小老鼠，它们雇了一只信天翁，将它们从纽约市带到路易斯安那州的河口。这只叫作奥维尔（Orville）的信天翁是它们的“包机”，它用惊心动魄的起飞和笨拙的着陆，为影片带来了巨大的喜剧效果。不过起飞和降落的场景既不是奥维尔的错，也不是迪士尼凭空想象出来的：信天翁作为一个种群，它们和大地有着坎坷的关系。它们与其说是着陆，不如说是慢动作下坠：它们逐渐减速，一直减到掉下来摔不坏的程度，然后再落下来。[57] 强逆风对着陆很有帮助。[58] 它们的起飞也很笨拙，而且要费更多的气力。信天翁只有在达到某个差不多的速度时，作用于翅膀的风才能让它们飞起来。做几次痉挛一般的拉伸以后，信天翁就冲到跑道上，一边摆着翅膀，一边疯狂地蹒跚着向前冲。它们一边跑一边试着跳几下，检验着迎面而来的微风，试图找到恰当的机会乘风而起。然后它终于捕获了一股气流，于是抓住气流，调整角度向上飞，在风中启航。如果它能避免早期的起飞失败，那就不只是起飞成功，而是回家了。欣赏信天翁的飞行并不需要你有鸟类学的学位。双翼展开一动不动，翅尖完美地切割着海风，滑翔多于飞翔。信天翁的速度每小时可达 37 公里，它们的美，它们的生活方式，全部体现在宁静的飞行中。[59]

飞行对鸟类来说很容易，不过扇动翅膀是很耗体力的。每扇动一次翅膀，就会消耗一些能量，所以动力飞行一刻都离不开燃料。蜂鸟就是高能量依赖的一个最好的例子：要是翅膀停止扇动一下，它们就会像石头一样坠地。信天翁则截然相反，它们每年累计飞行 12 万公里，消耗的能量却微乎其微。[60]

如果信天翁是靠扇动翅膀飞行的，这么长的旅程是完全不可能实现的，它要么会耗尽体力而亡，要么会被饿死。它们将这对巨大的翅膀当作静态机翼使用，就像悬挂式滑翔机一样，一旦起飞以后，就会把翅膀展开到最宽，然后将翅膀锁定不动。大部分鸟类保持这个姿势几分钟就累了，信天翁则可以保持好几天。它的肩膀上有着特殊的韧带，可以将翅膀位置锁死，所以维持张开的翅膀无须消耗能量。[61] 跟随着海上庞大的天气模式，信天翁以风为垫，一飞就是几千公里。除了偶尔轻轻扭动一下尾部，以及微妙地调整一下腹部，它们在空中完全不动。信天翁飞行时的心率并不比休息时高。[62]

即使滑翔是最有效的飞行方式，还是需要某种额外的推力才可以。跨洲航行时帆船借助的风力，信天翁也一样会用。它们使用的技巧和有经验的滑翔机飞行员别无二致（见图 7-4）。[63] 如果需要加速，它就垂下翅膀，在失去高度的同时获取速度。等降低到波浪之间的波谷位置以后，它们就会 90 度拐弯，然后侧身向上。它们转到风中，冲到第二波的高峰，减缓一点儿速度的同时获得了高度，然后继续漫长的冒险旅行。[64] 在开放海域中，宽广巨大的波浪面相当于滑翔者的轨道交通，好几只信天翁悬在波面上方。它们是在冲浪，但不是水上冲浪，而是在波浪产生的微弱气流中冲浪。通过在有利位置利用这些技巧，信天翁每天可以飞行 800 公里以上。

风停以后，倒霉的信天翁就只能要么消耗能量扇动翅膀，要么坐在水面上等风起。物理海洋学家菲利普·理查森（Phillip Richardson）这样描述信天翁的规则："无风无浪不起航。"[65] 在温热的气候条件下，宁静无风的情况在海上很常见，因此信天翁很少出现在热带区域。地球的最南边是它们的最爱，这里陆地稀少，海洋广阔，风向多变。信天翁寿命很长，可达70岁。它们在繁殖季可以飞行1.4万多公里。[66] 虽然信天翁的体型无法和巨鲸相比，但看到它们像风筝一样挂在空中，系着看不见的空气之线，这依然是一种令人窒息的美。

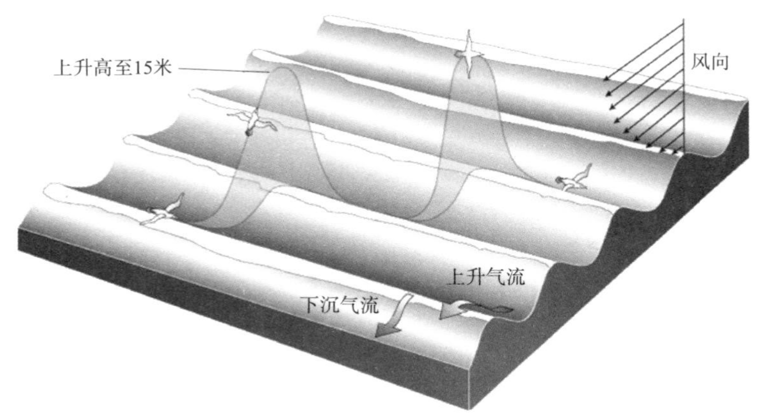

图 7-4 信天翁的飞行方式

注：风和波浪的走向是从右上到左下，每一轮波浪的上风面都会产生一点儿上升气流，依赖这一点儿气流，信天翁可以爬升高达15米。它们向右拐弯，滑翔到低处，活动到上风区，跟着波浪的凹槽，直到再次遇到上升气流，然后再度升起。

资料来源：Reprinted from Progress in *Oceanography* 88, P. L. Richardson, “How do albatrosses fly around the world without flapping their wings?” 46–58, © 2011, with permission from Elsevier.

那只让微风吹起的鸟

信天翁永不停息地飞翔，用自己的方式进行着它们的旅程。水手们长久以来一直相信，是信天翁创造了风，推动它们在宽广的海上前行。在塞缪尔·泰勒·柯勒律治（Samuel Taylor Coleridge）不朽的诗篇中，篇名提到的老水手杀死了这么一只白鸟并带来了灾难—— 一个美丽的造物，眼里有着灵魂，背上带着冷风：[67]

> 我干了一件可怕的事情，
>
> 这将给他们带来灾扰：
>
> 因为人人都说，我杀了
>
> 那只让微风吹起的鸟。
>
> 真倒霉！他们说，
>
> 杀了那只让微风吹起的鸟！

一只座头鲸在安哥拉沿岸跃出海面。这些动物是大吨位的敏捷型杂技演员，这至少可以部分归功于它们独特的大鳍。人们根据它们鳍上的疙瘩仿造了高效的扇叶，见第 7 章。摄影：Steve Zalan。

旗鱼驱赶猎物使其形成紧密的球状，以便它们高速捕猎。它们用背鳍驱赶猎物。旗鱼和它们的近亲剑鱼是海洋中游速最快的鱼类，它们适应了高速猎食的现实。剑鱼将眼球和视神经加热到水温以上，以便在猎食的过程中快速反应，见第7章。摄影：Maurizio Handler / National Geographic Creative。

雄性“羊头鱼”（Semicossyphus pulcher，又称美丽突额隆头鱼）刚出生时是雌性，长到年龄较大以后会变成雄性，改变颜色和体型，并且拥有众多年轻雌鱼作为“伴侣”。当雄鱼死后，较大的雌鱼会转变成雄鱼。摄影：Phillip Colla。

深海黑珊瑚是已知最长寿的动物，年龄最大的已有 4 270 岁。本图中的黑珊瑚摄于夏威夷海域的深水中。稳定的海洋环境，没有捕食者和风浪的影响，为动物的长寿提供了良好的条件，它们年龄越大，繁殖的后代就越多，见第 6 章。摄影：Brian J. Skerry / National Graphic Creative。

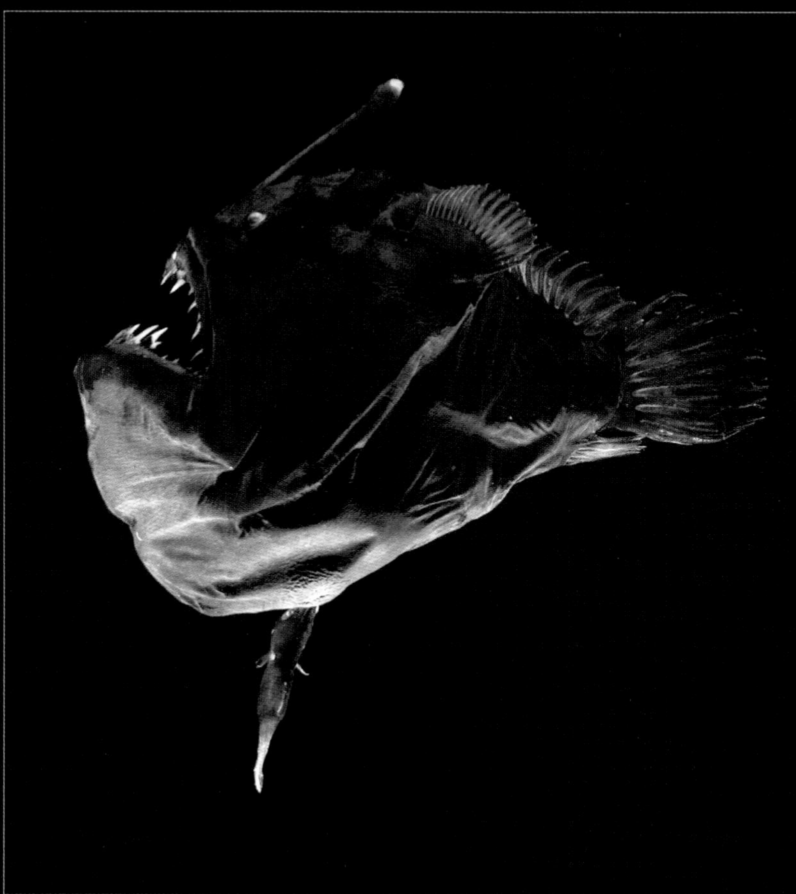

雌性深海鮟鱇鱼长着尖利的獠牙，用发光的诱饵吸引倒霉的猎物。所有鮟鱇鱼的物种个体都是雌性，人们花了很久去寻找雄性，结果却一无所获。但实际上雄鱼的位置非常明显。在本图中，雄鱼附着在雌鱼的腹部，是一只没有大脑、没有肠胃的寄生虫，它的功能减弱到和睾丸无异，见第 10 章。摄影：Edith Widder, ORCA。

交配中的海马，它们展示了海洋繁殖行为中最令人惊异的角色转换——图中的雌性正在将卵转移给雄性，然后雄海马会将卵孵化。小海马长到完全成型以后，雄海马会将它们放走。养育行为在海洋中非常罕见，大部分鱼类和无脊椎动物都会让它们的卵自生自灭，雄性养育行为就更为罕见了。不过所有种类的海马都采用了这一“爸爸最能干”的策略，见第 10 章。摄 影：George Grall / National Geographic Creative。

庞贝虫保持着最热居住地居民的纪录。尾部位于 66℃的深海热泉喷口处，头部位于一两寸外正常 4℃的水中。究竟是什么样的机制使它们可以居住在如此迥异的温度下，这还是一个谜。科学家们正在研究它们的基因组，寻找耐热蛋白，见第 8 章。© DeepSeaPhotography.com。

这张照片显示了一具处于腐烂过程后期的鲸鱼尸体，是蒙特利湾水族馆研究所（MBARI）发现不久后拍摄的。位于加利福尼亚海岸附近大约 3.2 千米深的蒙特利海底峡谷中。覆盖在尸体上、数量众多的红色蠕虫是食骨蠕虫。前面众多粉色的小动物是食腐的海参，见第 4 章。© 2002 MBARI。

美洲大绵鳚（Zoarces americanus）属于绵鳚科，生活在寒冷的大西洋水域中，它们的血液中含有一种抗冻蛋白，可以阻止血液中形成冰晶。这种蛋白质现在被用在冰激凌中，用来方便存储和保持形态，就连低脂冰激凌也可以使用，见第 9 章。摄影：Animals Animals / SuperStock。

这是世界上最大的珊瑚之一，估计年龄大约在 1 000 岁以上。来自美属萨摩亚的塔乌岛，见第 6 章。摄影：Rob Dunbar。

太平洋水下 2.5 千米深的水中，巨型管虫生活在地壳涌出的滚烫的热水边缘。管虫没有消化系统，也没有嘴，但它们是海洋中生长速度最快的动物之一，不到 2 年就可以长到将近 2 米长。它们的食物来自共生细菌，这些细菌会从热泉喷口的高能含硫海水中获取能量，见第 4 章。摄影：Emory Kristof / National Geographic Creative。

在哥斯达黎加附近的“双子海山”（Las Gemelas Seamount），潜水器下潜到火山口附近。这里是大型长寿鱼类的家园，有的鱼的寿命达到了百岁以上。摄影：Brian J. Skerry / National Geographic Creative。

健康的珊瑚礁中通常都有食草鱼类巡游，这里是美属萨摩亚的奥弗岛，巡游的是一群横带刺尾鱼，藻类会危害到珊瑚的生长，而这些则鱼会将藻类吃掉，见结语。摄影：Steve Palumbi。

这是美属萨摩亚最大的一片珊瑚，也是最耐热的一片珊瑚，位于一块受保护的浅水背礁上，承受着比同类珊瑚高很多的温度，一般的同类珊瑚在此温度下无法存活。耐热珊瑚还分布在红海最热的区域，太平洋其他地方可能也有分布。面对气象变化带来的海洋变暖，它们可能是珊瑚生存的种子，见结语。摄影：Dan Griffin, GG Films。

飞鱼的尾部在水面上划动。飞鱼其实不会飞，这只是它们在逃避天敌时的滑翔。通过尾部下端在水面上的快速划动（每秒 50 ~ 70 次），它们可以获得更多动力。不过游速最快的鱼还是可以追上它们，运气好的话，它们能在飞鱼落水时将其一口吞下，见第 7 章。

海冰和星空之间：罗斯海上浮动着冰块，水温极低，海床上形成了冰晶，并向着水面蔓延，见第 9 章。摄影：John Weller。

08

高温之最：
基因、体型、新陈代谢速率，重塑自我的 3 个核心

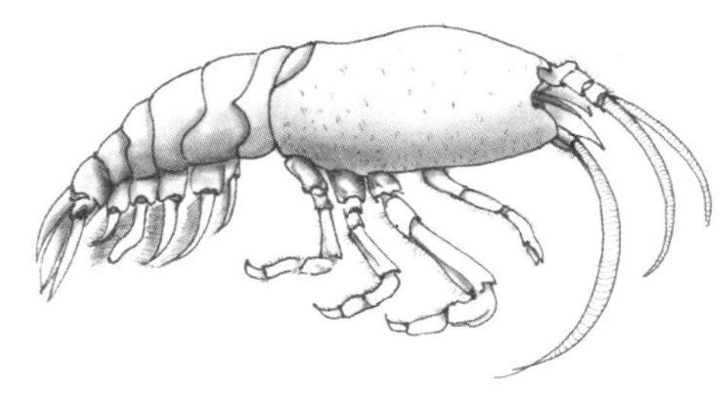

关于温暖海洋中的生命最奇怪的事情，是众多物种生活在它们的耐热极限附近。

每天都是水深火热

泰国的安达曼海热得像一口煎锅，热的原因不是下面有火炉在烤，而是头顶上无情的太阳。阳光被怪异的岩石柱切成长圆形的摇晃的阴影。每一滴晶莹的水都吸收了流动的太阳能，不过整个海洋是很难被加热的。一旦表面温度到达 32℃以上，蒸发散失热量的速度就和太阳增加热量的速度差不多快了。结果就是，海洋的温度很少会超过人的体温，就连最为炎热的热带海域也达不到你喜欢的淋浴温度，自然界真正的热水是很少见的。

最极端的例外在海底深处的裂缝中，这里地壳变得比较薄，炽热的岩浆在海底正下方流动着，像一团团老式加热器的线圈一样，将地下通道里的海水加热到滚烫。一些滚烫的熔岩带着硫和金属物质，从海底地壳的小裂缝中渗透出来。若不是因为海底水压很高，海水早就沸腾了。在这水深火热的海底热泉喷口附近，海洋生命才有了机会对真正的热水发起挑战。

不过，就连在较为温和的热带海洋，或者在寒冷地区海岸的温暖海域，生物们也很容易被加热到超过它们的承受范围。作为温暖海洋中的生命，它们最古怪的特征不仅仅是它们的耐热性，还包括众多生物生活在它们的生理承受力上限附近。这一生物原则是很古怪的，然而南极鱼在 6℃的水温中就会死于中暑[1]，珊瑚在 27℃的水温中活得很好，但当温度达到 32℃时就受不了了。[2] 所以，“极端高温”完全是一个相对的概念。

庞贝虫，海洋中体型最大的嗜热生物

“埃尔文号”（Alvin）是一艘可容纳三人的潜水器，它静静地下沉着，周围的环境越来越暗。这趟行程的目的地是 2 400 多米深的最底部的海底热泉。它到达目的地之后，打开光照很强大的探照灯，照亮了海床孔洞中涌出的含硫化学物质。浓重的黑烟喷到有毒的海水中。熔岩流过的地方成了富含金属的矿藏。随着时间的积累，无数微小的碎屑慢慢堆积成了黑色的尖塔，人们把它们叫作“黑烟囱”。这些黑烟囱不停地喷出滚烫的水。黑烟囱还是近期的发现，那是在 20 世纪 80 年代早期，之前发现黑烟囱的科学家操纵的正是这艘潜水器。[3]

潜水器慢慢减速，探照灯照亮了一块将近 2 米的不规则的尖塔，塔里喷出一片乌云，就像儿童文学家苏斯博士（Dr. Seuss）童书里的烟囱。周围四五米范围内的海床上呈现的简直是一片生命大爆炸的景象，到处都是管虫、白化螃蟹、白色的虾以及其他各种底栖生物。“埃尔文号”的乘员对于这些底栖生物已经很熟悉了，不过当靠近并悬浮在静止的海底中以后，他们发现了黑烟囱上面有一些新的东西。黑烟囱的下身装饰着羽毛般的红色饰物，当金属抓碰到它们以后，它们就会缩回去。这些东西其实是一种蠕虫多肉的华丽头部。它们的岩石洞穴中流动着滚烫的水，不过它们依然生机勃勃。“埃尔文号”靠近仔细观察，很快又发现了一个全新的物种，也就是庞贝虫，海洋中体型最大的嗜热生物。[4]

庞贝虫的学名叫“埃尔文庞贝虫”（Alvinella pompejana），它得名于发现它们的“埃尔文号”以及一座不幸被火山灰埋没的古罗马城市。庞贝虫只生存在深海的热泉喷口处，它们的头部是精致的深红色羽状物，接着是肉质的身体，呈灰色并逐渐变宽，上面长着刷子一样的毛。庞贝虫的头部位于距离热泉喷口之外几寸的4℃的冷水中，[5] 密集的毛细血管充满了暗红色的血，在水中快速交换着氧气，[6] 尾部离热泉喷口只有几寸远。这里可以说是另外一个星球，温度高而且变化莫测，庞贝虫需要忍受超过50℃的水温。[7]

大多数动物不会住在如此高温附近。在热温泉中有一种甲壳类动物会居住在差不多一样高的温度下，另外还有一些沙漠蚁类生活在43℃的环境中。[8] 不过庞贝虫保持着动物高温居住环境的记录。因为它们居住在深海的奇特环境之中，以至于直到最近，科学家们才好不容易采到了一个活标本。如果将标本保持在54℃，它们就会死去。它们居住在内部温度可达82℃的热液管道中，但它们是如何存活的，这至今还是一个谜。或许庞贝虫像一个天然的热泵一样，能在滚热的尾部和冰冷的触手之间做快速的液体循环。或许它们的头部能适应低温，而尾部能适应高温。或许头部的54℃的水温对它们来说是致命的，而尾部能够接受高温。如果它们要在尾部用特殊细胞承受海洋带来的最高温，而在一寸远处却要用另一种细胞来在深海低温中运作，这种动物实在是太奇怪了。

出于这个原因，自从发现庞贝虫以后，分子生物学家就对它们的适应能力充满兴趣。庞贝虫的蛋白质和其他细胞构件都是动物界中最为耐热的。[9] 它们在科学和工业中都有很多用处。庞贝虫身上有一些同样耐热的共生细菌，它们会为庞贝虫提供食物。现在，科学家们正在竞相为庞贝虫以及这些细菌做基因测序。[10] 几十年后的现在，健壮的“埃尔文号”依然在正常服役，在深水中勘测，将抓到的庞贝虫放到特制的高压水箱中，努力为实验室提供着样本。[11] 在我们能从实验室环境下观察到活着的庞贝虫之前，这种生活在燃烧的深渊中的生物一直是个谜。

中脊盲虾，没有眼睛却可以“看到”热浪

深海炎热的热泉喷出的是地球的骨头。这些喷口是长夜中闪烁的火苗。深海大部分地方都是冰冷黑暗的，水温一直保持在4℃左右。[12] 海底的喷口体积很小，数量也很稀少，沿着海底深深的裂缝分布着，就像是夜里沙漠公路边上的休息站，两个休息站之间隔着许多里地。尽管这些地方温度极高，热量却传不了多远。就算是最活跃的热泉，几尺范围内，温度就能从340℃降到4℃。要是你靠近热泉几步，就会被煮熟，离开热泉几步，就会被冷水冻僵。

在黑暗的海洋中，唯一的光源恐怕就是闪烁着的生物发的光了。那么海底热泉附近的动物是如何找到这些喷口的呢？闭着眼睛，人也可以感受到篝火的热度，找到安全取暖的位置。不过水会吸热，而且热感受器官在水中的灵敏度会降低。[13] 我们来看看中脊盲虾，这种虾没有视觉，却能够“看到”热水。

大西洋中脊盲虾（Rimicaris exoculata）是一种和对虾差不多大小的甲壳类动物，它们只生活在海底热泉的烟囱附近。中脊盲虾身长5~8厘米，身上覆盖着透明的甲壳。成年的中脊盲虾一生都舞蹈在热泉周围的生死边

缘。它们用强壮的几丁质足尖刨着热泉边上的沉积物，将处理硫化物的细菌吞入腹中，并将剩下的东西碾成粉末。[14] 此外，中脊盲虾膨大的鳃里边居住着一大批细菌[15]，它们忙碌地处理着炙热海水中的硫化氢，像热液巨型管虫身上的共生菌一样。无论发生什么情况，最重要的一点就是要待在热泉附近，然而中脊盲虾没有眼睛，看不到热泉。

深海生物学家辛迪·冯·多佛（Cindy van Dover）和她的同事们发现，在这些虾的背部有两块宽阔的对称异色区域，这些区域有着高密度的视紫质①。[16] 这些区域还具有薄薄的角膜和敏感的视网膜，还有视神经直接通往它们背部的大脑。[17] 这些区域基本上就相当于眼睛，但它们并不是长在头上。中脊盲虾用它们观察的东西不是阳光，而是热水散发出的可怕光芒。

只要被充分加热，几乎任何物质都会发出低频的红外线。光线的频率取决于温度的高低——热量越多，波长就越短，频率就越高。我们的太阳发出的是黄光，这是因为它的温度极高（6 100℃）。红巨星发出的光线更红，是因为它的温度较低，和烤面包机差不多。深海热泉喷口的水温有340℃，它们发出的是最低一档的红光，刚刚够被中脊盲虾的眼区吸收。

中脊盲虾演化出了这种独特的感知光线的能力。它们背上的视紫质区域很宽阔，人们认为，这是为了增加它们感受昏暗光源的能力。对于大部分甲壳类动物来说，眼柄上的空间都太窄了，放不下这么宽的一片视紫质。眼区的下面还有一片反射层，它的功能和猫眼的反射层一样，如果微弱的光线第一次穿过视紫质时没有被吸收，那么它们会被反射上来，再被视紫质吸收一遍。

① 视紫质（Rhodopsin）是一种用来捕获光线的色素，人类的眼睛里也有。

视紫质吸收光线，并将某种图像传递给大脑。这里的光芒太微弱，无法形成真正的图像，不过视紫质能够感应到热源的距离。尽管完全看不到我们认为的可见光，中脊盲虾的眼区依然是一个完美工具，可以有效观察它们面临的唯一危险。通过对喷口边缘昏暗光线的感知，它们保持停留在安全区域，用口器筛取着松脆的沉淀物。如果你在头上盖一个枕头，走进明亮的房间，虽然你看不到里边有几个人，但能感受到光和影。同样，中脊盲虾也只能模糊地感受到热浪。[18] 就跟日本民间传说中的盲武士座头市一样，尽管他走路时要用拐杖敲打地面，却能敏锐地一把抓住空中飞来的箭矢。[19]

弃车保帅，珊瑚的高温之劫

想象一下僻静的萨摩亚海岸的情景。棕榈树点缀着炫目的白色沙滩，背后是陡峭的火山丘陵。温暖平静的潟湖水拍打着你的脚踝，而在几百米外的海里却是大浪翻滚，卷起千堆雪。消耗掉水浪的是水下的壁垒，你在岸上就能看到这壁垒就是无形的深色物体——珊瑚礁。它们生长了数千年，建成了巨大的离岸墙壁。珊瑚虫是一种很小的动物，形状像花朵，可以通过自身组织的克隆来繁殖。它们在海里扩张着，展现出无与伦比的勤奋，每天都分泌一层薄而耐久的石灰石底漆。[20]

经过无数年，这些借用显微镜才能看见的薄膜堆积成了巨大的结构，足以养活成千上万的物种。当珊瑚虫死去以后，它们累积的石灰石还会长存。被冲上热带海滩的硬珊瑚就是这些石灰石组成的。澳大利亚的大堡礁是世界上最壮观的奇景之一，也是由这种石灰石构成的。大堡礁经过百万年才成型，是唯一能在太空中看到的自然生物结构。珊瑚虫辛勤劳作的结果就是你在波浪以下看到的最接近人类城市的结构。

活的珊瑚礁看上去宏伟壮观，礁石周边闪烁着令人惊叹的红黄蓝绿色，它们是鱼、虾、海胆或者蜗牛，它们形态各异，有着丰富多彩的生活方式。蠕虫蜷缩在它们的秘密管道中，将羽状的头部探出来挑逗着水流。珊瑚构成的尖塔和墙壁慢慢从海底长高，直到整片地区可以居住数以百万计的生物。[21] 就连热带的白色沙滩的主要成分也是珊瑚。长年累月，永不停息的波浪和善于咀嚼的鱼类将珊瑚碾成了沙子一般的碎屑。

尽管取得了如此高的成就，珊瑚依然是一种极其脆弱的生物。只要水温临时升高几度，就会引起重大的死亡事件，大片的珊瑚虫会被杀死。太平洋上循环的大型热浪，也就是厄尔尼诺现象，能将珊瑚大片摧毁。1998年，这一现象在部分珊瑚礁杀死了多达 90% 的珊瑚虫。[22] 在 20 世纪，大气中二氧化碳的增加导致的全球变暖已经让热带海水升高了 0.6℃以上。这听上去似乎不多，但对于这些重要而又敏感的动物来说，这意味着巨大的麻烦。

珊瑚主要靠养殖共生的单细胞藻类为生，这些藻类会进行光合作用，我们称之为共生藻。它们生活在珊瑚的体细胞中，需要充足的阳光和温暖的海水以驱动生产力。因此，珊瑚必须生活在靠近水面的清澈海水中。离赤道很远的地方很少有这样的环境，所以大部分珊瑚都生活在赤道附近。[23] 其实珊瑚虫离赤道要有一个固定距离点，超过这距离，就无法建立巨大的珊瑚礁了。这一距离点叫作“达尔文点”（Darwin Point），是为纪念查尔斯·达尔文对珊瑚礁的研究而命名的。达尔文点位于北太平洋中途岛环礁的纬度附近，以及南太平洋库克群岛偏南一点的纬度范围中。[24]

珊瑚虫可以承受高温，不过它们的藻类光合“奴隶”就另当别论了。

过多的热量会干扰共生藻的光合作用。热带阳光的巨大能量被藻类获取以后，主要会被转化成高能电子。在高温下，共生藻会把这些电子泄露出去，就像沸腾的锅会冒水一样。这些泄漏的电子和氧结合，会形成一种可怕的东西，叫作活性氧类。活性氧类是一种有毒的物质，会让珊瑚中毒并迫使其做出反应。珊瑚能做的只有将共生菌驱出体外。[25] 珊瑚虫的做法是“丢车保帅”的生物演化版，它们把自己的细胞杀死，然后将共生藻丢弃到海中。大部分时候，这么做会导致珊瑚虫死亡，珊瑚群崩溃。这就是所谓的珊瑚白化。

预测珊瑚会遇到的麻烦

有一个重大发现如今经常会被用于预测珊瑚的健康程度。夏威夷大学海洋生物研究所的保罗·乔吉尔（Paul Jokiel）测量了不同地区珊瑚白化的温度。乔吉尔和同事史蒂夫·科尔斯（Steve Coles）一起注意到一个奇怪的规律：横跨热带，如果温度比年平均最高温度高一两度，珊瑚就会发生白化。[26] 只要有几个星期的温度超过上限，横跨几百公里区域内的珊瑚就会发生白化（见图 8-1）。

美国国家海洋和大气管理局的科学家使用这一数据设计了一个极其简单的指标：周热度指数（Degree Heating Weeks）。如果温度在白化温度以上 1℃停留一周 [27]，那么该指数就是 1。在 1℃停留 2 周，或者 2℃停留 1 周，指数就是 2。这一简单指数描绘了珊瑚在炎热时期面对的危险，为当地珊瑚发生白化提供警报。2010 年，接近 90% 的泰国珊瑚礁经历了白化，多达 20% 的珊瑚因此死去。[28] 在写《极端生存》这本书的时候，全球还没有多少异常高温的水区。最大的一片高温水区在夏威夷南部，刚刚越过达尔文点，不过这片水区其实是无害的。[29]

图 8-1 珊瑚

注：珊瑚来自萨摩亚的奥弗岛，左边的珊瑚已经白化了，右边的还没有。它们是同一珊瑚物种，生长环境温度也一样。不过右边的珊瑚生活在较温暖的水中，有着较好的耐热性。（摄影：Dan Griffin–GG Films）

奥弗岛耐热珊瑚，从 60 种基因到 250 种

在圣诞节的前一天，美属萨摩亚的奥弗岛上的太阳照常在早晨六点升起。这是南半球明媚的一天，珊瑚墙阻挡着海上的波浪，钴蓝色的潟湖在朝阳下闪着光芒。太阳一出来，水温就已经达到了 29℃，这是珊瑚的乐园。到了中午，夏日的阳光，低潮的静水，使得潟湖温度达到 35℃，这一温度会持续三个小时。于是珊瑚就被蒸煮在这样的文火中，这里的温度已经远远超过了它们的耐受度。黄昏过去许久，温度才降到了 32℃。圣诞老人此时正在横跨太平洋的路途上奔波。

奥弗岛潟湖中的珊瑚经过这么一天的蒸煮，应该已经都死掉了，但它们依然旺盛地生长着。在水箱里的耐热实验中，奥弗岛珊瑚是其中最耐热的一种。[30] 新研究表明，它们每天经历的热波动让它们演化出了耐热性。

如果把它们放在 35℃以下 24 小时，它们会全部死亡，不过如果是 3 个小时，它们还是能够承受的。在经典电影《公主新娘》（*The Princess Bride*）中，主角英雄也是用一样的方法训练出了抗毒能力——逐渐加剧毒性，日复一日，直到曾经的致死剂量变得无足轻重为止。

借用人类生物医学的研究形式，珊瑚研究人员测量了当受到压力时，珊瑚群落会如何使用它们的基因。对于典型的奥弗岛潟湖中的珊瑚来说，持续三天的高温会激活多达 250 种压力基因。在整个时间内，珊瑚保持着 60 种“耐热基因”的全程高负荷运作。其中一些珊瑚似乎一出生就启动了这些守护基因，不过剩下的珊瑚只在科学家把它们转移到最热的区域以后才启动这些基因。还有的珊瑚一直没有启动耐热基因，最后全部死了。结果就是一小群珊瑚幸存了下来，它们在潟湖内横跨 400 米的区域中蓬勃生长，全然不畏阳光和温度。尽管它们是太平洋中已知最为坚强的珊瑚，但人类的干涉依然给它们带来了压力。过度捕捞导致藻类窒息式生长，垃圾填埋场泄漏的重金属流到了潟湖中，而且，人们为了改善经济，直接把小跑道延长到了珊瑚居住的珊瑚礁上，这些行为更加剧了珊瑚的生存压力。

幸运的是，这些潟湖已经受到了部分保护，而且当地的村民也深刻地了解了它们的作用。他们一方面想发展经济，一方面也有着保护环境的冲动。我们依然有足够的时间用来弄清这些强壮的珊瑚虫的生存奥秘，帮助奥弗岛的村庄保护珊瑚礁，以及研究这些珊瑚的生存技能能否被复制。

红海里的耐热共生藻

非洲大裂谷是若干地球板块交汇之处，在这附近，有一个出人意料的满是珊瑚的地方——红海。红海很深，是一个有 2 100 多米深的深谷，但这片沙漠海洋岸边的浅水中环绕着壮观的珊瑚礁结构。[31] 受中东的太阳和周围沙漠的影响，这里的海水温暖无比，夏季的平均水温可达 30℃ ~ 31℃，如此高的温度足以使大部分太平洋珊瑚发生白化。[32]

从空中俯瞰，红海沿岸从白色的沙滩一直过渡到宝石蓝的海水，最后成了一片令人费解的棕色外壳，上面布满了 100 万条泥泞的小路。红海珊瑚会形成“岸礁”，像毯子一样向着陡峭的海岸线延伸。[33] 达尔文对红海珊瑚产生过兴趣，描述过它们独特的“岸礁”形态。不过有一些珊瑚结构他也无法解释清楚：它们和陆地远远地分开，似乎在描述着不存在的海岸线。其他珊瑚则是分散的远古石灰石群，不规则地矗立在海底，五颜六色的鱼群在里边游来游去。这些现象达尔文都没法解释，他是这样说的：

> 在红海和东印度群岛的某些区域，有很多分散的珊瑚礁，它们体积不大，在地图上只能用点来表示。这些珊瑚是从深海中长出来的，它们无法被归到已有的三个类别中。不过在红海中有一些小珊瑚礁，从位置上来看，它们似乎是在一处连续的边界上形成的。[34]

事实证明，这些结构是一段特殊动荡阶段的历史证据。东非大裂谷处于三块大陆板块的互相推挤之中，地质状态在不断地发生着变化。[35] 互相竞争的几股力量让峡谷成为地震学上的一个巨大的异常存在：三块大陆永不停息地互相争斗，使得红海的水位忽高忽低。当前红海的水位正处在历史的最高水平：比 50 万年前的平均高度高 45 米多。那些让达尔文困惑不已的珊瑚石和近海珊瑚礁现在完全淹没在深水中，不过在远古时期，它们同样处在沿海的正常水域中。

红海炙热多盐，温度像过山车一样忽升忽降，这里对生长如冰川般缓慢的珊瑚来说，似乎不是一个宜居的地方。尽管如此，依然有海洋生物能在这里蓬勃生长，它们以珊瑚为食，并且快速演化成了各种新物种。红海所有的珊瑚鱼中有 10% 只存在于当地。[36] 这里的很多鱼类只是在外观上发生了变化。纹带蝴蝶鱼（Chaetodon paucifasciatus）是一种外观令人惊艳的鱼：两侧长着若干 V 形的纵向黑条，面部有一个黑、黄、白相间的长条穿过眼睛，腹部印着一块深红色的宽色斑，尾部还有一片同样颜色的长条与之呼应。[37] 这一物种只能在红海找到，而它最近的亲属（依据 DNA 证据）则只能在马达加斯加找到，[38] 外观和纹带蝴蝶鱼几乎完全相同，不过色斑的颜色更普通，由鲜红色褪为了芥末黄。

这里的珊瑚和其他地方的类似，不过它们演化出了一些特殊的能力。红海珊瑚居住的地方很热，已经靠近了它们的白化温度，它们体内包含着耐热共生藻。这种共生藻和普通共生藻虽然是同类，但它们能在更热的水中让它们的宿主保持健康。我们还不知道它们是如何做到这一点的，不过毫无疑问，这些共生藻为酷热环境下的红海珊瑚提供了竞争优势。在整个红海中，海水越热的区域，耐热共生藻就越常见。[39]

红海珊瑚很少在夏天的正常温度范围内发生白化[40]，不过和它们的很多近亲一样，它们也有着精确的生存阈值。耐热藻类也有它们的极限。伍兹霍尔海洋研究所（Woods Hole Oceanographic Institute）的安妮·科恩（Anne Cohen）和同事用 CT 扫描机测量了珊瑚的生长速度，医生也会用同类的设备来测量人体骨骼的生长。

林学家可以测量树木的年轮，珊瑚生物学家则可以测量珊瑚中的年轮。科恩和同事发现，20 世纪 40 年代（当时有连续两年夏天的温度达到 32 度），珊瑚的生长幅度只是预期生长幅度的其中一小部分。[41] 近年来，红海的温度又在逐步上升，而和科恩的研究告诉我们的一样，这里珊瑚的生长速度已呈下降趋势。红海珊瑚也许是最坚强的生物，但它们也被逼到了自身的极限。

小头鼠海豚，从冰河物种跨越至热水生存专家

加利福尼亚州北部的海岸线上镶嵌着马赛克一般的旧船，那些是简单的带舷外马达的小船，颜色有蓝色、绿色、粉色的，上面都挤满了渔具，挂满了乌云一般的刺网。海水很浅，如菜汤一般温暖，泄漏在水面上的燃油泛着彩色光泽。将近 50 米外，海港的水只有齐膝深。在海港边上，海水从沙金色过渡成黄玉色，海龟偶尔从水面探出头来换气。高大的白色石头结构像是象牙雕砌的城堡，城堡的守卫是粗暴的海鸟。这里是加利福尼亚海湾的最北端，是世界上最温暖的开放水域。[42] 这片丰产的水域养活了鱼、虾、美洲大赤鱿、鲸鱼等众多生物，以及海洋中最为多样的微生物。这里还有一种濒临灭绝的特殊哺乳类动物——小头鼠海豚，外号“小母牛”，还被称为侏儒版的“沙漠鼠海豚”（Desert porpoise）（见图 8-2）。

小头鼠海豚是地球上最小、濒临灭绝的鲸类，长相和海豚差不多，不过只有 1.5 米长，身上覆盖着橡胶质的皮肤，犹如穿了一件结实的灰色雨衣。[43] 它的眼睛周围有一个黑圈，如同戴了强盗的眼罩，嘴角翘着，像是在腼腆地笑。小头鼠海豚栖息于潜水区的一小块三角地带中，两边分别约有 65 公里长，楔在科尔蒂斯海的最北端。它们只居住在这一区域，这片区域比任何鲸类栖息地都要温暖。[44]

住在加利福尼亚湾北部就像是被锁在热水浴缸里：一开始很舒服，时

间长了就是一种折磨。哺乳类动物可以短时间忍受高温，但没有哪种海洋哺乳类动物能像小头鼠海豚一样终生忍受高温。[45] 夏天的水温最高，与红海不相上下，而热血的哺乳类动物则需要挣扎着摆脱自己体内的热量。小型陆地哺乳类动物有着较高的表面积体重比，所以很少发生过热的情况。大型哺乳类动物有着复杂的战术，如出汗、喘气或者扇动耳朵降温。不过小头鼠海豚则陷入了困境：它们体型较大，散热本来就是一件难事，而它们又被困在水中，连出汗和喘气也做不到。

为了补偿，小头鼠海豚做了两个适应性调整。首先，它们抛弃了身上的鲸脂。小头鼠海豚和普通鼠海豚相比并不显瘦，但它们的体脂实际上更少。抛弃隔热层可以防止热量在体内积累。[46] 其次，它们的鳍比一般的鼠海豚大许多，从背鳍到胸鳍再到尾鳍都是如此。这些超大的鳍可以用作它们的散热器。

小头鼠海豚生命力顽强，高温不会杀死它们：中暑而死的情况完全不会发生在它们身上。它们似乎已经适应了这里，而且学会了利用这样的环境，然而它们的热水三角区如此狭小，使它们成了地球上最为罕见的哺乳类动物之一。直到 1958 年，肯·诺里斯（Ken Norris）和威廉·麦克法兰（William MacFarland）才将它们确认为一个物种。第一次的物种普查推测，小头鼠海豚的数量不超过 600 只。[47] 它们是世界上仅有的 6 种“真”鼠海豚之一，最近的近亲是生活在南美沿岸的棘鳍鼠海豚（Burmeister's porpoise）和南极附近的眼斑海豚（Spectacled porpoise）。[48] 这两种鼠海豚都生活在非常寒冷的水域，距离小头鼠海豚的栖息地有 1 600 多公里。那么这些鼠海豚是在什么时候，用什么样的方式抵达加利福尼亚湾，成为热水生存专家的呢？

图 8-2　下加利福尼亚州圣费利佩的小头鼠海豚雕像

资料来源：Photograph by Cheryl Butner.

DNA 证据表明，小头鼠海豚在大约二三百万年前进入了加利福尼亚湾：这是更新世中的一个动荡的冰河时期，各地海面温度相差很大。地球上大部分的水都被冰川锁住，两极的严寒向着赤道扩张，热带的温水区被压缩到很窄。也许就是在这个时期，一群鼠海豚为了寻找更好的栖息地跨过了赤道，就像远古时期的驯鹿跨过白令海峡一般。一旦进入加利福尼亚湾，它们因某种远古的地理或气候条件所限被困在这里。无论真的发生过什么，小头鼠海豚的生存证明，它们已经做出了必要的生存演化，尽管这些适应使得它们在其他任何地方都难以生存。

温度再升高一度，也是致命威胁

庞贝虫生活在 66℃的滚烫热泉边，而典型的南极鱼则会在 6℃的冰水中死于中暑。[49] 为什么不一样的物种会有如此不同的热敏感度呢？研究了最底层的基因以后，我们可以看到，为了让生理机能适应高温，演化中的动物使用了很多技巧。例如，蛋白质中的氨基酸可以被重新设计，使其在高温下依然能够保持性状。对庞贝虫的研究表明，演化可以使动物的整体基因组发生变化，从而使细胞能在炙热的喷口处正常运作。[50] 能控制体温的物种，如哺乳类动物和鸟类，会经常改变身体的尺寸和新陈代谢的速率。另外，个体动物还有很多办法，通过调节内部机能来度过临时的高温压力。

面对这些机制，众多物种对于水温小幅升高的敏感度如此之高，真是一件奇闻。生物学家乔纳森·斯蒂尔曼（Jonathan Stillman）对沿海螃蟹的耐热性做了仔细的研究。从炎热的加利福尼亚湾到寒冷的浓雾笼罩的蒙特利湾[51]，根据一个物种的生活区域，他发现导致心脏病发作的温度仅比它们生活环境的最高温度高几度。热带螃蟹居住在最热的海滩上，比起它们温带的亲戚，回旋余地更小。尽管热带螃蟹能承受更高的平均温度，它们能承受的最高温度只比这高几度。异常炎热的几天就会置它们于死地。

斯蒂尔曼的发现改变了我们对未来气候变暖的思考方式，因为这意味着当未来海洋温度升高以后，适应高温的生物未必会更安全。我们可能会直观地认为，它们已经十分耐热了，温度再高点它们也能生存。不过当耐热物种已经生活在它们能承受的上限温度附近时，与其他物种相比而言，温度再升高一度，它们不见得更能承受。

低温之最：两大利器，巨大体量与坚实的防御机制

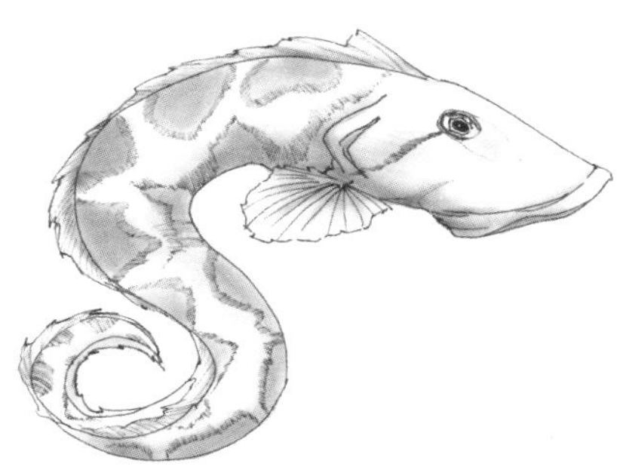

冷水通常是非常丰产的，而冰是最危险的东西。

独角鲸，生长在极寒之地的神秘独角巨兽

想象一下，14 世纪的中世纪城堡矗立在炎炎夏日的热浪之中。空气很潮湿，厚重的石墙上凝结着露水，摸起来是凉的。在客厅里，明亮的阳光透过墙上高处的窗户洒进来。一队访客站在国王面前，为感谢招待，献出了各种珍奇的礼物。一位王子接受了邀请，并叫人给他安排了座位。管家为客人们准备好了酒杯。王子的座位上摆着一个小杯子，很窄，形状像一支笛子，骨白色，上面刻着骏马的图案。来自外国的访客眯起眼说："王子的酒杯与众不同，果然是尊贵之躯啊。"酒倒好了，王子举起酒杯，大家一起干杯喝酒，然后集体就坐。"殿下，请恕我冒犯，此杯是何宝物？"王子报以微笑，将杯子举到阳光下。

"此乃用——"他朗声说道，为了增强效果，他在这里故意停顿了一下，"独角兽的角雕刻而成。居住在遥远的北方挪威人捕获到了这种独角兽。你们知道它的特性吧。"尽管众所周知，他还是接着讲道："它的功能

之一就是可以解除任何毒药的毒性。我不是信不过诸位，”他环视身边的客人，“实乃时事动荡，不得不防。”

这些细节是虚构的，不过这种情景真的存在过。几个世纪前，欧洲存在着一个利润丰厚的独角兽兽角市场（见图 9-1）。商人将它们从北方运过来：这些精致如象牙的一根一根棒状物，长度可达一两米。传说这些角可以解毒，还可以破解巫术。欧洲大陆上的统治者花费超过等重黄金的价格将它们纳入囊中[1]，伊丽莎白一世曾经用一座城堡的价格换了一支镶嵌宝石的独角兽兽角。[2]

毋庸讳言，独角兽从未存在过。但这些角也不是没有来由，它们的确是挪威人采集来的。他们捕猎的动物并不是来自陆地，而是来自冰冷的北冰洋，是一种叫作独角鲸（Narwhal）的小型鲸类。

“Narwhal”这个名字来自古挪威语“nar”，意思是“尸体”。[3] 古挪威人是最早见过这些齿鲸的欧洲人，它们斑驳的灰色身体悬浮在水面附近，看上去似乎有点儿像漂在水面的死尸。独角鲸一般几十只一群，在漂满浮冰的海面上翻腾，捕食着鱼类和乌贼，最大的群体活动在加拿大东部的北冰洋以及格陵兰水域。在加拿大因纽特人的民间故事中，独角鲸占有一席重要的地位，他们也是最早遇到和捕猎独角鲸的人类。[4]

独角兽角成了中世纪欧洲收藏家的抢手货，是珍奇物品展览柜中的重中之重。[5] 所谓的“角”其实是一颗牙：一颗由雄性下颌向左上方伸出的超长门牙。雌性通常没有这种牙，不过也有极少例外。更少见的是长着两颗长牙的雄性，在本已拥挤的口腔两侧极难长出两颗长牙。长牙一般能长到 2 米，雄性体长 4.5 米[6]，就算在海洋中，长牙也显得十分笨拙。在陆地上，如果一只独角兽长着这么长的牙，早就被超重的鼻子压得嘴啃泥了。

图 9-1 维也纳皇家国库（Schatzkammer）收藏的“麒麟剑”

资料来源：Pluskowski, A. 2004. “Narwhals or unicorns? Exotic animals as material culture in Medieval Europe.” *European Journal of Archaeology* 7: 291–313. © Kunsthistorisches Museum Wien.

欧洲的皇家非常珍爱鲸角的美丽光辉，似乎独角鲸也是这么认为的。鲸角对于独角鲸的生存没有任何帮助，无角的雌鲸一样过着完全健康的生活，而且她们的行为和雄性独角鲸并没什么不同。鲸角更是一种第二性征，在交配时才能派上用场。雄性用鲸角来争夺雌性，有时还能观察到它们用角互相争斗。它们的争斗和木偶一般笨拙，想象一下两个人用嘴里叼着的扫把打架的情形吧。这种行为更像是摆姿态，而不是真的暴力；像是扳手腕，而不是打架斗殴。这似乎是鲸角的唯一功能。有人曾观察到雄性独角鲸用鲸角在泥泞的水底挖掘取食[7]，鲸角的真正功能有待确定[8]。

独角鲸是生活在世界上最寒冷水域的一种迁徙动物。在北冰洋的夏天，它们灰色的身躯活跃在浅水中。大部分极地动物都会在夏天大量进食。冰冷的营养丰富的海水加上近乎无休止的阳光，让海洋变成了生物爆发式增长的“都市”，动物都会在这时为冬日储存热量。独角鲸却反其道而行：研究者在夏天的食性研究中屡屡发现腹中空空的独角鲸。[9] 冬天才是它们进食的季节，这时它们向南撤退到了开阔海域。即使是一年中最冷的月份，它们也固执地留在北极圈中。向南的迁徙让它们避开最糟的季节性浮冰，这些浮冰可能会将它们囚禁在沿海水域。[10] 一旦进入开放的深水区，它们就下潜到 800 米深的地方，大嚼起海底的自助餐，食物包括鳕鱼、大比目鱼、磷虾等各种生物。越冬的独角鲸会积累大量的能量，每天花费数小时重复下潜，将各种海鲜变成体内的热量。[11]

无论在生物学还是行为学方面，独角鲸的演化更能适应冰冷的环境，然而它们最早也是发迹于比较温暖的水域。化石记录表明，它们的祖先在 300 万年前生活在温暖的水域。[12] 现代独角鲸和它们的表亲白鲸都被限制在北极地区，它们对气候的适应方式和加州小头鼠海豚正好形成鲜明的对比。小头鼠海豚生活在热水中，体积很小，却长着巨大的背鳍和胸鳍，用来将身体内多余的热量散发掉。独角鲸则完全相反，它们比小头鼠海豚更重，长着很小的胸鳍，背鳍则完全没有。这有助于帮助它们保持热量，或许还有助于它们利用北极浮冰间的空隙。即使是夏天，不可预测的浮冰也可能聚在水面上，让独角鲸难以呼吸。

独角鲸和它的表亲白鲸都携带着先进的回声定位器官，从它们头骨前方的柔软瓜状体到多孔而充满脂肪的下颌骨都分布着回声定位器官。这些增强器官能集中传出声波脉冲，并能接收到反射的声波。也许独角鲸的超大设备有助于在黑暗的深海里找到食物，或许还可以帮助独角鲸详细地绘出浮冰的分布。精确的回声定位可以让鲸鱼分辨出哪些路线是死路，哪些路线能带来宝贵的喘息的空间。[13] 一般的鲸类都活动在开放水域，很少碰到阻碍物。北冰洋的鲸类则需要依靠声呐去做更多的事情。

海獭存活的两大黄金标准

当讨论海洋中最冷的居住者时，“可爱”这个词很少会用到它们身上。北极熊或许很吓人，白鲸很开朗，黑线鳕像白发船长一般坚毅，不过，极端环境下的动物很少能用可爱来形容。那就看看海獭（Enhydra lutris）吧，可爱到能成为互联网迷因，在许多野生动物日历里，你都会发现它们可爱的身影。几乎每一个美国小学生都知道它们长什么样：身穿带有光泽的外套，黑色的眼睛带着好奇而智慧的光芒，静静地躺在水面上，吃着放在肚子上的食物。环保人士和市场营销人员都会向着可爱无敌的海獭屈膝致敬。

最早利用水獭获利的人看中的是它的皮毛。海獭和它那温暖精致的大衣是最有价值的适应工具，让它们可以在真正寒冷的水中存活。海獭总共有三个亚种，全部居住在冰冷的北太平洋，在几千年里，它们从俄罗斯北部海岸到白令海峡两边，再到北美西岸都有分布。[14] 加利福尼亚海流永恒地向南流动，带着营养丰富的水流，为生物繁殖提供了动力。巨型海带是世界上最大的海藻，它们可以在这冰汤里一天长 30 厘米。[15] 海獭生活在巨型海带之间，水温范围是 7℃ ~ 15℃。基地附近居住着很多海洋哺乳类动物，但海獭很特殊：它们从河狸演化而来，体积很小，而且没有脂肪层。

巨大的体积和厚实绝缘的体脂是冷水中生存的黄金标准。鲸鱼和海豹如果没有这些适应方式早就被冻死了。海獭是最小的海洋哺乳类动物，大约 30 公斤重，大小和狗差不多，完全没有脂肪层，它们保暖唯一依靠的就是一身华丽的皮毛。每一寸海獭皮上面长着多达 150 万根细毛，这些细毛分为两层。[16] 海獭皮触感柔软，顺滑如丝，辐射着暖意。皮毛的底层多脂，外面保护着更长的纤细的针毛。当海獭潜水时，这层针毛里边会夹着一层薄薄的空气膜。空气是优良的绝缘体，皮下的油脂层保障了海獭皮肤不会接触到海水。当海獭游泳时，你可以观察到它周身的气泡：闪亮的银色披风随着海獭的轻盈舞姿不停地扭动着。[17] 依靠厚重的皮毛保暖是无数哺乳类动物的策略，不过海獭的皮毛可谓自成一家。

颇具讽刺意味的是，正是这绝佳的皮毛几乎将它们带向了灭绝。在欧洲探险家于 18 世纪中叶发现它们以后，便迅速催生了一个火爆的市场。从中国到欧洲的富人，会通过牺牲海獭，把自己装扮成富有而温暖的样子。北美海獭在 50 年的时间里被捕猎到灭绝的边缘：从北加州到下加利福尼亚，约 10 万只海獭死于捕猎。[18] 阿拉斯加海岸还有更多的海獭被俄国人猎杀。到了 1844 年，海獭快要被捕杀殆尽，加州（当时还属于墨西哥）政府不得不出台了北美第一个渔业保护法令：禁止猎杀未成年的海獭。[19]

海獭还有第二个适应冰冷海洋的方法，和第一个方法一起，让它们能在北太平洋中生存下去。海獭的身体是新陈代谢的熊熊火炉。长时间泡在冷水中会消耗大量能量，而海獭用勤勉不息的新陈代谢来补偿这些能量。当然火炉离不开燃料，所以一只 30 公斤的海獭每天要吃掉相当于自身体重 1/4 的海鲜。[20] 即使一天不吃东西，海獭的体重也会直线下滑。三天的饥饿就可以杀死一只海獭，让它死于严寒。健康的海獭种群能消耗掉惊人数量的海洋生物，从海胆、鲍鱼，到螃蟹、海螺、蛤蜊，几乎任何海獭能咬得动，或者能在肚皮上用石头敲开的东西，最后都会落到它的胃里。无尽的食欲和灵活的饮食习惯，让海獭成为海带丛林生态系统中关键的一环。

海胆和鲍鱼是海獭最喜爱的主食，在这种贪婪的掠食下，它们很少会过度繁殖。不过一旦海獭被捕杀殆尽，这些海洋食草动物将会像蝗灾一般横行。西海岸最大的海带林就被一支棘皮动物军队一扫而光，剩下的只有贫瘠的岩石和篮球大小的海胆。距离上次有人看到这种景象，也就是 60 年以后的 1906 年，在这一年的航空照片中，沿着海岸看不到任何像现在一样的海带林。在 20 世纪早期潜水员的报告中，经常是上万亩的海底铺着密密麻麻的海胆，姹紫嫣红。只有极少褐色的“牛海带”（Bull kelp）顽强地存活着，不过它们体积较小，生长繁殖得也更缓慢。

尽管毛皮交易十分猖獗，还是有小群的海獭存活了下来。阿拉斯加偏远的阿留申群岛就藏了一些海獭。[21] 加州原始且未开发的大瑟尔海岸也存活了一些海獭，它们受到了当地如海獭之友（Friends of the Sea Otter）之类的组织的保护[22]，于是海獭的数量也开始缓慢回升。长得可爱自然没有坏处，加州“再次发现”海獭是当地的轰动性新闻。[23] 1963 年 4 月 23 日，蒙特利湾在大约一个世纪后，再次迎来了海獭。游客和当地人在岩石海岸排起长队，急切地想要看到这种神秘的动物。今天它们依然是蒙特利湾水族馆最受欢迎的热门动物。

海獭数量的增长使海胆和鲍鱼的数量下降，海带林也开始扩张了。霍普金斯海洋研究站的研究者追踪研究了从大瑟尔海岸到蒙特利湾的进展，他们注意到海底散落着破碎的海胆骨骼，像是一个诡异的外星人坟场。[24]阿拉斯加也发生了类似的情况：海獭所到之处，海胆无影无踪。海胆一走，海带就迅速扩张。[25] 今天的海带林支持着大量的鱼类、海鸟、海豹的生存。它们的繁殖力支撑着太平洋沿岸无数人的生计。海獭特有的冷水适应力，使它们成为保护海带林健康的关键一环。它们的复兴，是北美西部海岸在100 年里最好的一条生态新闻。

南极冰鱼，演化出抗冻蛋白

在冬季，南极海域的温度可能会下降到 –2℃，这已经低于淡水的冰点了，就连盐水冰晶也开始出现。[26] 血液与体液和海水相比盐分更少，因此鱼的体内要比体外更容易结冰。对于活细胞来说，冰就意味着死亡：锋利的晶体会像刀一样切开细胞膜。从大的方面来看，冰也许会在毛细血管中形成，从而导致脑中风。极地鱼类必须不断努力，阻止冰在体内的形成。

10 万 ~ 14 万年前，当南极开始出现季节性结冰时，当地的居住者不得不开始适应，其中最成功的是一种属于南极鱼科的鱼类，统称为冰鱼（见图 9-2）。[27] 冰鱼体型纤小，眼睛却很大，嘴唇向前突出，看上去像留着大胡子的英国皇家空军飞行员。它们首先演化出一种基因，可以用来制造神奇的天然抗冻蛋白（AFP）。[28] 抗冻蛋白有两种功能。首先，它可以改变冰鱼的体内环境，降低血液的冰点，阻止冰晶的形成。[29] 其次，如果真的形成了冰晶，它们会把冰晶的开放面直接黏住。这是一种直接干涉，从物理层面干预了冰晶的变化，使得它们无法轻易地扩张、融化或者重新冻结。[30] 这样就保障了安全的体内环境，让冰晶数量变得很少，而且很稳定。

图 9-2 头带冰鱼

资料来源：Photograph by William Detrich.

奥克兰大学的生物学家克莱夫·埃文斯（Clive Evans）和同事观察抗冻蛋白后问了一个显而易见的问题。由于抗冻蛋白并不能消灭冰晶，尤其是一种叫作抗冻糖蛋白的糖衣防冻蛋白，如果冰晶留下来会发生什么事情？[31] 埃文斯为细小的粒子涂上抗冻糖蛋白，将它们注射到极地鱼类的体内，观察它们在某些组织中积累的状况。冰鱼的脾有一个特殊功能：会识别抱着抗冻糖蛋白的冰晶，并将它们储存起来。[32] 抗冻蛋白在血液里巡游，从消化道巡游到供血系统。它们抓住冰晶，将它们用保护性化学物质包裹起来，再将它们安全地存放到脾脏里。

抗冻是一个明显的重要演化优势：在南极海域，冰鱼和它带着防冻蛋白的近亲们占了当地鱼类总重的95%。[33] 在地球的另一极，绵鳚（Eelpout）和北极鳕鱼（Arctic cod）也分别独立演化出了几乎相同的蛋白质，让它们能够在最遥远的北部（超过北纬84度，北极位于北纬90度）生存。[34] 陆地上也有防冻蛋白的踪迹，主要存在于适应寒冷气候的昆虫和植物体内。虽然很多地方的不同演化都产生了类似的合成物，但它们的工作原理都是一样的：苏氨酸附着在晶体表面，像湿舌头黏在冰块上。冰晶不会被融化，不过只要它们不生长，就不会惹麻烦。抗冻蛋白非常有用，以至于蛋白质数据库还授予它们"本月最佳分子"称谓。[35] 据说它们拿到奖章后会很不好意思。

人类化学家基于鱼类蛋白质设计出了无数的产品。抗冻蛋白效果卓著而且没有毒性，而传统化学物质如乙二醇（车辆防冻液）则是致命的毒药。你可以在很多杂货店买到耐热冰激凌，它们里边就含有抗冻蛋白，用来阻止冰激凌快速融化或者形成过大的冰晶。[36]

抗冻蛋白被用于商业食品的道路可谓曲折：首先将冰鱼的基因插入酵母菌细胞，酵母菌利用它们的新基因生成抗冻蛋白。最终的冰激凌口味更糯，而且放到冰箱里也不会生成大冰晶。这种冰激凌的脂肪、胆固醇以及糖含量更低，同时还维持了本不太健康的传统冰激凌的口味。[37] 改进冰激凌的技术是鱼类的先锋演化出来的，它们居住在海洋中最寒冷的环境中。

南极磷虾，众多南极食物链的基础

在西风的鼓动下，南大洋绕着南极洲以逆时针方向一圈一圈地不停流动。[38] 流向还有一点向北倾斜，螺旋向外，带着海洋的表层。这些表层被大洋底部上升的营养丰富的海水取代，冰冷如铁，不过依然比结冰的表层要温暖一些。这股上升流不断地将海底自然积累的养分带到海水上层。

春天到了，浮冰消退，阳光返回极地海洋。阳光的温暖和能量加上海水的养分，为浮游生物提供了理想的生长环境[39]。结果非常壮观：微小的翠绿色单细胞的爆增，它们尽情地享受着阳光的恩惠。到了一月，也就是南半球的夏季，浮游生物的爆增吸引来了无数的食草动物，其中最重要的一种甲壳类动物像拇指一般大小，名叫南极磷虾（Euphausia superba），它们是世界上最成功的物种之一（见图 9-3）。

图 9-3　南极磷虾是众多南极食物链的基础

资料来源：Photograph by Uwe Kils.

当然，这也取决于成功的定义。智人在大约 25 万年间获得了卓著的成就，但在总重方面，南极磷虾的重量级金腰带当之无愧：世界上所有南极磷虾的生物总重徘徊在3.5亿吨左右。[40] 它们的总体数量大约是800万亿，比人类的数量多10万倍以上。这些忙碌的小家伙们在海面附近大片群集，密集到令人难以置信的程度。一路上它们用钳子争抢着点点滴滴的浮游藻类。它们半透明的外壳泛着浅红色，镶嵌着绿色LED一般的生物发光器。最密集的群落每立方码大约有三万只个体，看起来就像翻滚着的巨大的粉色云团，看上去非常密实犹如固体。在夏季的繁殖热潮中，一个磷虾群可能跨越数公里，其中包含数10亿只磷虾个体。[41]

这些动物是顽强、坚韧的生存者。在冬季和春季，浮冰结满海面的季节，它们忍受着冰冷的水下环境，并且利用一个非常特殊的技能度过严寒。这种技能在甲壳类动物里非常少见，那就是在每次蜕皮后，它们的体型变小而不是变大。在食物最匮乏的月份里，磷虾的新陈代谢会消耗自体组织，使身体逐渐缩小。在实验室环境下，南极磷虾能在没有食物的情况下生存200天以上。[42] 不过直到1986年科学家才发现，这种数量众多的生物是如何过冬的。它们待在海冰下面，头朝下脚朝上，抓着顶上的浮冰，享用着谁也想不到的食物：冰层下的绿藻。[43] 成年磷虾可以活两三年，每年冬天用它们的冰农场维持生计，等着南极的夜幕消退，迎来漫长的南极极昼。

小到鱼类和企鹅，大到巨鲸，几乎所有比磷虾大的动物都以磷虾为食。它们是南大洋最易获得、数量最为充足的食物，多到许多生物专以捕食磷虾为生。比如一种名叫食蟹海豹的海豹，其实这个名字取错了，因为它们是以磷虾为食的。食蟹海豹长着四叶草般奇特形状的牙齿，牙齿可以作为筛子过滤磷虾。[44] 鲸须也有类似的功能，适合用来将一大口海水中的磷虾过滤出来。只要有磷虾的地方，有效地大量进食磷虾就是必要的，这里也是大型海洋哺乳类动物的竞争场地。

磷虾是食物链中的捷径。在典型的生态系统中，浮游植物这种微小的藻类和高级捕食者之间相距甚远：阳光为浮游藻类提供能量，藻类被食草动物吃掉，食草动物又被小型捕食者吃掉，依此类推，一直到鲨鱼这样的顶级食肉动物。每一级都会发生巨大的能量损耗。一般而言，生物被吃掉以后只能传递大约 10% 的能量到下一级，比如 10 公斤的浮游藻类能产生 1 公斤食草动物。[45] 磷虾大大缩短了食物链的长度，只要通过两步，就将来自太阳的能量传递给了巨型鲸类以及其他类似的动物。正因为如此，南极生态系统高效到了野蛮的程度。不过，即使磷虾种群如此数量巨大，它们还是会受到人类的影响。我们的第一击其实是无意间发出的，那就是我们对磷虾天敌的捕猎。

被错杀的小鳁鲸

捕鲸这门职业已有数千年的历史，南极本是丰饶的捕鲸之地，但到 20 世纪以后，这里的平衡已经被打破。[46] 尽管起始较晚，但捕鲸队像贪婪的鬣狗一样拥入南极。1907—1985 年，人类在南部海洋猎杀的各种鲸类，包括蓝鲸、鳍鲸（Fin whale）、座头鲸、塞鲸（Sei whale），总数已达百万头以上。[47] 这些鲸鱼每年吃掉无数的磷虾，对于鲸鱼的猎杀，使得磷虾的数量也有了增长。[48] 基于这一假说，也是为了自己的利益，日本外务省一直声称，对于大型鲸类的猎杀导致小型须鲸（如小鳁鲸 [Minke whale]）数量的过剩。基于这一假设，他们宣称“对于小鳁鲸的捕杀极大地有利于大型须鲸的复苏”。[49] 如果这是真的，如果大型鲸类的数量的确受磷虾数量所限，日本在南极持续捕杀小鳁鲸的活动就有了一个科学的理由。

迄今为止，“小鳁鲸是数量过多的杂鲸”这一宣称（或以日本前捕鲸委员会成员的说法叫“海里的蟑螂”）还无法被直接验证。[50] 20 世纪之前，我们没有可靠的鲸类数量记录。2010 年，一项新的 DNA 技术分析驳斥了

“蟑螂”一说，并为南部海洋的生态历史提供了崭新的视角。该技术基于一个规律，那就是数量多的种群基因也更多样化：通过测量目前的基因多样性，我们可以估算过去的种群规模。

当使用这一方法检查小鳁鲸肉（颇具讽刺意味的是，这些肉还是从日本捕鲸业主那里买到的）以后，日本捕鲸的谎言就被拆穿了。2010 年和之前捕鲸的黄金年代相比，小鳁鲸的数量并没有增加：数量一直是大约 70 万头。[51] 既然没有数量过剩的问题，那就没有捕杀的必要。[52] 磷虾剩余的假说应该还是有道理的，但它并不能解释为什么小鳁鲸数量众多，也不能解释为什么小鳁鲸的数量在最近几十年有所下降。小鳁鲸的数量可能跟它们冬日的死亡率有关，也可能和过去 50 年海冰的消失有关。[53] 无论如何，选择性地捕杀小鳁鲸是没有科学依据的。

来自冷水的能量

对大海的过度开发会带来持续不断的危机。毫无疑问，在捕捞和污染之间，人类已经严重影响了海洋的生产力。不过如果海洋最强大的引擎能直接为我所用，结果会如何呢？南极环境拥有令人难以置信的生产力，从浮游植物到磷虾，整个食物链的下游，都是营养丰富的冷水从海底升上海面造成的结果。如果我们将这冷水本身作为资源，思路就豁然开朗了。世界上只有这么多的鱼，它们都依赖着生态系统的微妙平衡，并且会受到无数因素的影响。相比而言，地球能供应的冷水基本上是无穷无尽的。将深处大量的海水抽到海面，这只是一个简单的工程问题，只不过能源成本很高。这么做怎么可能会盈利呢？

早在 19 世纪末，物理学家们就试图利用这一能源。利用温暖的表层和冰冷的底层之间的水温差，通过简单的热动力原理，他们可以让马达运转起来，产生热量、蒸汽，最后实现了发电。乔治·克劳德（Georges Claude）于 1930 年在古巴建立了第一家发电厂，利用这种能量推动发电机，点亮了 40 个 500 瓦的灯泡。[54] 该系统规模很小，而且效率极低，产生的能量仅比消耗的能量多一点儿，不过原理还是成立的。他们把它称为海洋热能转换（Ocean Thermal Energy Conversion, 简称 OTEC）。相关的研究一直在进行中，到 20 世纪晚期以后，现代技术已经可以为这一概念做一次升级了。

1974 年，美国政府建立了夏威夷官方自然能源实验室（Natural Energy Laboratory of Hawaii Authority，简称 NELHA）。该实验室位于夏威夷的凯阿霍莱角（Keahole Point），修建于干燥的科纳海岸延伸出的一块贫瘠的黑熔岩上，看上去像是科学狂人家的院子。卫星天线盘揪着天空紧紧不放，实验室的建筑物闪耀着铝合金的白色和玻璃的蓝色，神秘的水泥圆屋顶坐落在实验室的旁边。海洋热能转换只有在热带才是可行的，这里的表面水温犹如洗澡水，但一遇到深处的冷水流，温度就会快速降下来。温差越大，能榨取到的电流就越多。凯阿霍莱角是一个特殊的地方，这个地方是由相对较新的熔岩流形成的，它突出在陡峭的大陆架上，像是一个长码头。参差不齐的玄武岩在海水的边缘陡然终止，这里不存在能将水面抬高的浅海底，周围的海浪笨拙地晃动着。在近海几码的位置，水深已达 90 米以上。[55] 这一偶然形成的海底悬崖，是可再生能源的完美实验场所。[56]

和生活中的大部分事情一样，结局既没有期望的那么好，也没有担心的那么糟。传送这么多的水需要大量能量，所以海洋热能转换产生的几乎所有的电力，都得用在发电厂的正常运作上。投入使用后，凯阿霍莱发电厂产生的电力是比它消耗掉的电力多一些，尽管热带岛屿能源的高价格可谓地方特色，但从经济方面来讲，这样的发电厂还是不合算。自然能源实验室曾经一度面临着失败。最后的解决方案来自海水本身；发电厂利用了温差，但忽略了海水中的营养物质。这些营养物质可用于养殖业！

“人造上升流”（Artificial upwelling）这一术语是由奥斯瓦尔德·罗尔斯（Oswald Roels）在 20 世纪 70 年代发明的[57]，当时他正在威尔金群岛养殖海藻、虾类以及贝类，使用的是从深海抽到表层的水。[58] 这些海水冰冷而且营养丰富，有着很高的养殖潜力，而水产养殖的收入则可用来支付高昂的水泵费用。一样的方法很快就在夏威夷投入使用，1983 年，大家都认识到自然能源实验室没法作为一个单纯的发电工厂生存下去。于是，人们引进了高经济价值的海洋物种，对它们进行了测试和培育：无处不在的日本海藻——紫菜，每天可以生长 30%，而加州海带生长速度之快，使得它们成为冷水鲍鱼的理想饲料，尽管这些海带生活在离它们自然栖息地数千公里远的地方。就连最后营养耗尽的海水，也可以用来养殖高氮螺旋藻，这种藻类可以制成动物饲料，也可以制成人类膳食补充剂。[59]

凯阿霍莱角没有哪个独立的项目能有巨大的产出，能做到经济独立的项目就更不存在了。不过将电力、农业、水产养殖业结合起来，最终的结果还是可圈可点。[60] 在一个大气中的碳过多而化石燃料过少的世界中，在海平面上升和价格上升的围攻之下，自然能源实验室的生产模式可能是维持热带岛屿经济稳定的一个关键。

玻璃海绵，用骨架传递光线

大多数的珊瑚都无法在极地海域中生存，能在这些海域中生存的珊瑚有两类。一类是黑珊瑚家族中那些缓慢生长的成员，它们扎根在突出的岩石海角上，过着脆弱孤独的生活。还有一类是那些独生的珊瑚，它们品种各异，都失去了自己的群落，作为单独水螅体生存在海里。还有一类是那些发明了骨骼的海葵。[61] 在极深的水域中确实也存在冷水珊瑚礁，但那里生存的并不是珊瑚，而是六放海绵（Glass sponges）。这是一种奇异的生物，它们和海绵是近亲，但身体是由活的“玻璃”构成的。

六放海绵俗称玻璃海绵。一般的海绵遍布地球上每一片海域，还出现在儿童电视节目里，嘻嘻哈哈地令人生厌。[62] 和这些凌乱组合而成的组织不同，玻璃海绵是具有企业精神的建设者。它们从周围的水中收集二氧化硅，将它们组装成六角结晶，这些微小的结晶称作骨针，是一些真正壮观建筑的组件。海绵将晶体堆叠在一起，然后生长在这些晶体周围，就像架子上缠绕的常春藤，为它们柔软的身体组织武装了一套硬脆的外骨骼。白色石英形成的管状塔从海底冒出并生长着，有如活着的冰凌。[63]

玻璃海绵是冷水生物群体的重要基地，在珊瑚无法生存的冰冷海水中，它们认真地履行着自己的社会责任。在北美西北岸的海域存在着幽深的海底峡谷，它们由优美的巨大断崖一般大的冰川剪切而成，上一次的冰河期将这些峡谷沉降为冰的坟墓，而底部坐落着活的生命建造的最大的结构。[64] 玻璃海绵死后，它们的机体会腐烂，但骨骼会长久留存。一代一代海绵在不列颠哥伦比亚海域辛勤劳作，玻璃海绵的骨架一层摞着一层，结果震人心魄：巨大的礁石有几百码宽，几十码厚，绵延 40 公里，躺在沿岸宁静的走廊中。[65] 这里充满生机，鱼类和微小的虾类从海面向日葵般的黄色手指之间略过，它们在这里捕食，在这里蓬勃生长，全然不顾寒冷的水温。生物学家推测，在过去的时代里，整个北太平洋都分布着一座一座的礁石。这些巨大的结构生机蓬勃，直至地质活动和变暖的海水将其变为一片废墟：一座座纺锤形的玻璃教堂四散粉碎，犹如死去的神留下的遗迹。

一些六放海绵物种会模拟真珊瑚，通过耕种自己的菜园，利用会进行光合作用的绿色藻类存活。这些藻类聚居在玻璃海绵的骨架周围，将多余的能量传递给海绵宿主。当研究人员发现这一现象时，觉得很困惑。在这么深的海里，这些藻类深埋在海绵组织的体内，是怎么获取光线的呢？结果发现，海绵的玻璃骨架可以传递光线。光纤使用极细的玻璃丝传递信息，同理，玻璃海绵的骨针可以搜集微弱的阳光，像漏斗一样将光束集中起来，传递给它们的藻类菜园[66]。如果有人在山洞的底部建了个菜园，然后竖立了一系列的镜子，用它们把阳光反射到洞穴深处，我们会把这样的人当作怪人，不过也可以说是一个怪才。

海上通道，通往外来之路

在过去的 500 年里，最令人称道的屡败屡战的事业发生在西北航道，传说是在中欧亚之间的北冰洋运货通道上。加拿大北部的岛屿和海峡吸引着探险家在夏日启航，但到了冬季他们只能眼睁睁地看着自己的船只在海冰的魔爪中像蛋壳一样裂成碎片。北极圈残酷的条件阻碍了人们的探险活动，就连最为坚韧的探险队也尝尽了失败。一次又一次，大自然捏碎了他们的船只，冻结了他们的索具，让他们不得不回到出发点。

北极壮丽严峻的空间，对我们这些热血的陆地生物来说恍如另一个世界。在微弱的紫色阳光下，炫目的白色平原上，稀疏地居住着一些北极熊。在冰雪之下，透过众所周知的爱丽丝之镜，是冰层之间微小的缝隙和通道。越冬的磷虾躲在最安全的缝隙里。在更遥远的大海中，白鲸和独角鲸滑翔在较为宽阔的海域中，像白色的幽灵一样飘荡着，彼此间尖声唱着古老的歌谣。在外侧广阔的开放海域，弓头鲸大口吞食着愤怒的云朵一般的磷虾，用须板将它们从冰冷的水中滤走，然后吞没在像大海一般深不见底的腹中。弓头鲸的颅骨又厚又硬，像是一架攻城锤，它们可以撞穿 60 厘米厚的坚冰。[67]

探险家探索西北航道，为的是名利双收。1906 年，罗尔德·阿蒙森（Roald Amundsen）第一个完成了这样的旅程。六名船员驾着一艘改装过的渔船，穿过了北极，从格陵兰抵达阿拉斯加。三年的辛勤劳作，夏天起航，冬天等待。在冬日里船只被坚冰封住，他们在旁边的冰上露营数月之久。最后他们抵达阿拉斯加，阿蒙森越过 800 公里的雪地到最近的电报站，公布了他们的新发现。[68]

传奇的探险家获得了史无前例的成功，但他们靠的是一艘吃水浅的船只，这样的船只更适合在冰很薄的时候沿岸航行。阿蒙森选择了一组船员，人数虽少，但质量够高，可以在陆地之外度过两个冬季。他们从加拿大北极原住民那里学习了许多东西，还计算出了磁北极的精确位置。[69] 不过这一胜利终归徒有其名，还是没能在西北航道上开辟出一条新的商业路线，这里也不是一片值得探索的土地。这条航线航程太慢，航道太浅，冰太坚固，而在不到 10 年的时间里，巴拿马运河的开通让阿蒙森的探索彻底失去了意义。

在 20 世纪很晚的时候，生物学家发现西北航道曾经被征服过许多次，征服这条航线的是从太平洋穿越到大西洋的北冰洋物种。300 万年前，发生过一次巨大的多物种迁移，这一事件被称为泛北极物种交换。数以百万计的软体动物、鱼类、棘皮动物从北太平洋进入了大西洋，这些动物为完成这一旅程花费了许多个世代。[70] 大西洋最有名的海鲜，如鳕鱼和贝类，都是在这一阶段抵达这里的。西北航道在反复的冰河时代中基本都处于冻结状态，即使夏天也是如此，但在冰河期时期，它们却是开放的，引诱着物种从中穿越。[71]

穿越北极的最大的动物或许就是灰鲸了，它们的穿越发生于大约12.5万～14万年前。[72] 灰鲸的祖先一开始只居住在北太平洋中，当西北航道开放时，它们就迁移到了大西洋。18世纪，它们在大西洋被彻底捕尽，人类在这个半球造成的灭绝事件消灭了大迁徙的所有DNA证据。[73] 在最近的研究中，人们从古代美洲原住民的洞穴里发现了灰鲸和座头鲸的骨骼，并从中提取到了DNA。[74] 来自大西洋灰鲸的类似结果还没有发表。我们现在还不确定，究竟这些鲸鱼是在10万年前，还是300万年前从西北航道迁徙的。

随着时间的推移，人类终于征服了西北航道，将它从一向失败的事业变成了一个可以预测的开放的海上通道。我们实现这一切靠的不是更好的导航工具，也不是更好的破冰船，而是让冰融化。随着大气中二氧化碳浓度的上升和全球变暖，北极的冰逐渐消融[75]，夏季的融冰可以带来通畅的商业航道，一次可达数星期乃至数月之久，[76] 而且通行的时间逐年增加，在可预见的将来还会一直增长下去。这条千里之长的航道是气候变化的有力证据。

10

古怪家庭之最：
自然只关心繁殖结果，不关心繁殖工具

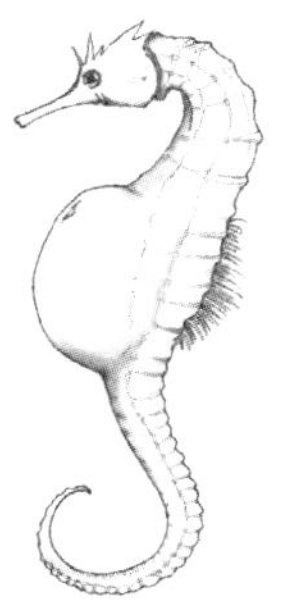

海洋极端家庭用各种方式取得了成功：
有性别交换者，有衔卵者，有生殖腺盗取者，不一而足。

小丑鱼，尾巴一扭改变性别

海洋生物受益于流行文化的典范，莫过于快乐的小丑鱼了。它们只有几寸长，展现着鲜艳的颜色和友好的风度。在双锯鱼属的 30 多种怪鱼中，在水族馆最受欢迎的是那些氖橙色带着鲜亮白色标记的品种。这些标记很宽而且轮廓圆润，吸引着观察者的眼睛扫过鱼的全身。对于小丑鱼，大自然像是专门为它开过一场设计研讨会。和最好的消费产品一样，它们外表光鲜，特点明显，美丽而不显俗气。小丑鱼是出了名的忠诚，终生和共生的海葵生活在一起。它们会分泌特殊的黏液，用来防止被宿主的刺蜇伤。它们在密集的触手丛中穿来穿去，为宿主做清洁工作，并以找到的碎屑为食。[1] 捕食者不会为了这么一口食物，冒着被蜇的风险靠近小丑鱼。

2003 年的迪士尼电影《海底总动员》正式确立了这种海葵居民的可爱形象。电影名称中的小丑鱼尼莫离开了海葵的家，迫使鳏居的父亲也跟着离开。《海底总动员》中的很多细节都是正确的——离家的焦虑、讨厌的海鸥。不过，这部电影忽略了小丑鱼最神奇的一个特点。作为一种崇尚秩序的雌雄同体的动物，它们过着独特的家庭生活。所有的小丑鱼生出的都是雄性，并且具备改变性别的能力。就跟百搭卡一样，这种能力只能使用一次，一旦雄性变成了雌性，就无法再改变回来了。这部电影的设定是，尼莫的父母会浪漫地终生陪伴，不过真正的小丑鱼却是生活在一大群小丑鱼之中的。每一片海葵都有若干只小丑鱼共享，它们一开始都是没有生育能力的雄性。其中体型最大、最有优势的雄鱼会变成雌性，排第二的雄鱼则会发育出生殖腺。雌鱼产卵，雄鱼负责受精。其他的小丑鱼守卫着海葵和宝贵的鱼卵，并且等待着时机。[2] 这一对小丑鱼迟早会死去，它们的位置会迅速被排在后面的小丑鱼取代。

如果女首领死了，那只排行第二的有生育能力的雄性就会取代它的位置，变身为排行第一的雌性。体型和力量决定了整个家庭的结构，这和儿童电影该有的社会规范有着严重的冲突。《海底总动员》简化了真实的情景：真正的小丑鱼爸爸如果失去了配偶，它不会变得悲伤，也不会过度保护子女，它只会变成尼莫的新妈妈。而尼莫（海葵里唯一剩下的雄鱼）的生殖腺会迅速发育成熟，变成它自己的爸爸，然后它们将一起养育一堆乱伦的小尼莫，一点都不会像电影中那样多愁善感。现在回想起来，迪士尼制片的选择可能是正确的。

鮟鱇鱼，每一只都是雌性

在众多物种中，雄性为了找到雌性，需要经受巨大的考验。它们会投入战斗，会展示精心设计的仪式，会在酒吧里为昂贵的饮品买单。但要说放弃最多的，没有哪种生物能比得上深海中的雄性鮟鱇鱼。这些鱼为“终生陪伴”这一说法谱写了一首新的赞歌。

鮟鱇鱼活跃在深深的海底，它们是海洋中最丑陋的动物之一。皱巴巴的黑皮肤包裹着纤弱的肌肉，头顶两只眼睛看着上方，下面是闪闪发光的针齿、凸起的舌头，以及斧头一般大的下巴。典型的鮟鱇鱼头顶上长着一个长长的带关节的细棒（叫作饵球），这是一个由背鳍变形而来的诱饵，随时摇晃着，伪装成一块漂浮的食物。大部分深海鮟鱇鱼会在它们的诱饵上面储存共生细菌，这些细菌让饵球像灯塔一样在黑暗中闪耀。鮟鱇鱼在水中一动不动，等着全速出击的机会。触碰饵球会引发鮟鱇鱼的咬合反射，这相当于是为不小心的失误买了保险。在饥饿的海洋深处，一顿饭也是耽误不起的，挑食更是一定不能有。鮟鱇鱼的下颌和胃的弹性很大，可以吞下比自己大两倍的动物。[3]

一个世纪以来，海洋生物学家只在海滩上或者深海拖网上面见过死去的鮟鱇鱼，他们认为鮟鱇鱼非常稀有。通过这些有限的样本，他们发现了两件奇怪的事情：每一个标本都是雌性，而大部分成年鱼身上都带着一只连在身上的寄生虫。这些发现对于如此少见的神秘鱼类来说似乎没什么大不了，不过在 1925 年，英国鱼类学家查尔斯·泰特·里甘（Charles Tate Regan）决定亲自解剖一条鮟鱇鱼身上的寄生虫。[4] 解剖的结果把他惊呆了：寄生虫其实是雄性的鮟鱇鱼！你永远都找不到独立的鮟鱇鱼雄性，它们只以没有眼睛的小寄生虫的形式生活着，终身附着在体型比它们大很多的雌鱼身上（见图 10-1）。[5]

这是性别二态性的一个极端例子。所谓性别二态性，指的是两性之间固有的身体差异。雌性鮟鱇鱼是凶残的猎手，它们可以吞下遇到的大部分生物体。庞大的深海中极少有其他生物会威胁到它们。雄性则截然相反，它们弱小无助，消化系统发育不完全，即使抓到猎物也无法吞下。这个充满捕食者的饥饿世界对它来说并没有什么好留恋的，它来到世间只有一项任务[6]。有的种类的雄性鮟鱇鱼有敏锐的嗅觉器官，有的有巨大的聚光眼睛和鼻孔，不管是哪个种类的鮟鱇鱼，它们都长着精密的感觉器官，用来发现雌性鮟鱇鱼（见图 10-2）。[7]

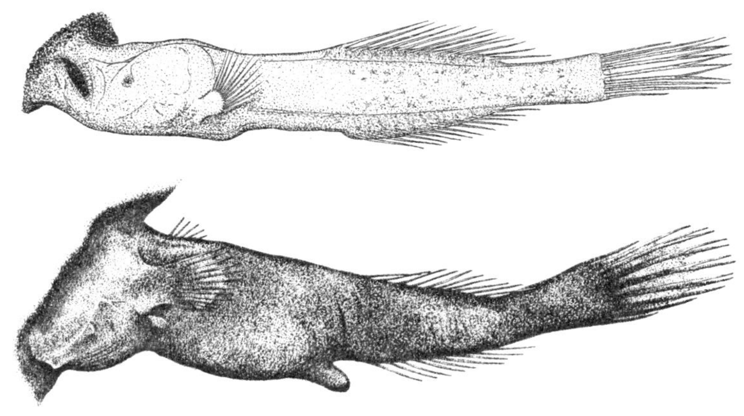

图 10-1　寄生的雄性鮟鱇鱼（Neoceratias spinifer，又称大棘新角鮟鱇）

注：此处展示的是它附着雌鱼的组织结构。

资料来源：Pietsch, Theodore W. 2005. "Dimorphism, parasitism, and sex revisited: Modes of reproduction among deep-sea ceratioid anglerfishes (Teleostei: Lophiiformes)." *Ichthyological Research* 52 (3): 207–236, figure 17. Courtesy of Zoological Museum, University of Copenhagen.

雄性鮟鱇鱼是在和时间赛跑：要么找到伴侣附着在它身上，要么只能死去。在饥饿、本能、嗅觉的引导下，它在水中奋力行进着终于看到了一只体型比它大数十倍的怪物，这是一条雌性鮟鱇鱼，于是它立刻采取行动，咬住雌性鮟鱇鱼，用尽它柔弱的下颌所有的力量。它们结合以后，雄性鮟鱇鱼体内会释放出一种目的阴险的酶，在救了它的命的同时也要了它的命。在它咬住雌性鮟鱇鱼的同时，它的嘴唇和嘴开始融化，将它黏在雌性鮟鱇鱼的身上直到最后成为一体，这样“他”就再也不会离开“她”了。

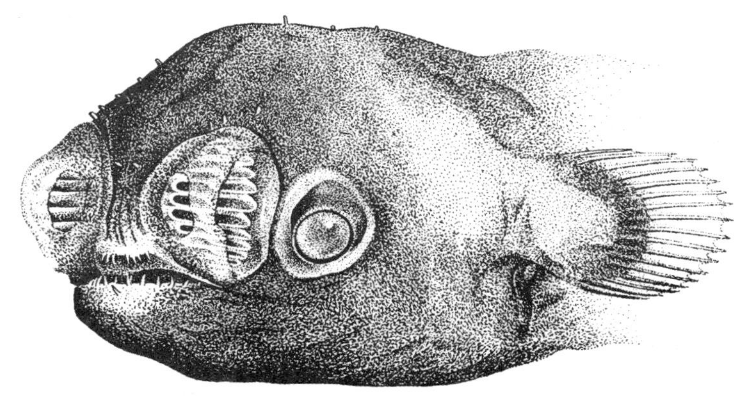

图 10-2 自由的雌性鮟鱇鱼（Linophryne arborifera，又称阿氏树须鱼）

资料来源：Pietsch, Theodore W. 2005. “Dimorphism, parasitism, and sex revisited: Modes of reproduction among deep-sea ceratioid anglerfishes (Teleostei: Lophiiformes).” *Ichthyological Research* 52 (3): 207–236, figure 18. Courtesy of Zoological Museum, University of Copenhagen.

这一愉快的场景只是结合的第一阶段。在接下来的几天到几周内，寄生的雄性鮟鱇鱼的循环系统和宿主的循环系统结合，通过新长出来的血管，雌性鮟鱇鱼的血液将养分源源不断地输送给雄性鮟鱇鱼。随着时间的推移，雄性鮟鱇鱼的形态逐渐消失。雄性鮟鱇鱼的鳍和视力超群的眼睛都没用了，最后连大脑和内脏也没用了。这些器官逐渐溶化，只留下一样器官：精囊。这一切和雌性鮟鱇鱼没有任何关系，雌性鮟鱇鱼对雄性鮟鱇鱼微弱的营养消耗毫不在乎，只是偶尔雌性鮟鱇鱼会通过化学方式诱导雄性鮟鱇鱼释放精子。牺牲了这么多，雄性鮟鱇鱼甚至连一天一夫一妻制也没享受到。在雌性鮟鱇鱼的一生中，会有众多的雄性鮟鱇鱼附在身上，为了繁殖的机会，它们都遭受着同样的命运。[8] 雄性鮟鱇鱼的一生就是从一个细小的侏儒开始，在黑暗的水下阴间游荡，如果运气好，它也许有机会成为一对失去身体的睾丸。

矶沙蚕，断身产卵

这是美属萨摩亚一个暮春的夜晚。海浪拍击礁石的噪声在远处依然能够听到。忽然闷热的空气中吹过来一阵凉爽的微风，一场持续 90 秒的阵雨抽打在陡峭的丛林坡地上。一辆装得满满的小货车通过沿海公路，像一辆挤满喧闹乘客的马戏团小丑车。接着又路过一辆小货车，后面还跟着更多。很快这条路就挤满了开着大灯的车子。萨摩亚人手里拿着细网，脸上满是兴奋的笑容。在整个岛上，所有粘着盐渍的手机之间都在传播者一条消息：矶沙蚕（Palola viridis）要出来繁殖了。

矶沙蚕平时在浅浅的热带珊瑚礁里蜿蜒游动，在珊瑚缝隙和沙洞中躲避天敌。它们是刚毛虫：是一种长着腿状刚毛的分段环节动物，大约十几厘米长，意大利面条一样宽，像一条长着短腿的粉色蜈蚣。将它们和其他沙蚕区分开的，是一种特殊而又神奇的繁殖习惯。每年的一到两个夜晚，和月相完全同步，矶沙蚕会集体离开珊瑚礁去产卵繁殖。[9]

准备工作在几个星期前就开始了。交配季节来临以后，矶沙蚕的身体就开始发生变化。内脏开始溶解，并且长出新的肌肉，生殖腺也开始迅速生长。当繁殖之夜最终降临时，矶沙蚕身体后端的 1/3 已经变得节节鼓胀，就像是运货火车的车厢。每一节车厢都带着强有力的游泳足，而且满载着货物：雄性带着精子，雌性带着卵。繁殖时间临近，矶沙蚕将自己头部埋在沙里，静静地等待着。

苍白的月光透过水面照进水下，唤醒了矶沙蚕远古的记忆。在10月或者11月，当月亮在午夜升起，潮水上升时，矶沙蚕会突然断成两截。它们的尾部车厢和身体分开，然后，尽管没有眼睛和大脑，这些车厢还是向着夜幕游了出去。矶沙蚕的这部分身体叫作有性节。这些有性节利用足向前推进，用原始的眼点侦测着月光，带着它们的基因货物来到水面。在这里，它们会遇到众多同类，一片珊瑚礁周围会有数以百万计的有性节。[10]它们的身体裂开，于是潟湖里充满了它们的卵和精子，用不了几分钟，潟湖就成了一锅浑浊的黏汤，里边挤满了一节一节的蛋白质。这些有性节相当于许多遥控无人机，里边带着一系列简单的指令，它们把自己的命运交给了大海，盲目地期待着数以百万计的同类会和它们一起行动。而通过加入大群体，每一只个体就会更安全。它们的天敌被大量有性节淹没，已经不知道该干什么了。

对于太平洋的岛民来说，矶沙蚕的产卵节是比鱼子酱和煎蛋嫩牛排更美味的大餐。成百上千的人们从日常生活中抽离出来，拿着桶和渔网蹒跚在齐腰深的海水中，在月光下过一把渔民的瘾。他们就像顽皮的孩子跑到草莓田里，从黏稠的海水中捞出几只虫子塞到口中。无数小卡车的大灯从午夜一直亮到凌晨三点：人们靠这些人造月亮引诱着蠕虫的到来。不管是从海里生吃，还是放在洋葱煎蛋里熟吃，在接下来的几天里，整个波利尼西亚都沉浸在矶沙蚕有性节的美味狂欢中。[11] 成桶的有性节被冷藏寄给海外的亲属，以供一年中的特殊节日拿出来享用。它们就相当于是萨摩亚人的圣诞饼干。

回到礁石以后，矶沙蚕会蜷缩在它们的洞里等着身体复原。它们失去了很大一部分体重，在下一年里，必须重生自己的尾部，以备来年再度繁殖。[12] 矶沙蚕在夜幕的掩护下躲避着天敌，永远追逐着月亮。

海洋爸爸们的育儿故事

对于大多数动物来说，育儿是一个不平等的负担。在陆地上，通常承担这一重任的是雌性。如果它们足够幸运，雄性会和它们待在一起守卫领地或者喂养后代。海洋生物大多更为平等：两性都倾向于忽略后代，制造出数量巨大的卵和精子，然后将它们交给变幻莫测的命运。不管这些卵会被受精，还是被天敌吃掉，都不关父母的事。这里的父母完全不会花时间考虑育儿的问题。

不过，在大海中有为数不多的几个物种却反其道而行。其实它们也没做多少事情：母亲也许会花一段时间保护未孵出的受精卵，帮助微小无助的后代孵化到这个世界上来或者将后代带在身边一段时间。但是，如果这样的母亲非常罕见，那么细心体贴的父亲就更为罕见了。

孕育子女的海马爸爸

想象一下，有一家拥挤杂乱的药店，里面带有一种像旧图书馆散发的令人敬仰的霉味，药盒子和罐子堆在角落，顶部像积雪的阿尔卑斯山峰一样堆积着尘土。最受欢迎的药品堆在中间的纸盒里，旁边是一排塑料垃圾袋。店主盯着他的容器，似乎害怕你会偷走药。

在一个显著位置的容器里放着一些细小的绿色东西，看上去像是一堆粗糙的青豆角。你捡起来一看，发现它们长着细尾巴，有着凹凸不平的皮肤，以及一只精致的突出的鼻子，整体蜷缩成胎儿的形状。这就是海马，它们被捕捉到并且晾干，作为中草药批量销售，用来治疗各种各样的毛病。它们是地球上唯一一种实践雄性怀孕的动物。[13]

多个世纪以来，人们一直知道海马的存在，不过它们依然带有一种神秘气息。尽管海马的外形独一无二，但它们其实是从海龙演化而来的，而且依然带着海龙管状的嘴巴。[14] 它们一本正经地蜷着尾巴直立在水中，用一个小尾鳍推动前行。[15] 眼睛后面的胸鳍为它们带来了转向的能力。它们的游泳水平很糟糕，没有像样的尾鳍，只能在栖息地之间慢慢游荡，就连微弱的水流也能将它们推来推去，所以它们的尾巴具有抓握能力，碰到海草就会本能地抓在上面。全球各地的浅水中都有海马的身影，不过它们主要生活在热带气候下。海马的生存离不开依靠海藻、珊瑚以及海草的保护。它们是伪装大师，静静地在水中等待着小甲壳动物和浮游生物靠近，然后将它们一口吸进去。海马也许是世界上最不吓人的伏击型捕食者了。[16]

弥补笨拙的是它们奇妙的爱情生活。[17] 一对求爱的海马每天早上都会见面。它们会跳起订婚的舞蹈，不同物种的海马有着不一样的编排：它们会低头鞠躬，步调一致地改变身体的颜色，甚至将尾巴锁在一起互相拥抱。几分钟过后，它们会互相分开，然后第二天早上再次见面。这个仪式会持续长达一星期，在这段时间里，雌海马的身体会让卵子快速进入成熟状态。[18]

当两只海马准备就绪以后，它们就开始了真正的交配事业，这和早晨的舞蹈完全不同：这一对海马从海床升起，尾巴像常春藤一样缠在一起，一起同步旋转着。它们的身体缠在一起，在顶端形成一个接吻的姿势。雄海马长着一个从喉咙到腹部的卵袋，它把卵袋打开，接到雌海马的管状产卵器上。在几秒钟内，雌海马就转移了几百颗卵，身躯由胖变瘦，而雄海马的腹部则鼓胀起来。[19] 在这期间，雄海马在卵袋的开口处释放出精子。这些聪明的精子立即找到了卵。[20] 于是雄海马的身体里现在孕育着发育中的卵，它就这样接过了生育的事业。雌海马的任务已经完成了，不过它还是会每天访问它的配偶。它们每天都重复着交配前的仪式，似乎怀孕的事情从来没发生过。[21]

几个星期以后，雄海马用一种奇怪的方式分娩了。它体内满满地塞了1 500多只后代，通过快速收缩卵袋，它将小海马像快速开枪一样吐出来。幼小的海马扭动着身体，像诺曼底的登陆部队一样冲向这个世界。它们拍打着微小的鳍，快速分散在水中，开始了独立自主的生活。[22] 雄海马完成了任务，疲惫不堪，退到一边休息去了。

一对海马可能会在一整个繁殖季都待在一起，否则雄海马就会游走，去找另外一个配偶来养育下一代。[23] 海马是一种虚荣善变的动物，有些种类的海马喜欢体型差不多的对象，有的则喜欢体型较大的雌性，因为它们的产卵能力更强。[24] 海马的近亲海龙是终极的繁殖机会主义者。雄海龙一般都喜欢较大的雌性的卵，如果怀孕的雄海龙发现了更合适的雌性，它们会放弃自己已有的一袋鱼卵。[25]

雀鲷，严格的军官爸爸

喂养下一代是一项艰巨的任务，有时需要坚韧的品质。五线雀鲷（Sergeant major damselfish）可谓鱼如其名，海洋中再没有比它们更为强悍的父母了。一些种类的五线雀鲷生活在加勒比海的珊瑚礁中，其他种类则生活在热带太平洋，它们颜色鲜艳，充满活力，15 厘米长的身体上有 5 个突出的黑色垂直条纹，有的鱼头部和尾部有着亮丽的色斑。[26] 它们没有武器，拒绝用棘刺、尖牙或者毒液武装自己。[27] 和体型矮小的斗士一样，雄雀鲷用不计后果的极端攻击性来弥补它们的不足。它们会占据一块珊瑚礁的领地，然后守卫在那里，对一切来犯者发起疯狂的攻击。[28] 就连小狗一般大小的鹦鹉鱼，进入雀鲷的领地以后，面对雀鲷的突然攻击也只能逃走。而面对它们凶猛的撕咬，就连好奇的潜水员也只能退避三舍。

雌雀鲷过着平静的生活，它们靠藻类和浮游生物为生，鼓胀的肚子里囤积着鱼卵。要么是在新月，要么是月圆的夜晚（取决于哪片大洋中的鱼），这些勇敢的女士们会出来寻找配偶。[29] 当然雄鱼已经准备好了。年轻人在约会的日子会将家里的浴室尽力擦得干净，雀鲷也会将自己的领地清理得干净整洁。雄雀鲷的竞争对手就是它的邻居们。雌雀鲷会仔细检查每一片领地，它们使用一套复杂神秘的标准做出重大决定：究竟把宝贵的鱼卵委托给谁呢？

雌雀鲷到达时，雄雀鲷会跑到领地边界正式迎接——通过丰富多彩的展示和快速的动作，来表达它那份独一无二的情意，并邀请雌雀鲷到他家里做客。雌雀鲷检查了雄雀鲷，再检查雄雀鲷的窝：窝里已经有了多少鱼卵？有多少是快要孵化了的？对于已经取得成就的成功男士，雌鱼可能会更为信任，并把鱼卵交托给他。[30]

雌雀鲷接受以后，雄雀鲷就会带它到一处隐藏的珊瑚礁石下。这里的海藻、珊瑚等杂物已经被打扫得干干净净，就在这里，雌鱼会产下多达 2 万颗雀鲷卵。然后雌雀鲷离开，雄雀鲷将精子排到鱼卵上。这一过程 20

分钟以内就能完成了，这两条雀鲷将不会再见面。目光坚韧的雄雀鲷进入了一刻不停地保护鱼卵的状态，虽然它们也会花一点时间，对路过的雌雀鲷们献殷勤。

一旦产卵并且受精以后，五线雀鲷养育的策略就各不相同了。有的种类的雀鲷像看护花园一样照料着鱼卵，它们会把死去的雀鲷卵丢掉，以免其他雀鲷卵受到污染。有的雀鲷则只会蹲在雀鲷卵那里死守着。[31] 尽管五线雀鲷士气高昂，但当碰到一大群侵略者时，它们还是会崩溃，如果被打败了，它们也许会和侵略者一起把雀鲷卵吃掉。还有一些种类的雀鲷，就算没有碰到入侵者，它们也会在不爽的时候吃几颗雀鲷卵。[32] 一旦孵化出来以后，这些斑点大小的小雀鲷将随波逐流，自生自灭。五线雀鲷也算得上是负责任的父亲，只不过有点儿一根筋。

象海豹，只有排名前五才有资格做爸爸

如果你想去旧金山度假，那就在一月租车去吧。破晓时分，打包一份三明治，你就可以驾车沿着传说中的加州一号公路南下。这条公路沿着太平洋海岸蜿蜒着，穿梭在众多高达 150 米的临海悬崖之间。这是一条漫长曲折的公路，不过你能在这里看到最壮观的海岸风光：风蚀的砂岩峭壁，落满鸟粪的花岗岩海岬，浓雾中沉睡的厚厚的柏树林。在旧金山和圣克鲁斯之间有一片迷失的海岸，和新世纪的景象对峙着。这里的房屋和农场结了厚厚的地衣，隐藏在粗糙的密林和溪谷中，像是一片废弃的家园。

沿着这片海岸，在一号公路一个不起眼的出口之外，有一个和湾区高科技圈完全脱离的世界。这里每天上演的重头戏和风险投资之类的完全无

关，而是多吨级怪物之间的战斗。在圣克鲁斯北部 30 多公里的地方就是新年州立保护区（Año Nuevo State Reserve），这里也是北象海豹（Mirounga angustirostris）的繁殖场所。

象海豹是海洋中最大的鳍足类动物，这类动物除了海豹，还包括海狮和海象。象海豹得名于它们雄性庞大的身躯和松弛的长鼻子。[33] 雄象海豹体长可达 5 米，宽度和一辆客运车差不多，是一只由肌肉和脂肪构成的 2 吨重的庞然大物。雌性的体型要小得多，重量大约是 0.25 吨，它们和“正常”的海豹更为相像，而且不像雄海豹一样会占据领地。然而，当巨大的雄象海豹心不在焉地穿越沙地的时候，雌象海豹还是会凶猛地保护它们的幼仔。

象海豹生命的大部分时间里都待在大海中。它们是游泳高手，身体已经完全能够适应冰冷的水下生活。它们会潜水数百米深，捕食鱼类和乌贼等底栖生物。象海豹可以几个月不见陆地。它们在遥远的北太平洋度过夏日，那里冰冷的海洋环流给它们带来了丰富的食物。[34] 当象海豹最终上岸，那就是到了它们一年一度的冬季繁殖时期。厚厚的脂肪讲述着它们饕餮的日子。

最大的雄象海豹最先登陆，它们在沙滩上落足，等着雌性来这里生育。雄象海豹不动的时候看上去像一团巨大的褐色熔岩，然而一旦动起来，它们的速度和敏捷度令人极为震惊。尽管身躯庞大，雄象海豹还是能跑得很快，它们没有腿，立起身子用笨拙的步伐前进，像是灰熊腿上套了麻袋在赛跑。想来有趣，但基本没有人能在沙滩上跑赢一头雄象海豹。

雄象海豹极富攻击性，它们唯一关心的就是身份地位的战斗。最强壮的雄象海豹获取雌性最容易，所以它们的目标就是获得尽可能多的雌性，然后将竞争者都赶走。在大个子雄性为了争夺几十头雌性而厮打时，较弱的年轻雄性则在边缘地带争斗。它们今年不会挑战中间的老大，不过这些小的争斗会让它们为日后的机会做好准备。[35]

母亲们是最后到达这里的。一头眼睛明亮的年轻雌性爬上了海滩，由于怀孕再加上厚厚的脂肪，看上去是双倍的肥胖。它首先要做的，是决定在哪一只雄性的领地中居住下来，这样同时它也选择了孩子的下一任父亲，并且加入了他的后宫。第二件要做的事情就是生孩子了，这件事情直接在沙滩上搞定，没什么文章可做。[36] 新母亲和它的幼仔会建立紧密的关系，用温柔舒缓的咕噜声响应小海豹猫咪一般的呼唤声。接下来几周，它会为小象海豹哺乳，在这个过程中会损失 40% 以上的体重。在海滩上交配的这个季节中，雄性和雌性都不会吃任何东西。

在最后几天断奶的日子里，雌象海豹耗尽能量的身体会再度肥胖起来。它会和选中的雄性交配，如果这只雄性已经被废黜，那它将与赢了的那只雄性交配。最终它会带着子宫内缓慢生长的胚胎回到大海中 [37]。在接下来的一年里，它会贪婪地进食，一方面为了补充生育损失的营养，一方面也为了它下一个幼仔的茁壮成长。

雌象海豹的生活相对很平静，不过雄象海豹为了做父亲必须扫清海洋中最难的一个障碍。在 12 月初，海滩已经涌满了雄象海豹，于是一场残酷的比赛开始了。在雌象海豹还没抵达时，雄性就已经开始了统治权的战斗。对于那些足够强壮的雄性，它们的领地开始发生交错，然后互相发起挑战，争斗也开始变得血腥味十足。[38] 老兵的前胸有着厚厚的脂肪和老茧，像是骑士的护盾，这就是它们的战斗武器 [39]。随着一声呼唤—— 半是喘气半是吼叫，这些软鼻子的骑士们就开始了冲锋。

两只犀牛大小的雄象海豹扬着头，像轰雷一般撞在了一起。它们互相厮打着，用闪亮的獠牙撞击着对方的喉咙。战斗很快开始见血，从它们角质化的前胸流淌而下。不过它们的野蛮是有限度的，当最终有一方投降以后，胜者会允许它溜走。尽管战斗很残酷，严重的受伤却很罕见。这是一个战士之间默认的本能协议：谁也不想在这块沙滩上为了取得统治地位而死。

胜利者用它松弛的鼻子发出凯旋的号声。象海豹复杂的鼻腔体有两个作用。首先，它可以回收利用呼出的潮湿水汽，从而缓解繁殖季的身体消耗。[40] 其次，鼻腔可以将它本就洪亮的声音再次放大，从而更好地展示它的统治地位。最成功的雄性通常拥有较大的鼻子，所以大鼻子是象海豹繁殖季的一个吉兆。[41] 在无风的日子里，数公里之外都能听到新年地区象海豹的声音。

如果雄性过早占据海滩领地，也许在它的后宫充盈之前，不停的战斗会耗尽它的体力[42]。如果雄性着陆时间太晚，最好的地段就会被强悍的守卫者占领。战斗的赌注极高：绝大部分雄象海豹永远都得不到繁殖的机会。

莎士比亚曾经写道："身为王者，永无安宁。"[43] 身在统治地位，需要承受巨大的压力。一只位于统治地位的雄性的后宫里会有 50 ~ 100 只雌性，它们在自己的繁殖周期中来来去去。就算是在休息的时候，它也要随时警惕竞争对手趁虚而入，或者它还要在水里等着掳走雌性。雄性会接受一切挑战。雄象海豹在大约 8 岁时达到性成熟，幸运的个体会立即捡到几只雌性，不过即便是最强壮的雄性，也很少能在图腾柱上坚持 4 年以上。[44] 许多雄性在一个繁殖季过后就死于筋疲力尽。在海上漫长的一年中，还有更多的雄性没有生存下去。[45] 然而，它们的牺牲还是获得了丰厚的回报：在每一年里，这里排名前五的雄象海豹，会成为下一年 85% 的小象海豹的父亲。[46]

北太平洋巨型章鱼，牺牲生命换取孩子未来的母亲

有的父亲会守巢，有的父亲会怀孕，但这并不意味着海洋中的母亲们不负责任。大海中照料后代的母亲其实更为常见。有的甲壳动物会将卵卡扣在腹部的硬壳上，一次就是好几个月。珊瑚和海绵在体内孕育它们的后代，直到合适的时候才把它们放出来游走。不过，海洋中最投入的母亲恐怕就是章鱼了，它们为自己的卵而活，一旦卵孵化以后，它们就死了。[47]

北太平洋巨型章鱼（Enteroctopus dofleini）在三岁的时候就性成熟了，这对于臂展 5 米的章鱼来说可谓速度惊人。首先，雌性会从雄性那里接受一包精子，这个精子包叫作精荚。然后雌性会把雄性撵走，在海底找一个洞穴，接着会在洞口周围小心地堆上石头，从最后的开口处滑进去，然后把自己封在洞穴中。很快章鱼花园的墙壁和顶上都会挂满幽灵般的白色章鱼卵。然后雌章鱼会在这里守卫 6 个月，当卵孵化的时候，它已经快要饿死了。这时它的身边已经涌满了小如尘埃的长得和它一模一样的小章鱼，于是它用尽最后一点力量去推洞穴的门。门裂开了一点，掉下了几块石头，于是数以千计的章鱼宝宝们就从洞穴中钻出来，每只小章鱼只有几毫米大。[48] 母亲看着下一代离开，沉到洞底，等着死亡的来临。章鱼与其说是住在身体里，不如说是在驾驶着身体。它们的高级认知中枢和精细动作控制神经是分离的，所以雌章鱼也许不会感觉到死亡的痛苦。[49]

对于雌章鱼来说，死亡也许就像是大剧院的谢幕时灯光缓慢熄灭的一个过程。

大多数章鱼都来去匆匆。[50] 雌章鱼在完成繁殖任务的时候伟大地牺牲了自己，而雄性太平洋巨型章鱼则会受到一种可怕的痴呆症的侵扰。最后这种精神性的衰老使它们在水中漫无目的地以疯狂的路线游动，然后被捕食者轻易吃掉。章鱼的衰老是一个严格控制的过程，有一个著名的实验，通过脑部手术让章鱼的衰老停止[51]，移除章鱼的视腺可以避免章鱼早逝，不过也会让它们变得盲目而无法进行交配。大部分章鱼活不过一年，有的在三个月后的第一个繁殖季就死去了。[52] 和某些鱼类的长寿相比，章鱼的短寿是很极端的。如此高级的动物却死得这么早，实在是令人惊叹。

海鞘的裂土而治

史氏菊海鞘（Botryllus schlosseri）是一种常见的海鞘（见图 10-3）。海鞘是一种被囊动物，它们生长在岩石和码头桩上，像是一片片颜色鲜艳的肉。每一个群落由无数单个会泵水的成员组成（称作个员），群落扩散开来，像是一张五彩斑斓的被单。单个背囊动物（个员）的关键器官集中在凝胶状的核心内，周围包裹着浑浊的黏液。乍看之下，海鞘就像是海葵一样的简单动物，其实海鞘是一种高度复杂的生物。它们属于脊索动物，和人类属于同一个门，鱼类、鸟类、哺乳类动物以及很多其他动物都属于这一门。被囊动物缺乏骨骼、眼睛、大脑以及其他高度演化生物的特征，不过在它们体内深处藏着一根原始的脊柱。海鞘的解剖结构很复杂，拥有完整的消化和循环系统。群落中的个体互相之间都是克隆体的关系，将它们连接在一起的是一套共享的供血系统。[53]

海鞘群落生长在冰冷而高产的海水中，看上去像是一些红、黄、蓝的各色斑块。它们夏季的生长速度很快，尤其在温带的码头桩上，如蒙特利湾以及法国的罗斯科夫。当两个群落碰到一起，各自的生长受到阻碍时，它们会争抢着越过阻碍。于是它们互相侦察对方的领地，每个群落都用指状的壶腹试探对方的边界，直到二者的血流混在一起。[54] 混血的个体叫血液嵌合体，或称“血液奇美拉”，听上去像是游戏里的一个厉害角色。如果纠缠在一起的群落不是基因相近的亲戚，它们的蛋白质就无法互相合作，一种强烈的反应就会撕裂连接的壶腹——血液凝结，形成血块，组织开始发炎，两个群落被迫互相分开。[55] 它们开始远离冲突地区，向其他方向扩散，之后不再互相接触。这一炎症反应并不是很常见，因为新的海鞘群落倾向于在自己的亲属附近落足，而它们之间的相容性往往更好。[56]

然而如果两个群落是相容的，就会发生一场不一样的战斗。“血液奇美拉”会变成“真奇美拉”，它们的生命值自然更高一些。它们是不同的个体在同一群落中的混合产物，又两者合二为一，相互之间自由地交换着血细胞和营养。但是这种合作其实是一种表面现象，在整个过程中，两个群落还是在秘密地争夺着统治权。[57] 一个群落将吞噬细胞以及其他免疫细胞释放到共享血液中，对另一个群落进行化学采样。于是冷战开始了，双方的关系陷入争议，互相进行生物间谍活动。特种细胞渗透到敌人的个员体内，像特种兵一样对敌人的建筑物发动占领。然后渗透方的群落将使用自己的组织重建目标个员的身体。从那一刻起，这只个员就已经属于入侵者了。

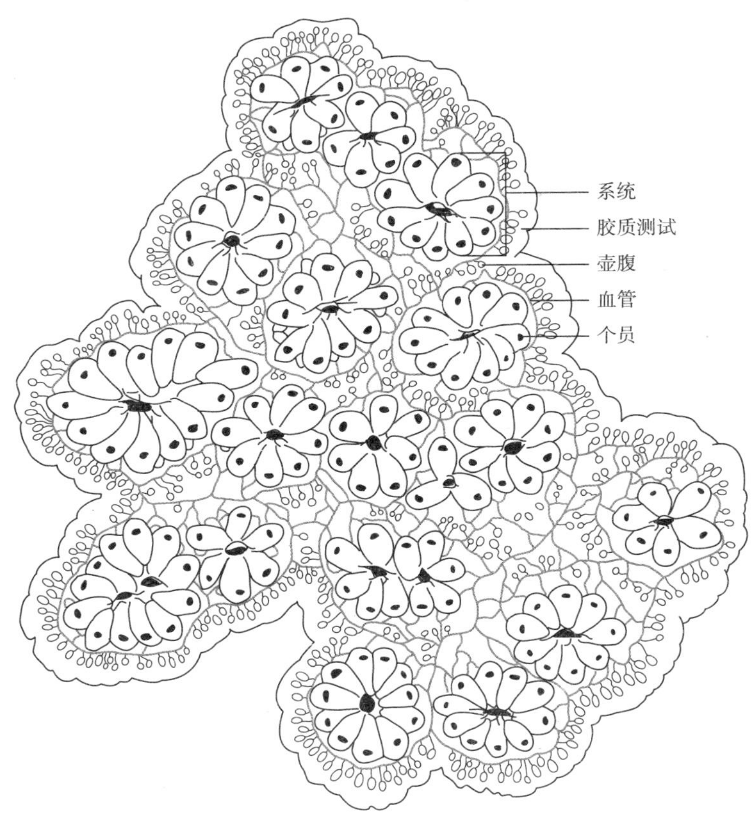

图 10-3 准备好生殖腺战争的一个史氏菊海鞘群落

图注：这个群体由将近 20 组个员组成，每一个分组称作一个系统，当两个群落接触时，壶腹和血管成了攻防策略的重心，临近群落的细胞可以通过秘密入侵的方式占领这些位置。

资料来源：Originally published as figure 1 in Milkman, Roger. 1967. Biological Bulletin 132;229–243. Reprinted with permission from the Marine Biological Laboratory, Woods Hole, MA.

这是一个双向的过程，每个群落都会对对方发动吞并行动。就像有世仇的欧洲封建家族之间一样，它们来回作战，最后像一批被军阀控制的村落一样，形成了一个异质基因合成的整体。它现在就成了岩石上的一整块覆盖物，里边镶嵌着众多个员，它们都有着不同的基因，由不同个体的基因组合成。新的群落也许可以用它们加强的遗传多样性来适应不断变化的环境，或者还可以继续攻城略地，征服碰到的下一个群落。[58] 无论如何，完全的胜利还是很少见，而最常见的结果就是不同颜色的个员挤在一起，看上去像是画家的调色板。

不过在同时，还有一个更深层次的冲突正在进行中，这一冲突几乎完全看不出。有一些免疫细胞比它们的特种兵战友更为狡诈。它们攻击的对象不是对方的个员，而是它们的生殖腺，然后用它们自己的组织重新建造这些腺体。受攻击的个员自身的细胞和基因还是保留原样。从那一时刻开始，这只倒霉的个员就只能不停地为生殖腺提供养分，而这些腺体只会为入侵者产生配子。海鞘的生殖腺战争是一场安静的战争，一次一只个员，直到整个被侵略的群落携带的都是入侵者的生殖腺。被入侵的群落现在只能生活在谎言之中，就像皇室血统被一个平民马夫污染了一样。被入侵者现在产生的后代不是它们亲生的，而是携带入侵者基因的寄养儿。于是在余生中，这片被巧妙攻陷的群落只会为征服者繁衍后代。[59]

幸福的家庭也没什么共同之处

列夫·托尔斯泰曾经写道：幸福的家庭都是相似的，不幸的家庭则各有各的不幸。[60] 这句话很适用于人类家庭，不过在海里，这一理论会像软面包一样化掉。在波浪下面，就连幸福的家庭也没什么共同之处。一家的高招在另一家可能完全不起作用。海洋中众多最奇特的居民并没有共同的祖先，也没有像我们一样高度特化的性器官，甚至连性别的概念都没有。自然只会关心繁殖的结果，不会关心繁殖的工具。

是像章鱼一样快速生活、繁殖，然后快速死掉呢，还是活得长寿一些，在每一颗卵上面投入更多？究竟哪种方式更好呢？加州圣克鲁兹朗氏海洋实验室（Long Marine Lab）的史蒂夫·伯克利（Steve Berkeley）详细绘制过许多鱼类的生命周期。生活在海带林中的黑晴平鲉（Sebastes melanops）5 岁时开始产卵。[61] 即使在年轻时期，它们每次的产卵数量也可达 45 000 颗。到 10 岁时，它们会长到 40 厘米长，可以产 60 000 颗卵。它们的一些近亲鱼类可以活到百岁，它们终生生长，而且每个繁殖季都会产卵。对于这些鱼来说，长寿和延迟繁殖是它们的策略。这和章鱼的策略完全不同。

所有这一切表明，长寿和快速繁殖究竟哪个策略更好，我们并没有确定的答案。其实也有一个答案，那就是“看情况”。这取决于长出一个能持续百年的身体从长远来看是不是划得来，或者说另一个方案，使用一副低成本、用过就丢的身躯，在早期就将食物快速转化成繁殖力，是不是划得来。这一谜题并没有正确的答案，而是取决于个体多快会死掉，死于捕食者、饥饿、坏天气，或者其他致命事件。高死亡率使投资一副耐用的身体变得不划算。不过当然了，一副耐用的身躯也会降低死亡率。那么，降低的死亡率是不是足够补偿建造身躯时的额外消耗呢？对不一样的身体来说，例如鱼类和章鱼，答案又会不一样，最好的演化策略对它们来说也会有所不同。[62] 游戏的规则依旧是一样的：没一个物种将长寿或者短寿作为赌注，然后依照自身条件调节策略。

尽管我们可以用正常的演化理论来理解海洋生物巨大的生存策略差

异，海洋中的母亲们还是做了不少让演化生物学家困惑的事情。在伯克利研究过的黑晴平鲉中，年长的母亲会给每一颗卵一件额外的礼物—— 一小滴油，用来为幼鱼提供能量，让它们长得更快，这样它们存活的可能性也会更高。[63] 幼鱼的存活率可能不到万分之一，这个液滴就像是一笔信托基金，可以帮助幼鱼度过一生中非常艰难的一段时光。

根据其他鱼类生物学家的观点，这组结果以及其他大型雌性产卵体积更大的现象，都是不应该发生的。[64] 不是说体型较大的母亲不该制造出好卵，还给它们一份油滴作为礼物，而是说体型较小的母亲也应该这样做才对，因为这样好处多多。也许体型较小的母亲没条件给它所有的卵这么一份礼物，但按理来说，这时候它们应该少产一些卵，然后给它们一样的礼物。不过黑晴平鲉等鱼类显然没学习过理论知识。对于这个例子，母亲们的处理方式对我们来说依然是一个谜。

其他一些奇异家庭又是什么情况呢？我们的理解是，演化给生殖带来无情的压力，那么它们是不是能与我们的理解相协调呢？性别变化是最有趣的一个问题：有的物种一开始是雄性，然后变成雌性，有的物种则恰恰相反。有的性别可以变来变去，有的则同时既是雄性又是雌性。

关于这些问题，有一个有趣的思考方式，那就是考虑一下父母针对每一个后代的投入程度。对于很多海洋物种来说，卵会被直接排到海洋中任其自生自灭，完全没有父母的照料。父母对于后代的投入仅仅是鱼卵中携带的食物能量，就像是给孩子一份午餐，然后把它们永远打发走。这份投入基本上完全来自母亲，没有父亲什么事情，因为造卵的成本很高，而造精子就很便宜。体型较小的雌性只能产出几颗卵，而同样体型的雄性则可以产出很多的精子，让很多卵受精。所以，对于早期繁殖然后继续生长的物种来说，一开始它们最好是雄性，这样可以让大量的卵受精，然后在长大以后变成雌性，这样就可以产大量的卵。小丑鱼玩的正是这一招，还有一些帽贝和虾类也用这个策略。[65]

不过，还有一些物种一出生时是体型很小的雌性，长大以后会变成雄性。为什么会存在这样的相反策略呢？加勒比海的双带锦鱼和加州的美丽突额隆头鱼是这样做的，还有很多石斑鱼也是这样。答案经常和领地斗争有关：如果雄性占有领地，并且能在雄性社会中占到上风，那么它就取得了成功。体型较大的雄性更擅长这一任务，所以从小雌鱼变成大雄鱼的策略会更成功。以双带锦鱼为例，它们一开始是带黄色条纹的雌性，是一只体型较大、占据领地的雄性后中宫众多雌鱼中的一只。如果前一只雄性不在了（死于天敌或者被好奇的生物学家抓走），从第二天开始，最大的雌性就会变成雄性。一旦开始了转换，它第一天就会开始表现出雄性的行为，一周之内就会开始制造精子。此后，它每天都会在后宫进行它的繁殖大业，有时刚到午后，它的精子就用完了。[66]

为什么体型较大的雌性不能占据领地吸引体型较小的雄性呢？也许这样也不是不行，而且有的物种也许真是这样做的。问题的关键不是说哪个策略最好，而是在不同的条件下，不同的策略都可以取得成功并且带来好处。弄明白这些条件以后，生物学家就能理解各不相同的生殖方式了。[67]不过，如果你觉得我们已经知道了所有海洋奇怪家庭的故事，并且知道了它们这么做的原因，那你就错了。

海洋生命的窘境

在面积宽广，历史深厚的海洋中，生命是极其坚强的。从征服早期地球的微生物到从布尔吉斯页岩一直爬到今日大洋城栈道的活化石，海洋物种是终极幸存者。有的生物生活在深海滚烫的喷口附近，以喷出的硫化物作为唯一食物来源，有的在鲸鱼尸骨上凿出一片天地。无助的雄鮟鱇鱼在夜幕中的海底搜寻着自己的归属，支持它们的只有信念和一小包卵黄。珊瑚经历了 5 次大灭绝事件，但依然生存了下来，并且在这个动荡的星球上生存了 2.5 亿年之久。

海洋生物通常有着非常特定的生活方式，居住在非常特定的栖息地中，所以它们很脆弱。海洋极端生命的秘密在于，它们可以在这些困难的环境下繁荣生长。这些成功的物种已经完美地适应了特定的生态位，有着特别的生活方式。陆地上也有这样的生态位，不过通常都很小，生活在溪流中的小鱼就是一个例子，这样的生态位只能容纳一个物种中为数不多的个体。然而海洋是如此庞大，就连相对很小的生态位也可以萌生出一个完整的生态系统，海底热泉就是一个好例子：它们只能占据海底很小很小的一部分空间，每一个喷口只能维持几年的喷发，但海底是如此广大，海底热泉的数量也有很多，而海洋生命已经适应了在开开合合的海底热泉之间的迁徙。

冰鱼能在可以冻结血液的温度下生存。剑鱼带着眼球加热器来增加视觉灵敏度，以便捕捉猎物。这些复杂的适应能力依赖于一点：海洋如此广阔，即使小众的生存策略也是可行的。这样看来，海洋中的极端生物就像是精品店中的生意，它们对自己的业务极其擅长，但需要依赖繁荣的“经济”才能运行下去。

不幸的是，这些成功已经受到了人类活动带来的各方面的压力。每一天，我们都在让海洋生物的情况变得越来越糟。影响不需要有多大：温度高一点，酸度高一点，食物供应变化一点，捕捞数量多一点，就足以威胁到海洋生物的生存。这些变化随着人类经济的增长而增加，而 70 多亿人的影响已经给海洋带来了巨大的压力。从单个生命体到整个生态系统的功能和存在，无不受到了人类的影响。

温度升高 1℃意味着什么

如果你的一只脚在最冷的海洋栖息地里，另一只在最热的地方，那你就跨越了冰冷的极地海洋和沸腾的海底热泉，一只脚处于-1℃，而另一只在 121℃。[1] 这两类地方都孕育着多姿多彩的美好生命，从冰鱼到庞贝虫：生命在它们特殊的生态位上兴旺生长。

海洋的温度变化范围非常宽广，与此相反，全球气候的变化趋势是温度将升高 2℃～3℃。[2] 对于我们来说，这似乎是一个很小的数字，因为我们对于气候不敏感。作为生活在空气中的大型哺乳类动物，我们拥有高效的升降温机制，因此对于温度变化的看法其实是扭曲的。我们的祖先仅仅依靠动物的毛皮和露天的火堆，就从非洲热带地区扩散到了北欧冰川的边缘，中间只花了短短几千年。后来他们又穿越了白令海峡，扩散到得克萨斯，步行穿越巴拿马地峡，在安第斯山落脚，最后抵达了南美洲的最南端。[3] 沿着这条路，我们每天醒来要面对各种不同的气候，而我们的哺乳类动物的身躯帮我们应对着这一切。

人类身躯维持体温消耗的能量，和一盏 100 瓦的灯泡差不多。[4] 当体温下降时，我们会加速新陈代谢，补偿损失的热量，[5] 这时我们燃烧的卡路里更多，肌肉活动也会产生更多的热量。当然，当外部温度升高时，我们会通过出汗将多余的热量排出。在这些过程中，我们身体的其余部分都能以基本正常的温度和速度工作。我们的消化、思维、心率以及其他代谢功能，只会受到外部温度的微弱影响。

不过对于冷血动物，环境温度就是一切。外部温度增加 10℃会让它们的代谢速度增加差不多一倍。生命之钟走快了一倍，它们需要更多食物，也会产生更多排泄物。作为对比，人类跑一趟楼梯，心率会增加一倍。[6] 所以对冷血动物来说，温度升高就意味着它们在不停地锻炼中。

这种额外的劳作是很难维持的。旧金山州立大学的乔纳森·斯蒂尔曼在慢速加热的水中跟踪测量了螃蟹的心率。当温度从 16℃升到 34℃时，心率就从每分钟 148 次升到了 403 次，最后它们都死于致命的抽搐。[7] 斯蒂尔曼不是施虐狂，他是想知道螃蟹生活的温度距离致命温度有多远。结果很令人惊讶，他发现大部分的甲壳动物都生活在它们温度的上限附近。对于栖息在全球变暖导致气温升高 2℃ ~ 3℃的地方的生命来说，这是致命的。对于它们来说，未来 100 年的预期温度变化不只会让它们的代谢加速，还会让它们在一年最热的时候心跳过快而死。

气候变化的结果不只这一个。[8] 海洋生物和陆地生物的做法一样，它们已经开始往高纬度地区搬家了。[9] 不过它们还面对着另一个人类造成的威胁，那就是酸的腐蚀。

“热酸汤”，海洋生命的代谢税

人类每年向大气中以二氧化碳的形式排放 90 亿吨碳，[10] 其中将近 25% 会溶解到海水中，通过简单的化学反应变成碳酸，孩子们用苏打水溶解铁钉，用的也是一样的化学原理。[11]

近几十年，全球的碳酸和海洋酸度一直在稳步上升。[12] 从 20 世纪开始，海洋的酸度已经上升了 22%，而且没有下降的迹象。[13] 这并不是说海洋生物会被溶解成黏液，就跟西方邪恶女巫施的巫术一样，海洋生物遭受的问题不易被察觉，但影响重大（见图 11-1）。

海洋动物使用海水制造外壳，用近乎魔法般的方式将清澈的液体变成坚硬的骨骼。珊瑚虫从组织周围的少量海水中积累钙元素，通过维持微妙的化学不平衡度将钙变成结晶。通过这种方式，已有的外壳表面会形成一层极薄的外壳。就这样，珊瑚虫坐在自己的骨架上，一层一层建造着自己的骨架，一晃就是几百年。

然而要维持制造外壳的化学不平衡度，就需要比正常海水低很多的酸度。为了制造外壳而降低酸度是一件成本高昂的事情，而当海水酸度高出正常值时，制造外壳的成本就更高了。想象一下炉子上的开水壶：如果一开始是冷水，就会消耗更多能量，烧水时间也会更长。在大海中，如果一开始使用酸度较高的海水，那么制造外壳需要的能量和时间也会更多。

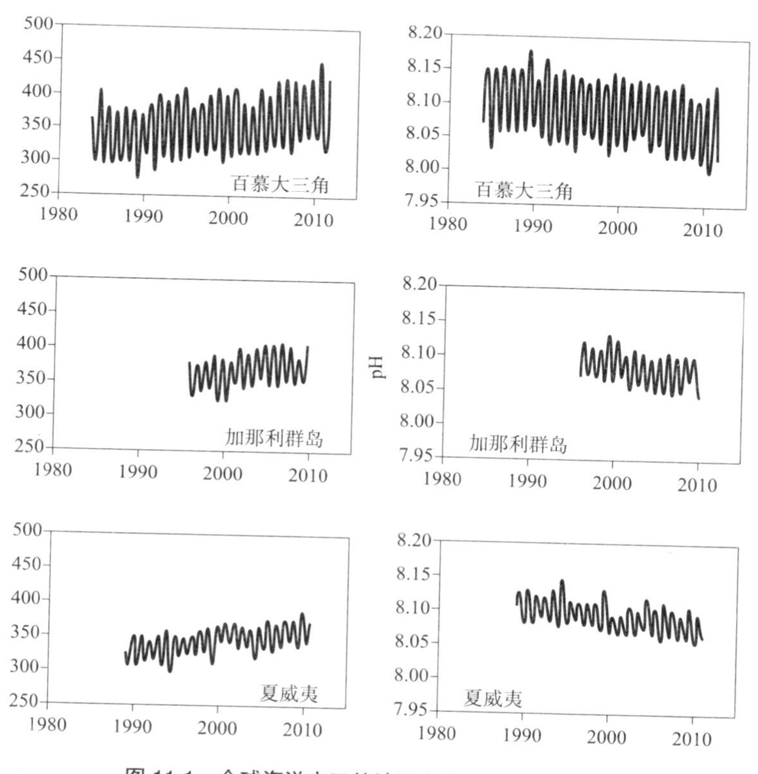

图 11-1 全球海洋中三处地区水溶二氧化碳的状况

注：自上而下分别为百慕大三角、加那利群岛、夏威夷。二氧化碳浓度在上升（左），pH 值在下降（右）。酸度越高，pH 值就越小。

里奇·帕尔默（Rich Palmer）是阿尔伯塔大学的海洋生物学家，他估算的结果是，一只蜗牛通常花在制造外壳上面的能量，要比生长繁殖消耗的能量还高。[14] 类似地，珊瑚会将每日能量的 20% ~ 30% 用于制造骨骼。[15] 酸度增加使这一过程更为困难，在接下来的一个世纪中，制造硬组件（外壳或骨骼）的成本或许会增加 30% ~ 50%。[16] 所以，和高温一样，酸度也算得上是一种代谢税。[17] 如果税率达到一定程度，成本就会过高，代谢银行就会破产，生物就无法存活了。

在酸度更高的未来，众多有壳动物都可能会受到影响。人们针对海洋生物的抗二氧化碳能力做过数以百计的实验，尽管结果不完全一致，大部分实验得到的都是负面结果，对于制造外壳的生物来说尤为如此。[18] 等到 20 世纪末，预期的温度和酸度将很难让许多物种健康生长。[19]

其中的一些物种将直接影响到人类的福利：横跨美国西部海岸的牡蛎养殖场就面临着海洋酸化带来的减产。就像年轻的大学毕业生一样，牡蛎的命运敏感地依赖于它生长的气候。对于人类，在经济萧条期参加工作会影响到一生的职业收入。[20] 同样，在酸化海洋中出生的牡蛎也面对着迷茫的前景。在高二氧化碳含量和高酸度的海洋中，卵的成功孵化率会比较低。更重要的是，这些孵化出来的幼虫生长速度也比较慢，它们的问题也许会持续，就跟人类的贫穷一样，持续到下一代。[21]

越来越高的代谢税

海洋暖化和酸化对物种的伤害大相径庭，不过最终，它们的伤害都可以用代谢的硬通货来解释：卡路里从食物流入，被代谢、生长、繁殖消耗掉。酸化和过热都以各自的方式对生物的代谢收入收取了所得税。将卡路里用在克服酸度和温度上面以后，就无法再将其用于生长繁殖了。今天的税率还是比较低的（尽管有一些生物的日子已经过得紧巴巴了），不过现在税率还在逐年上升。等到这个世纪末，对于很多物种来说，这将会是一个非常沉重的负担。

当然了，最成功的物种（收入最高的物种）可以很容易地缴纳税款。一些建造珊瑚礁的珊瑚可以增加进食从而减弱酸的影响。[22] 如果珊瑚有合适的抗压力基因，那它就能在温度较高的水中存活；如果海胆携带了合适的基因，那它就能在低 pH 值的水中存活。[23] 尽管如此，这些幸运的物种还是要付出代价；过度的温度和酸度每年都会侵蚀它们的代谢储备。到最后，就连最富有的物种也会感受到气候变化带来的代谢税。

海水更多，海浪更高

高温会让水的体积变大，如果发生在大量的水上面，那么海面就会上升。这种热膨胀据说是海平面上升的主要原因，冰川融化和其他人为原因也是重要的“贡献者”。[24] 随着海洋的持续变暖，海洋体积会持续扩展，冰川会继续融化，海平面也会继续上升。冰原破裂落入大海这样的灾难性事件会在短期内迅速提高海平面，但即使没有这些事件的影响，未来的海洋依旧会是海水越来越多。

在过去的 50 年里，海平面已经平均上升了 18 厘米，而最好的科学预测表明，在未来的 100 年内，海平面可能会上升 0.75 ~ 2.1 米。[25] 对于低洼的珊瑚环礁来说，海平面的上升可能会将其整个淹没。以赤道附近太平洋中部图瓦卢国的富纳富提环礁为例，这处环礁最高点的海拔也只有 2.7 米。西太平洋和印度洋的水位上升很可能会更严重。[26] 上升的海水会冲击所有的海岸，遭殃的不只是珊瑚礁。盐沼植物（如生长在美国东部海岸抵抗波浪冲击的盐沼植物）每年只能生长几毫米到一厘米，如果海平面以现在预测的速度升高，它们将会被上升的海水完全淹没。[27]

淹没是海平面上升最严重的后果，不只是因为它破坏了栖息地，改变了沿海物种的生活，还因为它会给人类经济带来严重破坏。人类有 10% 的人口居住在沿海地带，而且这一比例还在上升。[28] 潮水的升高和风暴的增加曾经使纽约市受到了严重的影响，维修费用高达 600 亿美元。纽约市民提议花 200 亿美元保卫城市中心免受未来灾难的影响，但没有人敢保证这一提议实行起来会真的有效。

在世界各地，账都是一样的算法。潮水升高的代价，就是波浪和风暴摧毁海岸。现在保卫海岸的是活的海洋生命。珊瑚礁在近海阻挡波浪，减缓海岸受到的冲击。比起死去的光滑珊瑚礁，活珊瑚礁可以更有效地阻挡波浪。[29] 不过当潮水和波浪升高，或者珊瑚死去以后，过去平静的海岸和潟湖就会变成一口翻滚着泥沙的大锅。还有一些海岸被红树林保护着。2004 年东南亚的海啸以后，有完整红树林的海岸破坏程度较轻，而红树林被砍掉的海岸则遭到了较大的破坏。[30] 沿海沼泽、牡蛎礁石、海草床，它们都起到了这种保护温带海岸线的缓冲作用。

使用海堤防卫大海似乎是一个好的解决方案，不过建造海堤成本很高，有时建造一公里海堤需要的花费超过 120 万美元。[31] 不过，如果能有一种能自己生长的海堤，能够随着海水升高而增高，不就能保护到海岸了？快速生长的珊瑚礁或者湿地丛林就能做到这一点，它们一个世纪能生长 0.9 ~ 1.2 米，并且能为成百上千公里的海岸线提供免费的保护。这一免费海堤唯一需要的，就是有一个健康的生态环境，好让它们能在沿海区域正常生长。

在气候变迁中维护健康的生态环境对我们来说是一个很大的挑战，不过在这些挑战之外，我们还面对着一层新的海洋问题，海洋中的物种以及它们之间的交流方式，正在发生着根本的改变。

破坏海洋生态环境

一旦你对神奇的海洋生命有所了解，从最小的微生物到最大的鲸鱼，就能更清楚地看出它们之间不可思议的相互关联性。所有的封闭系统都一样，庞大的大海也不例外，多重效应合在一起可以形成一个反馈回路，并产生更大的后果。不仅海洋会变得更暖更酸，就连海洋生态系统的基本规则也会发生变化。

海洋环境是强大的生物机器，有着惊人的生产力。人类的捕鱼船队每年从海洋中取走 8 800 万吨鱼和贝类，这听上去挺多的，但其实海洋微生物在一个小时内就能生产出这么多的生物质。如果任由这些生物质增加，我们很快就会被淹没。不过这一幕并没有发生，因为同样巨大的系统在消耗着这些生物质。正常的海洋生态会控制新产生的生物质并防止它们过度增加。

微生物和单细胞藻类为全球的食物链提供了燃料，最终产生了沙丁鱼、鲸鱼、海龟、金枪鱼、鲨鱼以及所有其他现存的海洋生物。人类不会破坏这一生产力，微生物是古老而强大的物种，我们根本没能力消灭它们，但有史以来第一次，我们可以做到引导它们。人类数量庞大，技术先进，造成的污染也很广泛，我们终于拥有了可怕的能力，可以改变地球上最大的栖息地，以及其中数量最多的居民——微生物。

如果一波细菌、藻类以及其他海草脱离了海洋的正常制约和平衡，那么效应就会快速叠加。脱缰的生产力意味着生物量剧增，但这会破坏海洋中能量在生物链之间的传递方式。导致的结果就是可怕的反馈循环，我们称之为生产力炸弹（Productivity Bomb）。生产力炸弹有两个引信，一个与最高级的海洋生物有关，另一个则涉及最低级的生命。

引信之一：为鱼而战

第二次世界大战之后相对和平繁荣的几十年导致了一个奇特而无声的全球冲突：争夺鱼类的战争。不断增加的人口吞噬了海洋能够提供的一切。[32] 人类虽然最后胜利了，但我们的胜利却得不偿失。猖獗的过度捕捞使鱼类的数量和种类都大幅减少，从赤道到极地海洋，世界各地的海洋都受到了影响。我们从海洋中索取的太多，海洋已经来不及补偿了，我们从未意识到会发生这种事情。这一变化是自然历史中的一个独特事件，过去从没有哪种单一的捕食者能造成如此大的全球性影响。

菲律宾群岛中的薄荷岛（Bohol）以“巧克力山丘”而闻名，在这座岛屿附近有一座特殊的珊瑚礁：双堡礁。一个平静的夜晚，在内侧珊瑚礁的边缘附近，在海马工程（Project Seahorse）的阿曼达·文森特（Amanda Vincent）的带领下，史蒂夫·帕鲁比准备好了夜潜。海马工程要寻找的就是海马。二人穿好了泳衣，带着氧气瓶、调压器、面具、手电筒、钢刀、潜水手表以及深度计等昂贵设备。驾驶小船的菲律宾船夫穿着一件磨破的泳裤，戴着一副用椰子壳和可乐玻璃瓶底做成的护目镜。船头的煤油灯闪着苍白的光。随着浪花飞溅，三个人从船舷入水。阿曼达戴着史蒂夫寻找她最喜爱的海马。船夫独自蹬脚潜到另一处，他的光脚和另外两人的脚蹼形成了鲜明的对比。他还有一家人要养活，他也是来抓海马的，不过不是为了科学，而是为了卖钱。

阿曼达和史蒂夫花了 30 分钟，才在将近 15 米的水下找到一只海马。它用精巧的尾巴抓着珊瑚枝，优雅而神秘，警惕地看着两位潜水员。然后黑暗的水中显出另一个身影，史蒂夫用手电筒照过去，看到了可乐瓶护目镜的反光。船夫转身离开，继续他的捕猎，再没有理会其他两位潜水员，也没惊扰那只罕见的小海马。

一个小时以后，两名科学家回到了水面。他们又冷又累，也没有找到第二只海马。船夫将他们带回岸边，卸下装备以后，他又驾驶船回到海里。在接下来的 8 个小时里，他一次一次潜入昏暗的冷水，最后在凌晨才带着抓到的一只海马归来。仅仅一只海马，只有指头般大小，但他可以以 25 美分的价格卖掉它。这点钱只够买几杯大米，够他的老婆孩子吃一天饭。太阳落山以后，他会再回到珊瑚礁处抓海马。

从前这里有很多海马，以捕海马为生的人的日子过得也更容易一些。只要几个小时就能抓回一袋扭动的管鼻小鱼。不过随着一代一代的渔民毫无节制地从珊瑚礁捕捉海马，再加上菲律宾的人口爆炸，这些珊瑚礁的海马已经变得非常稀有了。

改进鱼钩，减少捕鱼

过度捕捞的故事令人担忧，因为这对渔民和他们的家庭有着直接的影响。过去捕鱼业会用技术来克服难题。几千年里人们用的一直是小木船，在风或桨的推动下前进，他们的捕鱼工具是麻线和鱼叉。和这些设备比起来，现代渔船相当于主战坦克。卫星导航、高精度声呐、柴油驱动的绞车、巨大的冰柜，将渔船武装成了高科技的奇迹。不过尽管设备成熟，这些高技术船队捕到的鱼并不比过去多。这是为什么呢？

露丝·瑟斯坦（Ruth Thurstan）和卡鲁姆·罗伯茨（Callum Roberts）编录了苏格兰一处渔场的历史——克莱德湾，位于爱尔兰海的一处深水峡谷区域。在北太平洋营养丰富的海水滋养下，19 世纪早期，这里一直稳定地出产着鲱鱼、鳕鱼、黑线鳕等鱼类。随着时间的推移，拖网捕捞船与蒸汽机取代了旧木船。船队逐渐实现了现代化。深海捕鱼提高了产量，但这只是暂时的。瑟斯坦和罗伯茨发现，没过多久，尽管船只更高级，捕捞量却远低于之前的水平。[33]

罗伯茨拓宽了他的研究范围，于是发现这一模式在英国不断重复着。每次拖网船取得了技术进步，捕鱼量就会上升然后迅速下降。在今天的不列颠海域，就算使用了我们现在所有的技术，比起 200 多年以前，捕鱼的难度还是高了 20 倍。[34] 这不是因为鱼变精明更会躲避了，而是它们的数量的确减少了。

过去常见的鱼在海洋中消失以后，其他物种也会受到影响。当某种物种变得更稀少时，它们的猎物则会摆脱限制，数量从而增加，结果就是海洋生态失去了平衡。

伟大的生命链

人们更爱吃海洋捕食性鱼类，觉得它们味道更好：金枪鱼、鲑鱼、旗鱼、石斑鱼、平鲉、胸棘鲷、大比目鱼、鲽鱼，都是自然环境下的凶猛捕食者。当我们吃这些鱼的时候，也就改变了海洋生态，因为我们砍掉了食物链的顶端。丹尼尔·保利（Daniel Pauly）和同事将这种行为称为“从食物网下捕鱼”[35]，就像为了挖煤把山顶炸掉，这种做法会带来巨大的连带伤害。

卡罗莱纳海岸的扇贝渔民是最能感受到这一意外后果的人。他们世世代代捕捞着海湾扇贝（Argopecten irradians），挖掘过几百万斤海草床的泥巴。[36] 随着20世纪的推移，扇贝的数量开始不停下降，到1994年终于跌至最低，一个季度总共收获了不足70公斤。[37] 渔业就这样崩溃了，但原因并不是对扇贝的过度捕捞。这一事件的罪魁祸首是世界各地人们煮的一种汤。

鱼翅汤是一道传统的美味佳肴，有时是地位和声望的代表。随着经济的增长，在过去的几十年里，数以百万计的人顿时有了经济能力吃得起鱼翅汤。顺着这股潮流，全球鲨鱼捕捞业在过去几十年里得到了爆炸性增长，并且最终扩展到了北卡罗莱纳州海岸。

这就是伟大的生命链的作用：鲨鱼吃鳐鱼（牛鼻鲼），鳐鱼吃扇贝，扇贝被我们吃。生态学家称之为营养级联：生物数量崩溃和激增的自然链式反应。然而如果这种级联发生了改变，海洋就会处于根本的不平衡状态。食物链损坏或断裂以后，下层的生命就会开始积累。杀死鲨鱼以后，它们的猎物就会肆意横行。食物链断裂导致的生物阻塞相当于汽车事故导致的阻塞：车流止步不前，但上路的车流会不断增加，于是交通堵塞问题随之而来（见图11-2）。

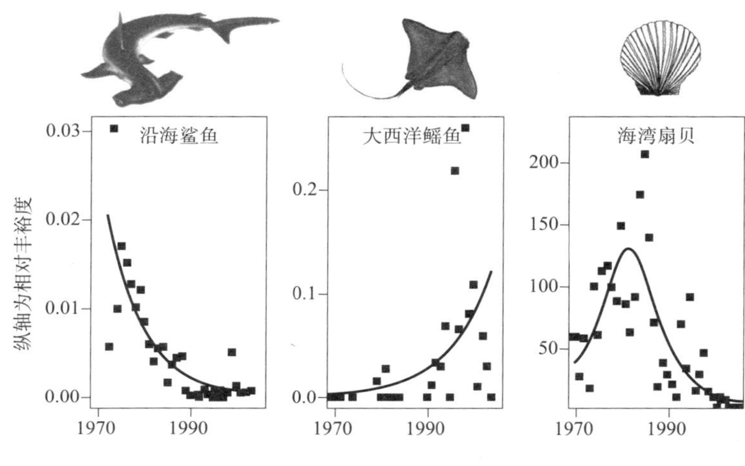

图 11-2　生命链的相互影响

注：沿海鲨鱼（Scalloped hammerhead，路氏双髻鲨）数量的下降（左）紧跟着的是它们猎物大西洋鳐鱼（Cownose ray）数量的上升（中），以及海湾扇贝数量的急剧下降（右）。

资料来源：Myers, R. A., J. Baum, T. Shepherd, S. Powers, and C. Peterson. 2007. "Cascading effects of the loss of apex predatory sharks from a coastal ocean." *Science* 315: 1846–1850.

引信之二：微生物剧增

想象一下，如果你前面发生了交通事故，被堵在路上。下午 5 点过后，成千上万下班的人上了公路。增加的车辆使得堵车更为严重。一样的事情也会发生在食物链上：废弃的肥料会让最小的物种进入高速的繁殖状态。

密西西比河是美国中部的排泄渠道，担负了 41% 的排放量。[38] 这里还是美国的农业腹地。美国农田每年会用到大量的氮磷钾。[39] 每个季度至少有 13.6 亿公斤废气废料被密西西比河冲到下游，大部分都进到了墨西哥湾。[40] 肥料对于农田里的植物益处多多，对微生物来说也是美餐。密西西比河口的水域温暖而平静，每年的肥料排放为这里的单细胞藻类带来了理想的条件。短短数日，它们就可以繁殖形成大片的爆发区，形成蔓延数公里的水面漂浮物。

这一模式是全球性的。2010 年，法国养猪场以及农业土地的径流，导致布列塔尼海岸附近绿藻丛生。无数吨绿色长丝被冲上海岸，在阳光下腐烂。腐烂的恶臭熏倒了一匹马和它背上的骑手。马直接被熏死，骑手经抢救以后才保住了性命。[41] 在过去的十年里，由于养猪场从未停止运作，这些藻类还是规律性地对海岸造成污染，不少动物都在臭味中丧命。

横跨全球来看，赤潮、褐潮、黄潮越来越常见，给人类带来无尽的担忧。这些名称来自产生毒素和色素的众多藻类。贝类和其他食草动物以藻类为食，在体内积累毒素，最终将其传递给人类。[42] 仅在 2008 年一年，全球就发生过 400 多起有害的藻华。[43]

交通堵塞和死亡区

拥有丰富的营养物质不一定是件坏事。在南极，营养丰富的深海上升流为季节性海藻带来迅猛生长。藻类以浮游生物的速度快速繁殖，养活了一整个生态系统。藻类茂盛的地方滋生了大量磷虾和桡足动物。在 2012 年 3 月，来自澳大利亚南极分部的研究人员发现了一片蔓延近 200 公里的藻类。[44] 这片海藻可能由单细胞的棕囊藻构成，数十亿细胞结成了一大团黏糊糊的基质。[45] 藻类是生态系统的自然组成部分，极地的食物网会在短短几周内就将其消耗掉。在这个例子中，通过将食物从食物链底端传递到上层的每一级，生产力大爆炸被大大减弱，额外的能量被分散掉，生态系统的平衡也得以维持。没有人类的干涉，食物链保持完整，没有额外食物让藻类过度生长，交通堵塞就不会发生。

墨西哥湾已经没有像样的类似系统了。过度捕捞已经使虾类和牡蛎这样的食草动物完全消失，所以碰到肥料流失，海湾就撑不住了。多余的生产力要花很长时间才能逐渐渗透到食物链上层。藻类死亡的速度高于它们被吃掉的速度，然后它们再被贪婪的细菌消耗掉——第二轮猛增接着第一轮，快速消耗着氧气。当氧气消失以后，这些细菌将代谢引擎切换到无氧模式，然后继续进食。没有氧气，细菌一样可以活，但它们会让海洋酸化，并让周围成千上万平方公里的海洋窒息。

生产力炸弹之一：水母的海洋

过度捕捞和营养污染相互反应，产生了比二者各个带来的问题更为严重的问题。到目前为止，我们已经检查了各个例子，也看到了两者在一起的例子。我们见到了生产力炸弹第一手的结果。

苏联末期，黑海面对着来势汹汹的生产力炸弹。在这片不大的内海中，鼠海豚已经遭受了几十年的过度捕猎，数量降到历史数量的 10%，所以那些小鱼（它们曾经的猎物）开始大量增加。[46] 这些鱼类以浮游动物（小型甲壳动物）为食，而后者又以漂浮在水中的单细胞藻类（浮游植物）为食。鼠海豚太少，导致小鱼太多，又导致浮游动物太少，继而导致浮游植物过多——在生态学家眼里，这是一个典型的营养级联。生产力炸弹的第一根引线——食物链的破坏，已经被点燃了。

然后，沿河的农产品加工业为黑海输送了大量的肥料，导致浮游藻类的大量繁殖。庞大的赤潮困扰着黑海，制造了众多死亡区，杀死了底栖无脊椎动物和众多鱼类。[47] 整个环境都在向藻类、桡足类以及鳀鱼倾斜，直到这些小鱼发现它们又成了捕捞船队的目标。鳀鱼没有了，剩下的藻类和桡足类动物还在。[48]

本来大量的桡足类动物可能有助于降低藻类的增生，结果它们又碰到了一种入侵物种—— 一种由洲际货运船的压载舱带来的栉水母。[49] 这种水母会大量捕食桡足类动物，至此黑海的生态用尽了招数，再没有什么东西能挡住水母大爆炸。于是它们一大片一大片地漂浮在冰冷的海洋中。后来人们发现水母还会吞食幼鳀鱼，阻止了渔业恢复的可能性。这一整个系统已经被大规模破坏，再没有办法自我纠正。结果就是以前丰产的水域变得贫瘠无比，除了每平方公里一吨多的水母以外，再无他物。[50]

苏联解体后，废弃肥料不再通过河流流入黑海，鳀鱼的过量捕捞也停止了。入侵的水母被第二种入侵水母吞食。黑海的生态逐渐开始恢复平衡，破坏的步伐终于得以逆转。这些改变并不简单，“修理费”包括农业和渔业的重大转型，以及对鼠海豚的保护。所有这些手段已经初步奏效，生态系统已经开始恢复。这表明生产力炸弹也是可以逆转的。

生产力炸弹之二：窒息的珊瑚

热带珊瑚是半动物半植物的合体。这种内部多样性给它们带来了生存机会，即使在其他动物会被饿死的环境中，它们也能生长繁荣。珊瑚使用它们代代相传的捕食方式：在水中摇摆着触手，捕捉微小的生物。珊瑚的高蛋白饮食含有丰富的氮和磷，这些元素有利于植物生长，所以珊瑚将其传递给安静地住在它细胞内部的藻类。藻类利用这些氮和磷，再加上充沛的阳光，用来制造碳水化合物，然后将其作为房租传送给宿主珊瑚虫。

这个组合很巧妙，藻类很难在热带水域生长繁荣，因为这些水域通常营养含量很低。因此，珊瑚捕捉猎物并将其作为藻类的肥料。珊瑚通过自身捕猎无法得到足够的食物，不够它们用来建造坚固的骨架，于是它们依赖藻类来推动生长。于是它们形成了合作伙伴关系，这种关系已经持续了数亿年，如果没有这种关系，它们各自都会饿死。更重要的是，它们建造的珊瑚礁庇护了成千上万的其他物种。

表面上看不出来，其实这种组合非常脆弱。农业污水和生活污水的排放，以及对食草鱼类的捕食，人类的这些行为引爆了生产力炸弹。一旦水中的废弃肥料足够多，鲜绿色的海藻就会快速生长，达到前所未有的数量。而当食草动物被捕捞走以后，海藻就会猖獗生长。早在 1980 年，特里·休斯（Terry Hughes）就在牙买加见过这样的场景：千年以上的鹿角珊瑚以及城市般的珊瑚礁被杂草一样疯长的藻类覆盖并杀死。它们的生存悬于一线。

这一条“线”就是一种叫作冠海胆的动物，这种海胆有棒球一般大，身上长着有毒的筷子一般长的尖刺。由于长了尖刺无法食用，渔民没有捕捞它们，但是几十年来，食藻鱼类已经被捕捞殆尽。尽管如此，这里的珊瑚礁依然能健康生长，原因就是这些冠海胆，它们晚上从缝隙中爬出来，在珊瑚礁中到处搜寻，将找到的所有藻类都吃掉。

然而随后这根线也断了。冠海胆碰到了加勒比海一场突发的大规模瘟疫，短短一年中，这场瘟疫杀死了数百万甚至数十亿的海胆。最后的食草动物不见了，生产力炸弹再也无法被拆除。藻类横扫珊瑚礁，大量珊瑚被闷死，只有一小部分活了下来。今天过度捕捞依然还在继续，海胆还没有完全恢复，珊瑚也没有恢复。除了少数繁荣的岛礁以外，剩下的少量珊瑚只能分散生活在残破的珊瑚礁坟场中。

通往黏液的滑坡，微生物将成为划时代转变

杰里米·杰克逊（Jeremy Jackson）是一位跃跃欲试的海洋生态学家（是的，这样的人的确存在），橙色的头发系成一个马尾辫，用非常规的视角审视着海洋问题。他周游世界，指出了海洋中发生的基础垮塌事件——越来越可怕的生产力炸弹正在稳步逼近。杰里米受过古生物学训练，他帮助成立了历史生态学科：将现代生态系统和过去的进行了比较。[51] 他的“哥伦布后的珊瑚礁”研究在 1996 年面世，他指出，珊瑚礁的消亡是一个真正的历史变迁事件。[52] 他和同事将我们现在的道路称为“通往黏液的滑坡”，这句押头韵的妙语描述了海洋的划时代转变：从大型鱼类的花园变成了细菌、海蜇以及柏油一般的藻类 [53]。未来的海洋依然十分高产，单从生物质量来看，可能比今天还高，但海里不再会有我们常见的食物，也许微生物将成为海洋中的唯一主导。生产力炸弹最常见的产物就是黏液。

荒草丛生

想象一下，在一片微生物丛生的海洋中，红棕色的表面铺满了藻类。庞大的死亡区和带着神经毒性的海水限制了高等级的生产力，食物链的上半部分已经消失，而底部则充满了有毒的污泥。波浪打在海滩上，溅起黏稠的绿色泡沫。过去干净的咸空气现在充满了有毒的腐朽恶臭。夏季的高温和酸化的海洋，已经消灭了海洋中所有精致的物种。

就连海洋中最成功的生物也会发现它们的舒适区已经被改变，这些生物领着固定的福利，终将无法承受一个更温暖、更酸化的海洋环境。我们向海洋大量排放废弃肥料，用手术般的精度移除了那些维持生态的关键物种，这些选择行为留下的还是一个充满生物的海洋，但这些生物并不是我

们想要的。

我们留下的海洋充满了各种微小、简单、柔软、深邃、盲目的野草般的物种：水母的窗帘、微生物的草坪、蠕虫的泥堆，或许深海里还有几只孤独的鮟鱇鱼。未来的海洋中还是会有活物存在，没有什么可以真正将其杀死，但留在里边的，将不再是我们了解的生命。

极端生物的未来

海洋正处在紧急状态，众多“病情”已经不是单靠科学就可以解救的了。[54] 我们有各种政策：减少二氧化碳、改善土地管理、限制渔业捕捞、设立保护区。如果这些政策“药物”不迅速执行，海洋将会越来越快地遭受真正可怕的危机。

从二氧化碳最终会溶解渗入的深海，到融化的极地冰盖，所有物种都会感受到温度和酸度的变化。海底热泉的虾类天天在毒药中洗澡，它们也许不会注意到什么变化。也许广阔的深海中依然会闪着生物发的光。但是，当磷虾失去了海冰栖息地，南极巨型鲸类就会碰到问题。如果温度上升几度，最冷的生物就会受苦。最热的珊瑚已经生活在温度上限附近，再无法承受更高的温度。最浅的潮间带物种在低潮时会被烤焦，风暴潮来临时它们又会被淹死。海洋中最长寿的鱼可能会眼看着它们的后代寿命越来越短，身体也越来越弱。就连海洋最深处的生物也会受到影响，它们可能是最不适应环境变化的生物，却要面对家园里充斥的高酸度，以及变化了的洋流。

当然，再过几百万年，情况会有所改善。毕竟大自然还是善于平衡自己的。经过漫长的地质年代，过去海洋中的大规模变化终将被理顺。地球和生物多样性终将恢复。人类从和祖先相揖而别，到发明工具，抬起眼睛观察和思考周围的世界，也花了这么长的时间。

也就是说，从长远来看，需要被拯救的不是海洋，而是人类。在接下来的几百年或者几千年里，人类还要继续活下去，但海洋已经不再是世界的大厨房，我们无法在里边安全地游泳或航行，海里充满毒素，风暴越来越肆虐。几亿人直接住在海边，几十亿人间接地从海洋生物身上受益。人类社会不能就这样等着一场持续百年的生产力炸弹引爆，也不能单单指望一千年后海洋恢复“正常”生产力。海洋的命运也是我们的命运，我们已经没有简单的办法来保证未来海洋的安全。

让我们的未来与海洋生命共存

一艘木艇在狂风暴雨中颠簸着前进，它的船体已经破裂，蓝色的油漆已经褪色了。船舷外侧的引擎“咳嗽”着，带着木艇穿过温暖的菲律宾水域。水面先是绿色，接着是灰色，倒映着天空的云朵，最后显现出了暗礁的黑色。驮着沉重的潜水装备，你将头转向潟湖边上长满青苔的峭壁。阿波岛陡峭的火山斜坡守护着一个小村庄，使其免遭南太平洋强风的侵扰。一队渔船围着你的木艇，高瘦的驾驶员驾着木艇驶向你的目的地。这些渔船对潜水来说是一个坏兆头，这表明这片海洋的情况不乐观，其中的生物已经很贫乏了。

戴好面具，衔好呼吸器的橡胶管，你从船的一侧落到水里。在清澈淡蓝的海水中缓缓下沉，你第一次看到了这里的珊瑚礁。看来你之前是多虑了。无数的鱼成群结队环游在礁石附近，它们的颜色和多样性令人惊叹。苏眉坐在珊瑚头下面养神，当你靠近时游了出来。它们体长一米多，摆出了守卫领地的愤怒姿势。也有友好的鱼类从你身边闪过：绿色和紫色的鹦鹉鱼、盘子大小的鳐鱼，还有一队渐渐成为当地珍奇物种的银色珍鲹。这片珊瑚礁生机勃勃，完全没有要衰落的样子。

阿波岛的珊瑚礁是菲律宾群岛中心一颗珍奇的宝石，而这块海域正在面临着海洋资源枯竭的威胁。你脚下珊瑚丛中体型好且身体健康的大鱼，都是来自一个颇具先见之明的决定。几十年前，岛上的小村庄决定在一部分珊瑚礁上禁止捕鱼。在这里，不管你有什么原因，都不许接触或者带走任何东西：它成为生态学家眼里的一个海洋保护区。这片保护区不是很大，只要越过无形边界，就是可以捕鱼的区域。即使如此，这个决定也给这片珊瑚礁带来了巨大的影响。在保护区里边，食物链上下的鱼都可以活得比较长，能长到巨大的体积，就像你看到的愤怒的苏眉一样。它们不会被很快捕猎走，而是在成熟以后活许多年，制造出数以百万的后代。很多珊瑚礁鱼类的习惯生活空间只有游泳池一般大小，因此有些幸运的鱼可能从出生到死亡都没见过鱼钩。[1] 在保护区以外的地方，生存就变得充满凶险和暴力，而且寿命也更短暂。鱼群被密集的捕鱼船队捕捞走，最后海里所剩无几。阿波岛的渔民在大多数晚上都能满载而归，但他们是在保护区外围捕鱼的。保护区巨大的生产力，在不受干扰的条件下，可以补足渔民在别处的猎获。[2]

在自然史的这个阶段，在人类的集体压力下，海洋生态已经开始出现裂缝，但还没有被真正破坏掉。展望 2100 年，当今天的儿童变成祖父母时，会面临着两个截然不同的未来。一个就是当前情况的继续，二氧化碳不停地涌入大气和海洋。[3] 如果到 2100 年，我们依然以现在或更快的速率排放二氧化碳（见图 12-1），海洋的恶化就会无法挽救，再也无法回到现在的状态。到了那种情况，海洋就会过度酸化，温度过热，海平面过高，而且会有更多的风暴。而这些气象变化的衰退需要极长的时间，等到 2100 年的时候，海洋可能已经遭受到了长期的损害。

然而我们也可以采取一条不同的二氧化碳曲线。如果我们真的改变了政策，到 2100 年，海洋的情况可能依然不乐观，但也不会完全被破坏，而自然界漫长的二氧化碳清理过程将开始进行。如果碳排放能在2050年得到控制，那么到2100年，大气中的二氧化碳含量可能就会开始下降。炎热、风暴、酸化等一切灾难都会开始减退。虽然结果不是很好，但总会越来越好，而不是越来越可怕，所有的损害都会更为短暂。

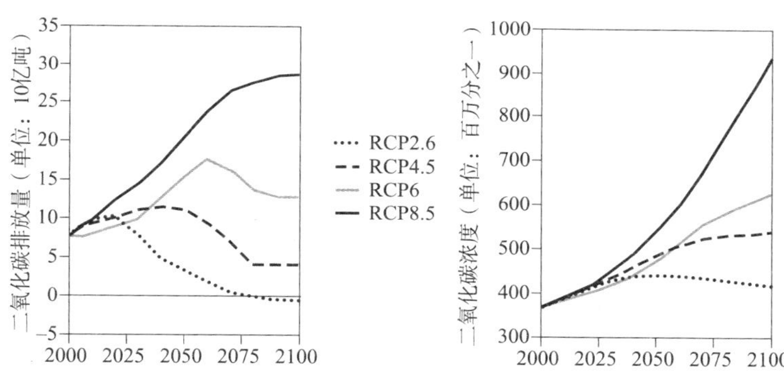

图 12-1　未来大气中二氧化碳的变化量

注：此图基于未来不同应对方式绘制。RCP 8.5（左图黑色实线）是最可能的情况，它代表了碳排放未加限制的未来。该场景将会导致海洋二氧化碳以指数级增长（右图黑色实线），在2100年以后，海洋生物会受到严重影响。只有在二氧化碳排放从2020年开始下降（例如在RCP 2.6场景中，左图虚线），海洋二氧化碳浓度才会在2100年后开始下降。中间的场景（RCP 4.5和RCP 6.0）中，在可预见的未来，海洋二氧化碳浓度还是会增长。

科学家和环保团体无法改变二氧化碳的排放，所以留给我们的就是一个巨大的挑战和一笔艰难的交易。这个交易是这样的：所有的经济体、产业以及世界上所有的人，都应该尽一切力量，让二氧化碳的排放量在2050年停止增长，并且在2100年退回到可接受的级别。采取化石燃料之外的能源大概是成功的关键，不过，改变也不是非要立即开始。我们还有一代人的时间来实现这一目标。

作为回报，科学家和环境工程师必须尽最大的努力，挽救尽可能多的自然栖息地，不管是海洋还是陆地。这项工作需要持续到下个世纪，直到情况开始改善。我们必须把尽可能多的极端物种保护起来，让它们存活到下个世纪。当国际社会付出努力和牺牲，最终获得成效时，环保工作者必须能承诺提供一个准备好再生的狂野的世界。

海洋科学家知道自己该做什么。一些地方已经开始实施保护，生态已经有了改善。比如像阿波岛已经开始出现大鱼，再比如加州的蒙特利湾，海洋保护区使海獭有了立足之地，而且开始重新征服它们往日的沿海领土。无论海洋生命极端与否，都已经准备好了为我们再次蓬勃成长。完全相同的生物能量，既可以创造出恐怖的生产力炸弹，又可以修复我们制造的伤害。如果利用得当，海洋是我们唯一的伟大工具。工具已经准备好了，我们也知道了如何保护它：建立保护区，实施可持续的捕鱼策略，防范化肥之类的沿海污染，培育对健康海洋生态的尊重。不管我们做什么，2100 年的海洋都会充满生机。只要我们步调一致地阻止气候变化，我们依然可以选择拥有一个美丽的海洋，里边充满了鲸鱼、金枪鱼、珊瑚礁、乌贼、海龟以及微笑的小头鼠海豚。

致谢

和很多东西一样，这本书诞生于既有规则的齿缝之间。海洋是我们这个世界上最丰产的舞台，这个舞台上充满了奇妙多姿的角色，它们在每日的剧集中演绎着自己的生活。不过，写到海洋或者任何自然生活环境时，脚本往往是这样的：先详细描述生物的天然多样性，罗列物种，直到令人叹为观止，然后讲述这些地方发生的人为灾难，敲响厄运之钟。这就是既有规则的缝隙或缺陷所在。这是一个角色成长的缺陷，也意味着一个极大的需求，我们需要一种简单的感觉，一种超越负罪感的赞叹，来感受海洋生命的奇妙之处。

人类的破坏影响了每一处自然栖息地，厄运之钟长鸣不止，不过我们想把重点放在别的地方。如果听众对各个角色没有感情投入，他们怎么会有兴趣关注故事的结局呢？这些角色身居何处？与谁为伴？生活中经历着什么样的冲突，体验着什么样的美好？因此，本书的关注点在于海洋生命本身，它们怎样生活，怎样繁荣兴盛。在各个章节中，我们试图按照主题的需求，将小说的叙事风格和科学的精确陈述结合在一起，以重现这些角色的生活。我们选择了海里最极端的生命，让它们展现生命的能力极限所在。

本书可能依然存在不准确之处，我们为此向你致歉。尽管我们有着遍布全世界的朋友和同事的关系网，但一本包含了200多个主题的概括性书籍还是绝难做到完全精确的，尤其是正当研究还在继续，新的结果还在不断产生之时。自始至终，我们都使用了科学文献作为事实陈述的基础。不过，优秀的讲述者还要试图更好地展示角色，要有鲜活的色彩，灵性的动态，还要有生与死的冲突。为了实现这些元素，我们会创造一些场景，这些场景和真实数据完全一致，但不一定真被人观察到过。

我们为书中的素材提供了众多引用资源，不过在研究中我们碰到一个有趣的问题。史蒂芬·帕鲁比就职于斯坦福大学，可以看到图书馆所有的资源，他在访问世界各地出版的科学论文方面拥有无人能及的优势，而安东尼·帕鲁比没有这些资源。一开始我们抱着试试看的态度，只使用人人都能找到的网上资源来写这本书。然而这些资源有的不完整，有的不精确，所以我们转而参考了大量的科学论文出版物。公众要访问可靠的科学出版物是一件令人沮丧的难事，不过最后我们还是试着把它们端上了读者的餐桌，并且提供了可口的引述，如果读者想要追溯源头，他可以顺着这些线索去找。我们也列出了准确度不错的网上资源，版权过期但内容仍具参考价值的作品，以及能找到的开源科学论文。

事实证明，对我们二人来说，小说作家和科学家的交互，比起别的形式的父子交互要有趣得多。我们希望这种二人协作的方式，能在将来为读者和作者们带来更引人入胜的关于自然环境的作品。除此之外，我们希望你在阅读我们最终成果时能享受到其中的乐趣，正如我们享受写作的乐趣一样。

两位作者感谢他们共同的家人，感谢他们的支持、建议和指导，尤其是玛丽·罗伯茨（Mary Roberts）和劳诺·帕鲁比（Laurel Palumbi）。感谢劳伦·帕鲁比（Loren Palumbi）为每一章的开头画的插图。我们还要感谢普林斯顿大学出版社的支持。感谢普林斯顿出版协会彼得·川普（Peter Strupp）毫不妥协的细节管理让这本书最终面世，感谢出版社的艾丽森·卡雷特（Alison Kalett）在连我们都信心不足时就肯定了这本书的潜力。

我们在一路上幸运地得到了众多同事、学生、朋友，以及宽容的家人的支持。他们包括 Farook Azam、Scott Baker、Mark Bertness、Cheryl Butner、Greg Caillet、Penny Chisholm、Chris Chyba、Ann Cohen、Dan Costa、Larry Crowder、Mark Denny、Emmet Duffy、Rob Dunbar、Sylvia Earle、David Epel、Jim Estes、Jed Fuhrman、Bill Gilly、Steve Haddock、Roger Hanlon、Megan Jensen、Les Kaufman、Lisa Kerr、Burney Le Boeuf、Sarah Lewis、Jane Lubchenco、John McCosker、Robert Paine、Jon Payne、John Pearse、Dan Rittschof、Clay Roberts、Maggie Roberts、MaryAnne Roberts、Paul Roberts、Sherry Roberts、Carl Safina、Dave Siemens、George Somero、Danna Staaf、Jon Stillman、Dan Tchernov、Stuart Thompson、Cindy Van Dover、Charlotte Vick、Amanda Vincent、Bob Warner、Craig Young。感谢他们每个人的帮助、建议、告诫，还有鼓励。

注释

前言 海洋史诗，一场极端生命的生存大战

1 W. *Whitman, Leaves of Grass*, "Song of Myself," stanza 51.

2 http://www.lifesci.ucsb.edu/ ~ biolum/organism/dragon.html.

3 Hoare, P. 2010. *The Whale: In Search of Giants in the Deep*. New York: Ecco.

4 Clarke, M. R. 1969. "A review of the systematics and ecology of oceanic squid." *Advances in Marine Biology* 4:91–300.

5 Roper, C. F., and K. J. Boss. 1982. "The giant squid." *Scientific American*, April.

6 Ellis, R. 1998. *The Search for the Giant Squid*. New York: Penguin.

7 Aoki, K., M. Amano, K. Mori, A. Kourogi, T. Kubodera, and N. Miyazaki. 2012. "Active hunting by deep-diving sperm whales: 3D dive profiles and maneuvers during bursts of speed." *Marine Ecology Progress Series* 444:289–301.

8 Whitehead, H. 2003. *Sperm Whales: Social Evolution in the Ocean*. Chicago: University of Chicago Press.

9 Ellis, *The Search for the Giant Squid*.

01 早期之最：环境红利，多细胞生物如何战胜微生物

1 Kasting, J. F. 1993. "Earth's early atmosphere." *Science* 259:920–926.

2 Moseman, A. 2010. "Frost-covered asteroid suggests extraterrestrial origin for

Earth's oceans." *Discover Magazine*, April 29.

3 Chyba, C., and C. Sagan. 1992. "Endogenous production, exogenous delivery and impact-shock synthesis of organic molecules: An inventory for the origins of life." *Nature* 355:125–132.

4 Knoll, A. H. 2004. *Life on a Young Planet: The First Three Billion Years of Evolution on Earth*. Princeton, NJ: Princeton University Press, p. 73.

5 Knoll, *Life on a Young Planet*, chapters 2, 3.

6 Tenenbaum, D. 2002. "When did life on Earth begin? Ask a rock." *Astrobiology Magazine*, October 14. http://astrobio.net/exclusive/293/when-did-life-on-earth-begin-ask-a-rock; Olson, J. M. 2006. "Photosynthesis in the Archean era." *Photo-synthesis Research* 88:109–117.

7 Rothschild, L. J. 2009. "Earth science: Life battered but unbowed." *Nature* 459:335–336; http://www.nature.com/nature/journal/v459/n7245/full/459335a.html.

8 Wade, N. 2011. "Team claims it has found oldest fossils." *New York Times*, August 21; Wacey, D., M. R. Kilburn, M. Saunders, J. Cliff, and M. D. Brazier. "Microfossils of sulphur-metabolizing cells in 3.4-billion-year-old rocks of Western Australia." *Nature Geoscience* 4:698–702.

9 Olson, "Photosynthesis in the Archean era."

10 http://en.wikipedia.org/wiki/Great_Oxygenation_Event; Knoll, *Life on a Young Planet*, chapters 4, 5.

11 Olson, "Photosynthesis in the Archean era."

12 Buick, R. 2008. "When did oxygenic photosynthesis evolve?" *Philosophical Transactions of the Royal Society* B 363:2731–2743. doi: 10.1098/rstb.2008.0041.

13 See the exchange of letters at http://www.sciencemag.org/content/330/6005/754.2.full.pdf.

14 http://en.wikipedia.org/wiki/File:Oxygenation-atm-2.svg.

15 Lang, B. F., M. W. Gray, and G. Burger. 1999. "Mitochondrial genome evolution and the origin of eukaryotes." *Annual Review of Genetics* 33:351–397.

16 Knoll, *Life on a Young Planet*, chapters 6–8.

17 Gribaldo, S., A. M. Poole, V. Daubin, P. Forterre, and C. Brochier-Armanet. 2010. "The origin of eukaryotes and their relationship with the Archaea: Are we at a phylogenomic impasse?" *Nature Reviews Microbiology* 8:743–752.

18 Garrett, R., and H. P. Klenk. 2007. *Archaea: Evolution, Physiology, and Molecular Biology*. Oxford: Wiley and Sons.

19 Woese, C. R., O. Kandler, and M. L. Wheelis. 1990. "Towards a natural system of organisms: Proposal for the domains Archaea, Bacteria, and Eucarya." *Proceedings of the National Academy of Sciences*, USA 87: 4576–4579.

20 Barns, S. M., R. E. Fundyga, M. W. Jeffries, and N. R. Pace. 1994. "Remarkable Archaeal diversity detected in a Yellowstone National Park hot spring environment." *Proceedings of the National Academy of Sciences*, USA 91:1609–1613.

21 Blöchl, E., R. Rachel, S. Burggraf, D. Hafenbradl, H. W. Jannasch, and K. O. Stetter. 1997. "*Pyrolobus fumarii*, gen. and sp. nov., represents a novel group of Archaea, extending the upper temperature limit for life to 113 C." *Extremophiles* 1:14–21.

22 Narbonne, G. M. 2005. "The Ediacara biota: Neoproterozoic origin of animals and their ecosystems." *Annual Review of Earth and Planetary Sciences* 33:421–442.

23 Butterfield, N. J. 2011. "Terminal developments in Ediacaran embryology." *Science* 334:1655–1656.

24 Narbonne, "The Ediacara biota." See also http://en.wikipedia.org/wiki/Ediacaran_biota.

25 Gould, S. J. 1990. *Wonderful Life: The Burgess Shale and the Nature of History*. New York: W. W. Norton and Company; Knoll, Life on a Young Planet, chapter 11.

26 Gould, *Wonderful Life*, chapter 3.

27 Knoll, *Life on a Young Planet*, pp. 192–193; see also Gould, Wonderful Life, pp. 124–136.

28 Ho, S. 2008. "The Molecular Clock and estimating species divergence." *Nature Education* 1.

29 Wray, G., J. S. Levinton, and L. Shapiro. 1996. "Molecular evidence for deep Precambrian divergences among metazoan phyla." *Science* 274:568–573.

30 Jensen, S. 2003. "The Proterozoic and earliest Cambrian trace fossil record; Patterns, problems and perspectives." *Integrative and Comparative Biology* 43:219–228; http://en.wikipedia.org/wiki/Trace_fossil.

31 Benton, M. J. 2008. *The History of Life: A Very Short Introduction*. Oxford: Oxford University Press, chapter 3.

32 Morris, S. C., and J. B. Caron. 2012. "*Pikaia gracilens* Walcott, a stem-group chordate from the Middle Cambrian of British Columbia." *Biological Reviews* 87:480–512.

33 Gould, *Wonderful Life*, pp. 312–323.

34 Whittington, H. B. 1975. "The enigmatic animal Opabinia regalis, Middle Cambrian Burgess Shale, British Columbia." *Philosophical Transactions of the Royal Society of London* B 271:1–43.

35 Gould, *Wonderful Life*, pp.124–136; http://en.wikipedia.org/wiki/Opabinia.

36 Gould, *Wonderful Life*, pp. 124–125.

37 Gould, *Wonderful Life*, p. 51.

38 Gould, *Wonderful Life*, p. 25.

39 Gould, *Wonderful Life*, pp. 124–136.

40 Gould, *Wonderful Life*, p. 47.

02 古老之最：亿万年的活化石，核心结构战胜演化竞赛

1 http://en.wikipedia.org/wiki/Volkswagen_air_cooled_engine.

2 Braddy, S. J., M. Poschmann, and O. E. Tetlie. 2008. "Giant claw reveals the largest ever arthropod." *Biology Letters* 4:106–109.

3 Lieberman, B. S. 2002. "Phylogenetic analysis of some basal early Cambrian trilobites, the biogeographic origins of the eutrilobita, and the timing of the Cambrian radiation." *Journal of Paleontology* 76:692–708. doi: 10.1666/0022-3360.

4 Fortey, Richard. 2000. *Trilobite! Eyewitness to Evolution*. New York: Knopf Doubleday, p. 214.

5 See Fortey, *Trilobite!* chapter 9.

6 Fortey, Richard. 2000. *Trilobite! Eyewitness to Evolution*. New York: Knopf Doubleday, p. 214.

7 Fortey, R., and B. Chatterton. 2003. "A Devonian trilobite with an eyeshade." *Science* 301:1689. doi: 10.1126/science.1088713.

8 Towe, K. M. 1973. "Trilobite eyes: Calcified lenses in vivo." *Science* 179:1007–1009. doi: 10.1126/science.179.4077.1007.

9 Fortey, *Trilobite!* p. 241.

10 Owens, R. M. 2003. "The stratigraphical distribution and extinctions of Permian trilobites." *Special Papers in Palaeontology* 70:377–397.

11 有一个来自加拿大不列颠哥伦比亚省的著名样本，体宽 6 英尺，保存完好，请参见 http://www.bcfossils.ca/.

12 Cook, T. A. 1979. *The Curves of Life: Being an Account of Spiral Formations and Their Application to Growth in Nature, to Science, and to Art: With Special Reference to the Manuscripts of Leonardo da Vinci*. Mineola, NY: Courier Dover Publications.

13 Collins, D. H., and P. Minton. 1967. "Siphuncular tube of Nautilus." *Nature* 216:916–917.

14 Collins and Minton, "Siphuncular tube."

15 Boardman, R. S., A. H. Cheetham, and A. J. Rowell. 1987. *Fossil Invertebrates*. Oxford: Blackwell, p. 345.

16 Castro, P., and M. Huber. 2000. *Marine Biology*, third edition. Boston: McGraw-Hill, p. 350.

17 *Hamlet*, Act 2, Scene 2.

18 Fortey, R. 2012. *Horseshoe Crabs and Velvet Worms: The Story of the Animals and Plants That Time Has Left Behind*. New York: Knopf.

19 Avise, J. C., W. S. Nelson, and H. Sugita. 1994. "A speciational history of 'living fossils': Molecular evolutionary patterns in horseshoe crabs." *Evolution* 48:1986–2001.

20 http://www.ceoe.udel.edu/horseshoecrab/research/eye.html.

21 它在 2700 万年至 7000 万年前由别种鲎分化而来，不过其化石历史不足以明确展示其演化历程。Avise et al., "A speciational history of 'living fossils.'"

22 Størmer, L. 1952. "Phylogeny and taxonomy of fossil horseshoe crabs." *Journal of Paleontology* 26:630–640.

23 http://www.sciencedaily.com/releases/2008/02/080207135801.htm.

24 Balon, E. K., M. N. Bruton, and H. Fricke. 1988. "A fiftieth anniversary reflection on the living coelacanth, *Latimeria chalumnae*: Some new interpretations of its natural history and conservation status." *Environmental Biology of Fishes* 23:241–280.

25 http://vertebrates.si.edu/fishes/coelacanth/coelacanth_wider.html.

26 Quoted in Balon et al., "A fiftieth anniversary," p. 243.

27 Balon et al., "A fiftieth anniversary."

28 Eilperin, J. 2012. *Demon Fish: Travels through the Hidden World of Sharks*. New York: Anchor Books, p. 25.

29 Eilperin, *Demon Fish*.

30 Kalmijn, A. J. 2000. "Detection and processing of electromagnetic and near-field acoustic signals in elasmobranch fishes." *Philosophical Transactions of the Royal Society of London B* 355:1135–1141.

31 有一篇引人入胜的科学文章，其中描述了和鲨鱼的电流感知器官有关的实验，这些实验虽然简单，却也前卫。请参见 Kalmijn, A. J. 1971. "The electric sense of sharks and rays." *Journal of Experimental Biology* 55:371–383.

32 http://www.ams.org/samplings/feature-column/fcarc-pagerank.

33 Paleontological Society. "Fossil shark teeth." Paleosoc.org. http://www.paleosoc.org/Fossil_Shark_Teeth.pdf.

34 Vampire bat teeth rate highly, too, scalpels able to slice a vein without a victim noticing. Feldhamer, G., L. C. Drickhamer, S. H. Vessey, J. F. Merritt, and C. Krajewski. 2007. *Mammalogy: Adaptation, Diversity, Ecology*. Baltimore: Johns Hopkins University Press, p. 63.

35 Kemp, N. E., and J. H. Park. 1974. "Ultrastructure of the enamel layer in developing teeth of the shark *Carcharhinus menisorrah*." *Archives of Oral Biology* 19:633–644.

36 Kemp, N. E. 1985. "Ameloblastic secretion and calcification of the enamel layer in shark teeth." *Journal of Morphology* 184:215–230.

37 Grogan, E. D., R. Lund, and E. Greenfest-Allen. 2004. "The origin and relationships of early chondrichthyans." In J. C. Carrier, J. A. Musick, and M. R. Heithaus (eds.). *Biology of Sharks and Their Relatives*. Boca Raton, FL: CRC Press, pp. 3–32. For an online alternative, see http://www.elasmo-research.org/education/evolution/earliest.htm.

38 Miller, R. F., R. Cloutier, and S. Turner. 2003. "The oldest articulated chondrichthyan from the Early Devonian period." *Nature* 425:501–504.

39 http://en.wikipedia.org/wiki/Cladoselache.

40 Vanessa Jordan, Florida Museum of Natural History. http://www.flmnh.ufl.edu/fish/gallery/descript/goblinshark/goblinshark.html.

41 Compagno, L.J.V. 1977. "Phyletic relationships of living sharks and rays."

American Zoologist 17:303–322.

42 http://science.nationalgeographic.com/science/prehistoric-world/permian-extinction/.

43 Shen S.-Z., J. L. Crowley, Y. Wang, S. A. Bowring, D. H. Erwin, et al. 2011. "Calibrating the end-Permian mass extinction." Science 334:1367–1372. doi: 10.1126/ *science*.1213454.

44 Benton, M. J., and R. J. Twitchett. 2003. "How to kill (almost) all life: The end-Permian extinction event." *Trends in Ecology and Evolution* 18:358–365.

45 Payne, J. L., D. J. Lehrmann, J. Wei, M. J. Orchard, D. P. Schrag, and A. H. Knoll. 2004. "Large perturbations of the carbon cycle during recovery from the end-Permian extinction." *Science* 305:506–509.

46 Dean, M. N., C. D. Wilga, and A. P. Summers. 2005. "Eating without hands or tongue: Specialization, elaboration and the evolution of prey processing mechanisms in cartilaginous fishes." *Biology Letters* 1:357–361. doi: 10.1098/ rsbl.2005.0319 1744-957X.

47 http://www.flmnh.ufl.edu/fish/sharks/fossils/megalodon.html.

48 Gottfried, M. D., L.J.V. Compagno, and S. C. Bowman. 1996. "Size and skeletal anatomy of the giant megatooth shark *Carcharodon megalodon*." In A. P. Klimley and D. G. Ainley (eds.). *Great White Sharks: The Biology of Carcharodon carcharias*. San Diego: Academic Press, pp. 55–89.

49 http://www.flmnh.ufl.edu/fish/sharks/fossils/megalodon.html.

50 Botella, H., P.C.J. Donoghue, and C. Martínez-Pérez. 2009. "Enameloid microstructure in the oldest known chondrichthyan teeth." *Acta Zoologica* 90(supplement):103–108.

51 Barnosky, A. D., N. Matzke, S. Tomiya, G. O. Wogan, B. Swartz, et al. 2011. "Has the Earth's sixth mass extinction already arrived?" *Nature* 471:51–57.

52 Holder, M. T., M. V. Erdmann, T. P. Wilcox, R. L. Caldwell, and D. M. Hillis. 1999. "Two living species of coelacanths?" *Proceedings of the National Academy of Sciences*, USA 96:12616–12620.

53 Saunders, W. B. 2010. "The species of nautilus." In W. B. Sanders and N. H. Landers (eds.). *Nautilus: The Biology and Paleobiology of a Living Fossil*. Dordrecht: Springer, pp. 35–52.

54 http://www.washingtonpost.com/wp-dyn/content/article/2005/06/09/ AR2005060901894.html.

03 微小之最：细菌，一夜间改变海洋生物的大局

1 http://www.sciencedaily.com/releases/2008/06/080603085914.htm; http://en.wikipedia.org/wiki/Human_microbiome.

2 http://en.wikipedia.org/wiki/Microscope.

3 Pasteur, L. 1878. "The germ theory and its applications to medicine and surgery." Read before the French Academy of Sciences, April 29, 1878. *Comptes Rendus de l'Academie des Sciences* 86: 1037–1043.

4 Darwin, C. 1845. *Voyage of the Beagle*, second edition. London: John Murray, p. 519.

5 Pomeroy, L. R. 1974. "The ocean's food web, a changing paradigm." *BioScience* 24:499–504; see also the original counting methodology reviewed in Hobbie, J. E., R. J. Daley, and S. Jasper. 1977. "Use of Nuclepore filters for counting bacteria by fluorescence microscopy." *Applied and Environmental Microbiology* 33:1225–1228.

6 Pomeroy, L. R., P.J.I. Williams, F. Azam, and J. E. Hobbie. 2007. "The microbial loop." *Oceanography* 20(2):28–33.

7 你也许想要相关证据，我们当时也是这么想的。海洋中有 10^{29} 个细菌，每一个细菌的长度是百万分之一米，连起来以后有 10^{20} 千米，或者是大约 1 000 万光年。银河系的周长大约是 30 万光年。此处内容取材于：George Somero and Mark Denny, Oceanic Biology lecture, Hopkins Marine Station, Pacific Grove, CA, February 2012.

8 Ducklow, H. W. 1983. "Production and fate of bacteria in the oceans." *BioScience* 33:494–501.

9 Pomeroy et al., "The microbial loop," pp. 28–33.

10 Cho, B. C., and F. Azam. 1988. "Major role of bacteria in biogeochemical fluxes in the ocean's interior." *Nature* 332:441–443.

11 Johnson, P. W., and J. M. Seiburth. 1979. "Chroococcoid cyanobacteria in the sea: A ubiquitous and diverse phototrophic biomass." *Limnology and Oceanography* 24:928–935.

12 See the lively report of a talk by Penny Chisolm in Beardsley, T. M. 2006. "Metagenomics reveals microbial diversity." *BioScience* 56:192–196.

13 Also see this nice report from National Public Radio's Science Friday: http://www.npr.org/templates/story/story.php?storyId=91448837.

14 Penny Chisholm, personal communication, March 2012.

15 Campbell, N. A., J. B. Reece, M. R. Taylor, E. J. Simon, and J. L. Dickey. 2006. *Biology: Concepts and Connections*. New York: Benjamin Cummings.

16 http://microbewiki.kenyon.edu/index.php/Prochlorococcus_marinus.

17 http://en.wikipedia.org/wiki/Mycoplasma_genitalium.

18 http://www.scientificamerican.com/article.cfm?id=gulf-oil-eating-microbes-slide-show.

19 See the recent review in Hartmann, M., C. Grob, G. A. Tarran, A. P. Martin, P. H. Burkill, et al. 2012. "Mixotrophic basis of Atlantic oligotrophic ecosystems." *Proceedings of the National Academy of Sciences*, USA 109:5756–5760.

20 http://en.wikipedia.org/wiki/Dissolved_organic_carbon; http://en.wikipedia.org/wiki/Microbial_loop; Pomeroy et al., "The microbial loop," pp. 30–31.

21 Stone, R. 2010. "Marine biogeochemistry: The invisible hand behind a vast carbon reservoir." *Science* 328:1476–1477.

22 Zubkov, M. V., M. A. Sleigh, and P. H. Burkill. 2001. "Heterotrophic bacterial turnover along the 20°W meridian between 59°N and 37°N in July 1996." *Deep-Sea Research Part II: Topical Studies in Oceanography* 48:987–1001.

23 前提是一千万细菌总重 100 纳克，而细菌总量是 10^{29} 个，算算就得出来这个数了。

24 Azam, F., T. Fenchel, J. G. Field, J. S. Gray, L. A. Meyer-Reil, and F. Thingstad. 1983. "The ecological role of water-column microbes in the sea." Marine Ecology Progress Series 10:257–263.

25 Pomeroy et al., "The microbial loop," p. 28.

26 这里我们试图将学术平衡一下。有很多最有趣的微生物属于一个叫作古菌（见第一章）的分类。它们和现在科学家称为真细菌的群组是不一样的。Azam 和 Malfatti 说得对，我们是应该给它们分别的称谓，不过为了节约用词，也为了不把人逼疯，我们在书里会把它们合起来，有时将其统称为细菌，有时将其统称为微生物。参见 Azam, F., and F. Malfatti. 2007. "Microbial structuring of marine ecosystems." *Nature Reviews Microbiology* 5:782–791.

27 Bratbak, G., and M. Heldal. 2000. "Viruses rule the waves—The smallest and most abundant members of marine ecosystems." *Microbiology Today* 27:171–173.

28 http://www.sciencemag.org/content/335/6072/1035.full.

29 Bratbak and Heldal, "Viruses rule the waves."

30 Suttle, C. A. 2007. "Marine viruses—Major players in the global ecosystem." *Nature Reviews Microbiology* 5:801–812.

31 http://researcharchive.calacademy.org/research/scipubs/pdfs/v56/proccas_v56_n06_SuppI.pdf.

32 Weiss, K. 2006. "A primeval tide of toxins." *Los Angeles Times*, July 30. http://articles.latimes.com/2006/jul/30/local/la-me-ocean30jul30.

33 Palumbi, S. R. 2001. *The Evolution Explosion*. New York: W. W. Norton.

34 Rohwer, F., and R. V. Thurber. 2009. "Viruses manipulate the marine environment." *Nature* 459:207–212.

35 Bidle, K. D., L. Haramaty, J.B.E. Ramos, and P. Falkowski. 2007. Viral activation and recruitment of metacaspases in the unicellular coccolithophore, *Emiliania huxleyi*." *Proceedings of the National Academy of Sciences*, USA 104:6049–6054.

36 Rohwer and Thurber, "Viruses manipulate the marine environment."

37 Frada, M., I. Probert, M. Allen, W. Wilson, and C. de Vargas, C. 2008. "The 'Cheshire Cat' escape strategy of the coccolithophore Emiliania huxleyi in response to viral infection." *Proceedings of the National Academy of Sciences*, USA 105:15944.

38 Palumbi, *Evolution Explosion*.

39 Meyer, K. M., M. Yu, A. B. Jost, B. M. Kelley, and J. L. Payne. 2010. "δ^{13}C evidence that high primary productivity delayed recovery from end-Permian mass extinction." *Earth and Planetary Science Letters* 302:378–384. doi: 10.1016/j.epsl.2010.12.033.

40 Fenchel, T. 2008. "The microbial loop—25 years later." *Journal of Experimental Marine Biology and Ecology* 366:99–103.

04 深水之最：要么是杀手，要么是拾荒者

1 Beebe, W. 1935. *Half Mile Down* London: John Lane, p. 102. Quote is from p. 112.

2 Beebe, *Half Mile Down*, p. 147.

3 我们不知道这是威廉·毕比的话，还是他的想法。Beebe, *Half Mile Down*, p. 100.

4 威廉·毕比是纽约动物学会（New York Zoological Society）热带研究学院（Department of Tropical Research）的理事。

5 偶尔也有植物物质，例如树木的枝干。例如，见 Turner, R. D. 1973. “Wood-boring bivalves, opportunistic species in the deep sea.” *Science* 180:1377–1379. doi: 10.1126/science.180.4093.1377.

6 Lonsdale, P. 1977. “Clustering of suspension-feeding macrobenthos near abyssal hydrothermal vents at oceanic spreading centers.” *Deep Sea Research* 24:857–863.

7 Tivey, M. K. 1998. “How to build a black smoker chimney.” *Oceanus*, December 1998. http://www.whoi.edu/oceanus/viewArticle.do?id=2400.

8 概览请参见 http://www.csa.com/discoveryguides/vent/review2.php.

9 Jannasch, H. W. 1985. “The chemosynthetic support of life and the microbial diversity at deep-sea hydrothermal vents.” *Proceedings of the Royal Society of London B* 225:277–297; Felbeck, H., J. J. Childress, and G. N. Somero. 1981. “Calvin-Benson cycle and sulphide oxidation enzymes in animals from sulphide-rich habitats.” *Nature* 293:291. doi: 10.1038/293291a0.

10 Mascarelli, A. 2009. “Dead whales make for an underwater feast.” *Audubon Magazine*, November–December. http://www.audubonmagazine.org/articles/nature/dead-whales-make-underwater-feast.

11 http://www.mnh.si.edu/onehundredyears/featured_objects/Riftia.html.

12 Cavanaugh, C. M., S. L. Gardiner, M. L. Jones, H. W. Jannasch, and J. B. Waterbury. 1981. “Prokaryotic cells in the hydrothermal vent tube worm *Riftia pachyptila* Jones: Possible chemoautotrophic symbionts.” *Science* 213: 340–342.

13 Bailly, X., and S. Vinogradov. 2005. “The sulfide binding function of annelid hemoglobins: Relic of an old biosystem?” *Journal of Inorganic Biochemistry* 99:142–150.

14 Childress, J. J., and C. R. Fisher. 1992. “The biology of hydrothermal vent animals: Physiology, biochemistry and autotrophic symbioses.” *Annual Review of Oceanography and Marine Biology* 30:337–441.

15 Jones, M. L., and S. L. Gardiner. 1989. “On the early development of the vestimentiferan tube worm *Ridgeia sp.* and observations on the nervous system and trophosome of *Ridgeia sp.* and *Riftia pachyptila*.” *Biological Bulletin* 177:254–276.

16 Nussbaumer, A. D., C. R. Fisher, and M. Bright. 2006. “Horizontal endosymbiont transmission in hydrothermal vent tubeworms.” *Nature* 441:345–348.

17 Lutz, R. A., T. M. Shank, D. J. Fornari, R. M. Haymon, M. D. Lilley, et al. 1994.

"Rapid growth at deep-sea vents." *Nature* 371:663–664.

18 http://www.sciencedaily.com/releases/2000/02/000203075002.htm.

19 实际数量很难确定，每次探测发现的数目都有所增加。贝克尔和同事记述了他们为海洋生命普查（Census of Marine Life）工作的结果，请参见 Baker, M. C., E. Z. Ramirez-Llodra, P. A. Tyler, C. R. German, A. Boetius, et al. 2010. "Bio-geography, ecology, and vulnerability of chemosynthetic ecosystems in the deep sea." In A. D. McIntyre (ed.). *Life in the World's Oceans*. Oxford: Blackwell; http://blogs.nature.com/news/2012/01/hydrothermal-vents-host-a-bonanza-of-new-species.html.

20 http://www.livescience.com/17715-yeti-crabs-antarctic-vents.html.

21 Castro, P., and M. Huber. 2000. *Marine Biology*, third edition. Boston: McGraw-Hill, p. 338.

22 Butman, C. A., J. T. Carlton, and S. R. Palumbi. 1996. "Whales don't fall like snow: Reply to Jelmert." *Conservation Biology* 10:655–656.

23 http://www.emagazine.com/magazine-archive/whale-falls.

24 关于落鲸更完整的描述请参见 Little, C.T.S. 2010. "Life at the bottom: The prolific afterlife of whales." *Scientific American*, February. doi: 10.1038/scientificamerican0210-78. http://www.scentificamerican.com/article.cfm?id=the-prolific-afterlife-of-whales.

25 Little, "Life at the bottom."

26 Little, "Life at the bottom"; 另见 http://www.mbari.org/news/news_releases/2010/whalefalls/whalefalls-release.html.

27 Butman, C. A., J. T. Carlton, and S. R. Palumbi. 1995. "Whaling effects on deep-sea biodiversity." *Conservation Biology* 9:462–464.

28 Smith, C., and A. Baco. 2003. "The ecology of whale falls at the deep sea floor." *Annual Review of Oceanography and Marine Biology* 41:311–354.

29 http://www.mbari.org/news/news_releases/2002/dec20_whalefall.html.

30 http://www.mbari.org/twenty/osedax.htm.

31 http://www.mbari.org/news/news_releases/2002/dec20_whalefall.html.

32 Rouse, G. W., S. K. Goffredi, and R. C. Vrijenhoek. 2004. "Osedax: Bone-eating marine worms with dwarf males." *Science* 305:668–671. doi: 10.1126/science.1098650; http://www.audubonmagazine.org/truenature/truenature0911.html.

33 Rouse et al., "Osedax: Bone-eating marine worms."

34 Rouse, G. W., K. Worsaae, S. B. Johnson, W. J. Jones, and R. C. Vrijenhoek. 2008. "Acquisition of dwarf male 'harems' by recently settled females of *Osedax roseus* n. sp. (Siboglinidae; Annelida)." *Biology Bulletin* 214:67–82. doi: 10.2307/25066661.

35 http://www.nature.com/news/2010/101206/full/news.2010.651.html.

36 Rouse, G. W., S. K. Goffredi, S. B. Johnson, and R. C. Vrijenhoek. 2011. "Not whale-fall specialists, Osedax worms also consume fishbones." Biology Letters 7:736– 739. doi: 10.1098/rsbl.2011.0202.

37 http://en.wikipedia.org/wiki/Boyle's_law.

38 Kooyman, G. L. 2009. "Diving physiology." In W. F. Perrin, B. Wursig, and J.G.M. Thewissen (eds.). *Encyclopedia of Marine Mammals*. San Diego, CA: Academic Press, pp. 327–332.

39 一篇关于深海效应的好文，参见 http://discovermagazine.com/2001/aug/featphysics.

40 http://discovermagazine.com/2001/aug/featphysics.

41 http://en.wikipedia.org/wiki/Saturated_fat.

42 Cossins, A. R., and A. G. Macdonald. 1989. "The adaptation of biological membranes to temperature and pressure: Fish from the deep and cold." *Journal of Bioenergetics and Biomembranes* 21:115–135.

43 例如深海鼠尾鳕（rattails，还有一个更优雅的名字叫 grenadiers，掷弹兵）和它们的浅水亲属之间的区别：Morita, T. 2004. "Studies on molecular mechanisms underlying high pressure adaptation of α-actin from deep-sea fish." *Bulletin of the Fisheries Research Agency* 13:35–77.

44 Oliver, T. A., D. A. Garfield, M. K. Manier, R. Haygood, G. A. Wray, and S. R. Palumbi. 2010. "Whole-genome positive selection and habitat-driven evolution in a shallow and a deep-sea urchin." *Genome Biology and Evolution* 2:800.

45 Kaariainen, J., and B. Bett. 2010. "Evidence for benthic body size miniaturization in the deep sea." *Journal of the Marine Biological Association of the UK* 86:1339–1345.

46 关于这个有一张颇为著名的照片：http://korovieva.files.wordpress.com/2010/05/giantisopods_doritos1.jpg.

47 http://scienceblogs.com/deepseanews/2007/04/from_the_desk_of_zelnio_bathyn.php.

48 http://davehubbleecology.blogspot.com/2012/02/antarctic-sea-spiders-polar-or-abyssal.html.

49 Fisher, C. R., I. A. Urcuyo, M. A. Simpkins, and E. Nix. 1997. "Life in the slow lane: Growth and longevity of cold-seep vestimentiferans." *Marine Ecology* 18:83–94.

50 Woods, H. A., A. L. Moran, C. P. Arango, L. Mullen, and C. Shields. 2008. "Oxygen hypothesis of polar gigantism not supported by performance of Antarctic pycnogonids in hypoxia." *Proceedings of the Royal Society of London B* 276:1069–1075.

51 Timofeev, S. F. 2001. "Bergmann's Principle and deep-water gigantism in marine crustaceans." *Biology Bulletin* 28:646–650. http://www.springerlink.com/content/w40861j17433662t/.

52 Castro and Huber, *Marine Biology*, pp. 345–347.

53 Castro and Huber, *Marine Biology*, pp. 345–347.

54 http://www.tonmo.com/science/public/giantsquidfacts.php.

55 http://en.wikipedia.org/wiki/Colossal_squid#Largest_known_specimen.

56 Sweeney, M. J., and C.F.E. Roper. 2001. *Records of Architeuthis Specimens from Published Reports*. Washington, DC: National Museum of Natural History, Smithsonian Institution. See http://invertebrates.si.edu/cephs/archirec.pdf.

57 http://www.tonmo.com/science/public/giantsquidfacts.php.

58 我们又如何能确认知晓呢?

59 Winkelmann, I., P. F. Campos, J. Strugnell, Y. Cherel, P. J. Smith, et al. 2013. "Mitochondrial genome diversity and population structure of the giant squid Architeuthis: Genetics sheds new light on one of the most enigmatic marine species. *Proceedings of the Royal Society of London B* 280:1759.

60 http://invertebrates.si.edu/giant_squid/page2.html.

61 Winkelmann et al., "Mitochondrial genome diversity and population structure of the giant squid."

62 Mesnick, S. L., B. L. Taylor, F. I. Archer, K. K. Martien, S. E. Treviño, et al. 2011. "Sperm whale population structure in the eastern and central North Pacific inferred by the use of single-nucleotide polymorphisms, microsatellites and mitochondrial DNA." *Molecular Ecology Resources* 11(supplement): 278–298.

63 http://squid.tepapa.govt.nz/exhibition.

64 http://news.nationalgeographic.com/news/2007/02/070222-squid-pictures.html.

65 http://news.nationalgeographic.com/news/2005/09/0927_050927_giant_squid.html.

66 所有后续讨论的总结请见 Haddock, S.H.D., M. A. Moline, and J. F. Case. 2010. "Bioluminescence in the sea." *Annual Reviews of Marine Science* 2:443–493.

67 Castro and Huber, *Marine Biology*, p. 341.

68 Castro and Huber, *Marine Biology*, p. 342.

69 这种浮游生物叫做甲藻（dinoflagellates）; see Haddock et al., "Bioluminescence in the sea," p. 465.

70 Haddock et al., "Bioluminescence in the sea."

71 参见 Piestch, T. 2009. *Oceanic Anglerfishes: Extraordinary Diversity in the Deep Sea*. Berkeley: University of California Press.

72 Piestch, *Oceanic Anglerfishes*, p. 7.

73 不过鮟鱇鱼其实是在笑。Piestch, *Oceanic Anglerfishes*, p. 262–263.

74 Widder, E. A., M. I. Latz, P. J. Herring, and J. F. Case. 1984. "Far-red bioluminescence from two deep-sea fishes." *Science* 225:512–514.

75 Herring, P. J., and C. Cope. 2005. "Red bioluminescence in fishes: On the suborbital photophores of *Malacosteus*, *Pachystomias* and *Aristostomias*." *Marine Biology* 148:383–394.

76 Hunt, D. M., S. D. Kanwaljit, J. C. Partridge, P. Cottrill, and J. K. Bowmaker. 2001. "The molecular basis for spectral tuning of rod visual pigments in deep-sea fish." *Journal of Experimental Biology* 204:3333–3344.

77 Hunt, D. M., S. D. Kanwaljit, J. C. Partridge, P. Cottrill, and J. K. Bowmaker. 2001. "The molecular basis for spectral tuning of rod visual pigments in deep-sea fish." *Journal of Experimental Biology* 204:3333–3344.

05 浅水之最：腹背受敌，生存的关键来自平衡上下两方的危险

1 Gallien, W. B. 1986. "A comparison of hydrodynamic forces on two sympatric sea urchins: Implications of morphology and habitat." Thesis, University of Hawaii, Honolulu. See also Denny, M., and B. Gaylord. 1996. "Why the urchin lost its spines: Hydrodynamic forces and survivorship in three echinoids." *Journal of Experomental Biology* 199:717–729.

2 Stephenson, T. A., and A. Stephenson. 1972. *Life between Tidemarks on Rocky Shores*. San Francisco: W. H. Freeman and Company.

3 Stephenson, T. A., and A. Stephenson. 1949. "The universal features of zonation between tide-marks on rocky coasts." *Journal of Ecology* 37:289–305. The quote is from p. 303.

4 Castro, P., and M. Huber. 2000. *Marine Biology, third edition.* Boston: McGraw-Hill, p. 225.

5 Castro and Huber, *Marine Biology*, p 228.

6 Glynn, P. W. 1997. "Bioerosion and coral-reef growth: A dynamic balance." In C. Birkeland (ed.). *Life and Death of Coral Reefs*. New York: Springer, pp. 68–95.

7 Sokolova, I. M., and H. O. Pörtner. 2001. "Physiological adaptations to high inter-tidal life involve improved water conservation abilities and metabolic rate depression in Littorina saxatilis." *Marine Ecology Progress Series* 224:171–186.

8 Garrity, S. D. 1984. "Some adaptations of gastropods to physical stress on a tropical rocky Shore." *Ecology* 65:559–574.

9 Curtis L. A. 1987. "Vertical distribution of an estuarine snail altered by a parasite." *Science* 235:1509–1511.

10 http://en.wikipedia.org/wiki/Salt_marsh.

11 Bertness, M. D. 1998. *Atlantic Shorelines: Natural History and Ecology*. Sunderland, MA: Sinauer Press.

12 Bertness, M. D. 1984. "Ribbed mussels and Spartina alterniflora production in a New England salt marsh." *Ecology* 65:1794–1807.

13 Castro and Huber, *Marine Biology*, p. 251.

14 http://www.flmnh.ufl.edu/fish/southflorida/mangrove/adaptations.html.

15 http://www.sms.si.edu/irlspec/Mangroves.htm.

16 Mann, K. H. 2000. "Estuarine benthic systems." In K. H. Mann (ed.). *Ecology of Coastal Waters with Implications for Management*. Oxford: Blackwell, pp. 118–135.

17 Reef, R., I. C. Feller, and C. E. Lovelock. 2010. "Nutrition of mangroves." *Tree Physiology* 30:1148–1160.

18 For example, see Lutz, P. 1997. "Salt, water and pH balance in the sea turtle." In P. Lutz and J. Musick (eds.). *The Biology of Sea Turtles.* Boca Raton, FL: CRC Press, pp. 343–361.

19 http://miami-dade.ifas.ufl.edu/documents/MangroveFactSheet.pdf.

20 Scholander, P. F. 1968. "How mangroves desalinate water." Physiologia Plan-

tarum 21:251–261.

21 http://www.nhmi.org/mangroves/phy.htm.

22 Evans, L. S., and A. Bromberg. 2010. "Characterization of cork warts and aerenchyma in leaves of Rhizophora mangle and Rhizophora racemosa." *Journal of the Torrey Botanical Society* 137:30–38.

23 Mumby, P. J., A. J. Edwards, J. E. Arias-González, K. C. Lindeman, P. G. Blackwell, et al. 2004. "Mangroves enhance the biomass of coral reef fish communities in the Caribbean." *Nature* 427:533–536.

24 Harris, V. A. 1960. "On the locomotion of the mudskipper Periophthalmus koelreuteri (Pallas): Gobiidae." *Proceedings of the Zoological Society of London* 134:107–135. doi: 10.1111/j.1469-7998.1960.tb05921.x.

25 Harris, "On the locomotion of the mudskipper."

26 Graham, J. B. (ed.). 1997. *Air-Breathing Fishes. Evolution, Diversity and Adaptation*. San Diego, CA: Academic Press.

27 Castro and Huber, *Marine Biology*, p. 254.

28 http://en.wikipedia.org/wiki/Mudskipper.

29 Morris, R. H., D. P. Abbott, and E. C. Haderlie. 1980. Intertidal Invertebrates of California. Palo, Alto, CA: Stanford University Press.

30 Ricketts, E. F., and J. Calvin. 1985. *Between Pacific Tides, fifth edition*. Palo Alto, CA: Stanford University Press.

31 Castro and Huber. *Marine Biology*, p. 228.

32 Morris et al., *Intertidal Invertebrates of California*.

33 http://www.washington.edu/research/pathbreakers/1969g.html.

06 长寿之最：占尽体型优势，甚至可以逆转新陈代谢

1 Simon, S. L., and W. L. Robison. 1997. "A compilation of nuclear weapons test detonation data for US Pacific Ocean tests." *Health Physics* 73:258–264.

2 Cailliet, G., and A. Andrews. 2008. "Age-validated longevity of fishes: Its importance for sustainable fisheries." In K. Tsukamoto, T. Kawamura, T. Takeuchi, T. D. Beard Jr., and M. J. Kaiser (eds.). 5th World Fisheries Congress 2008: Fisheries for Global Welfare and Environment. Tokyo: TERRAPUB, pp. 103–120.

3 http://www.afsc.noaa.gov/REFM/age/FAQs.htm.

4 Brodie, P. F. 1971. "A reconsideration of aspects of growth, reproduction, and behavior of the white whale (Delphinapterus leucas), with reference to the Cumberland Sound, Baffin Island, population." Journal of the Fisheries Board of Canada 28:1309– 1318; for a human connection, see Stenhouse, M. J., and M. S. Baxter. 1977. "Bomb 14C as a biological tracer." *Nature* 267:828–832.

5 Cailliet and Andrews, "Age-validated longevity of fishes," p. 105.

6 http://en.wikipedia.org/wiki/Yelloweye_rockfish.

7 http://www.conservationmagazine.org/2008/09/impostor-fish/.

8 Cailliet and Andrews, "Age-validated longevity of fishes," figure 3.

9 Andrews, A. H., G. M. Caillet, K. H. Coale, K. M. Munk, M. M. Mahoney, and V. M. O'Connell. 2002. "Radiometric age validation of the yelloweye rockfish (Sebastes ruberrimus) from southeastern Alaska." *Marine and Freshwater Research* 53:139–146.

10 Palumbi, S. R. 2004. "Fisheries science: Why mothers matter." *Nature* 430:621–622. http://palumbi.stanford.edu/manuscripts/Palumbi%202004a.pdf.

11 http://en.wikipedia.org/wiki/Yelloweye_rockfish.

12 Burton, E. J., A. H. Andrews, K. H. Coale, and G. M. Cailliet. 1999. "Application of radiometric age determination to three long-lived fishes using 210Pb:226Ra disequilibria in calcified structures: A review." In J. A. Musick (ed.). *Life in the Slow Lane: Ecology and Conservation of Long-Lived Marine Animals*. Special Publication 23. Bethesda, MD: American Fisheries Society, pp. 77–87.

13 http://www.youtube.com/watch?v=6EVajpR95bI, timestamp 0:55–1:25.

14 http://www.youtube.com/watch?v=6EVajpR95bI, timestamp 2:30–3:30.

15 http://seagrant.uaf.edu/news/96ASJ/05.06.96_BowheadAge.html; see also Noongwook, G., H. P. Huntington, and J. C. George. 2007. "Traditional knowledge of the bowhead whale (Balaena mysticetus) around St. Lawrence Island, Alaska." *Arctic* 60:47–54.

16 http://iwcoffice.org/conservation/lives.htm.

17 http://animals.nationalgeographic.com/animals/mammals/right-whale/.

18 John, C., and J. R. Bockstoce. 2008. "Two historical weapon fragments as an aid to estimating the longevity and movements of bowhead whales." *Polar Biology* 31:751–754.

19 http://news.nationalgeographic.com/news/2006/07/060713-whale-eyes_2.html.

20 George, J. C., J. Bada, J. Zeh, L. Scott, S. E. Brown, et al. 1999. "Age and growth estimates of bowhead whales (Balaena mysticetus) via aspartic acid racemization." *Canadian Journal of Zoology* 77:571–580; Rosa, C., J. Zeh, G. J. Craig, O. Botta, M. Zauscher, et al. 2012. "Age estimates based on aspartic acid racemization for bowhead whales (Balaena mysticetus) harvested in 1998–2000 and the relationship between racemization rate and body temperature." *Marine Mammal Science* 29:424–445.

21 http://iwcoffice.org/conservation/status.htm.

22 Clapham, P., S. Young, and R. Brownell Jr. 1999. *Baleen Whales: Conservation Issues and the Status of the Most Endangered Populations*. Paper 104. Washington, DC: U.S. Department of Commerce. http://digitalcommons.unl.edu/usdeptcommercepub/104.

23 Lubetkin, S. C., J. E. Zeh, C. Rosa, and J. C. George. 2008. "Age estimation for young bowhead whales (Balaena mysticetus)." *Canadian Journal of Zoology* 86:525–538. doi: 10.1139/Z08-028.

24 http://www.demogr.mpg.de/longevityrecords/0303.htm.

25 Medawar, P. 1957. *An Unsolved Problem in Biology*. London: H. K. Lewis and Co.

26 Zug, G. R., and J. F. Parham. 1996. "Age and growth in leatherback turtles, Dermochelys coriacea (Testudines: Dermochelyidae): A skeletochronological analysis." *Chelonian Conservation Biology* 2:244–249.

27 Eckert, K. L., and C. Luginbuhl. 1988. "Death of a giant." Marine Turtle Newsletter 43:2–3.

28 Shine, R., and J. B. Iverson. 1995. "Patterns of survival, growth and maturation in turtles." *Oikos* 72:343–348.

29 Zug, G. R., G. H. Balazs, J. A. Wetherall, D. M. Parker, K. Shawn, and K. Murakavua. 2002. "Age and growth of Hawaiian green seaturtles (Chelonia mydas): An analysis based on skeletochronology." Fishery Bulletin 100:117–127.

30 Elgar, M. A., and L. J. Heaphy. 1989. "Covariation between clutch size, egg weight and egg shape: Comparative evidence for chelonians." *Journal of Zoology* 219:137–152.

31 对于棱皮龟来说，有一个研究的估算结果是，母海龟每隔 3.2 年才会返回一次它们出生的海滩：Reina, R. D., P. A. Mayor, J. R. Spotila, R. Piedra, and F. V. Paladino. 2002. "Nesting ecology of the leatherback turtle,

Dermochelys coriacea, at Parque Nacional Marino Las Baulas, Costa Rica: 1988–1989 to 1999– 2000." *Copeia* 2002:653–664.

32 Chaloupka, M., and C. Limpus. 2002. "Survival probability estimates for the endangered loggerhead sea turtle resident in southern Great Barrier Reef waters." *Marine Biology* 140:267–277.

33 Carr, A. 1987. "New perspectives on the pelagic stage of sea turtle development." *Conservation Biology* 1:103–121.

34 Reported by N. Angier in 2006 at http://www.nytimes.com/2006/12/12/science/12turt.html.

35 http://oceanexplorer.noaa.gov/explorations/06laserline/background/blackcoral/blackcoral.html.

36 http://www.sciencecodex.com/stanford_researchers_say_living_corals_thousands_of_years_old_hold_clues_to_past_climate_changes_0.

37 http://blogs.sciencemag.org/newsblog/2008/02/methuselah-of-t.html.

38 Roark, E. B., T. P. Guilderson, R. B. Dunbar, S. J. Fallon, and D. A. Mucciarone. 2009. "Extreme longevity in proteinaceous deep-sea corals." *Proceedings of the National Academy of Sciences*, USA 106:5204–5208. doi: 10.1073/pnas.0810875106.

39 http://news.discovery.com/earth/caribbean-black-coral-date-back-to-jesus-110405.html.

40 Piraino, S., D. De Vito, J. Schmich, J. Bouillon, and F. Boero. 2004. "Reverse development in Cnidaria." *Canadian Journal of Zoology* 82:1748–1754.

41 Piraino, S., F. Boero, B. Aeschbach, and V. Scmid. 1996. "Reversing the life cycle: Medusae transforming into polyps and cell transdifferentiation in Turritopsis nutricula (Cnidaria, Hydrozoa)." *Biology Bulletin* 190:302–312.

42 http://blogs.discovermagazine.com/discoblog/2009/01/29/the-curious-case-of-the-immortal-jellyfish/.

43 http://news.nationalgeographic.com/news/2009/01/090130-immortal-jellyfish-swarm.html.

07 速度和旅程之最：快可逃生，远为觅食

1 鱼类游泳速度参见 FishBase: http://www.fishbase.org/Topic/List.php?group=32.

2 Ellis, R. 2013. Swordfish: A Biography of the Ocean Gladiator. Chicago: University of Chicago Press.

3 Lee, H. J., Y. J. Jong, L. M. Chang, and W. L. Wu. 2009. "Propulsion strategy analysis of high-speed swordfish." *Transactions of the Japan Society for Aeronautical and Space Sciences* 52:11–20.

4 De Sylva, D. P. 1957. "Studies on the age and growth of the Atlantic sailfish, Istiophorus americanus (Cuvier), using length-frequency curves." *Bulletin of Marine Science* 7:1–20.

5 http://en.wikipedia.org/wiki/Sailfish.

6 Block, B., D. Booth, and F. G. Carey. 1992. "Direct measurement of swimming speeds and depth of blue marlin." *Journal of Experimental Biology* 166:267–284.

7 And memory! Their records were all lost in a fire, but the Long Key fishermen remembered that it took 3 seconds for 100 yards of line to reel out. See Ellis, *Swordfish*, p. 156.

8 Walters, V., and H. L. Fierstine. 1964. "Measurements of swimming speeds of yellowfin tuna and wahoo." *Nature* 202:208–209.

9 http://seagrant.gso.uri.edu/factsheets/swordfish.html.

10 Carey, F. G., J. M. Teal, J. W. Kanwisher, K. D. Lawson, and J. S. Beckett. 1971. "Warm-bodied fish." *American Zoologist* 11:137–143. http://www.jgi.doe.gov/sequencing/why/3135.html.

11 Agris, P. F., and I. D. Campbell. 1979. "A brain heater in the swordfish." *Science* 205:160; Block, B. A. 1987. "Billfish brain and eye heater: A new look at non-shivering heat production." *Physiology* 2:208–213; Block, B. A. 1986. "Structure of the brain and eye heater tissue in marlins, sailfish, and spearfishes." *Journal of Morphology* 190:169–189; see also http://greenrage.wordpress.com/2008/05/16/anatomy-week-brain-heaters-in-marlins-and-sailfish/.

12 Fritsches, K. A., R. W. Brill, and E. J. Warrant. 2005. "Warm eyes provide superior vision in swordfishes." *Current Biology* 15:55–58.

13 http://www.fishbase.org.

14 Denny, M. W. 1993. *Air and Water: The Biology and Physics of Life's Media*. Princeton, NJ: Princeton University Press.

15 http://www.discoverlife.org/20/q?search=Exocoetus+volitans&b=FB1032.

16 Davenport, J. 1992. "Wing loading, stability, and morphometric relationships in flying fish (Exocoetidae) from the North Eastern Atlantic." *Journal of the Marine Biology Association*, UK 72:25–39.

17 http://www.montereybayaquarium.org/animals/AnimalDetails.aspx?enc=VsGX+Lst7QZT1ija0iwiEA.

18 Fish, F. E. 1990. "Wing design and scaling of flying fish with regard to flight performance." *Journal of Zoology*, London 221:391–403. http://www.nature.com/nature/journal/v337/n6206/abs/337460a0.html.

19 Oxenford, H. A., and W. Hunte. 1999. "Feeding habits of the dolphinfish (Coryphaena hippurus) in the eastern Caribbean." *Scientia Marina* 63:303–315. doi: 10.3989/ scimar.1999.63n3-4317.

20 Au, D., and D. Weihs. 1980. "At high speeds dolphins save energy by leaping." *Nature* 284:548–550.

21 http://en.wikipedia.org/wiki/Humpback_whale.

22 http://en.wikipedia.org/wiki/Fin_whale.

23 Clapham, P. J., and J. G. Mead. 1999. "Megaptera novaeangliae." *Mammalian Species* 604:1–9.

24 Fish, F. E., L. E. Howle, and M. M. Murray. 2008. "Hydrodynamic flow control in marine mammals." *Integrative and Comparative Biology* 48:788–800.

25 http://www.nextenergynews.com/news1/next-energy-news3.7b.html.

26 http://www.gizmag.com/bumpy-whale-fins-set-to-spark-a-revolution-in-aerodynamics/9020/.

27 Castro, P., and M. Huber. 2000. *Marine Biology, third edition*. Boston: McGraw-Hill, pp. 119–121.

28 http://lyle.smu.edu/ ~ pkrueger/propulsion.htm.

29 http://en.wikipedia.org/wiki/Squid_giant_axon.

30 O'Dor, R., J. Stewart, W. Gilly, J. Payne, T Cerveira Borges, and T. Thys. 2012. "Squid rocket science: How squid launch into air." *Deep Sea Research Part II: Topical Studies in Oceanography.* http://dx.doi.org/10.1016/j.dsr2.2012.07.002.

31 Muramatsu, K., J. Yamamoto, T. Abe, K. Sekiguchi, N. Hoshi, and Y. Sakurai. 2013. "Oceanic squid do fly." *Marine Biology* 160:1171–1175.

32 http://www.gma.org/lobsters/allaboutlobsters/society.html; http://slgo.ca/en/lobster/context/foodchain.html.

33 http://marinebio.org/species.asp?id=533.

34 Nauen, J. C., and R. E. Shadwick. 1999. "The scaling of acceleratory aquatic locomotion: Body size and tail-flip performance of the California spiny lobster

Panulirus interruptus." *Journal of Experimental Biology* 202:3181–3193. http://jeb.biologists.org/cgi/reprint/202/22/3181.pdf.

35 当然，如果你的布加迪和龙虾一样，只能加速一秒钟，那你就该考虑返修了。

36 Edwards, D. H., W. J. Heitler, and F. B. Krasne. 1999. "Fifty years of a command neuron: The neurobiology of escape behavior in the crayfish." *Trends in Neurosciences* 22:153–161; or see http://en.wikipedia.org/wiki/Caridoid_escape_reaction.

37 Edwards et al., "Fifty years of a command neuron."

38 http://en.wikipedia.org/wiki/Caridoid_escape_reaction.

39 Wine, J. J., and F. B. Krasne. 1972. "The organization of escape behaviour in the crayfish." *Journal of Experimental Biology* 56:1–18.

40 http://en.wikipedia.org/wiki/Command_neuron.

41 http://en.wikipedia.org/wiki/Alpheidae.

42 Johnson, M. W., F. A. Everest, and R. W. Young. 1947. "The role of snapping shrimp (Crangon and Synalpheus) in the production of underwater noise in the sea." *Biological Bulletin* 93:122–138.

43 Versluis, M., B. Schmitz, A. von der Heydt, and D. Lohse. 2000. "How snapping shrimp snap: Through cavitating bubbles." *Science* 289:2114–2117; http://www.youtube.com/watch?v=XC6I8iPiHT8.

44 Lohse, D., B. Schmitz, and M. Versluis. 2001. "Snapping shrimp make flashing bubbles." *Nature* 413:477–478; see also http://news.nationalgeographic.com/news/2001/10/1003_SnappingShrimp.html.

45 Lohse et al., "Snapping shrimp make flashing bubbles."

46 参见 Emmett Duffy 的项目，例如 Duffy, J. E. 2003. "The ecology and evolution of eusociality in sponge-dwelling shrimp." In T. Kikuchi, S. Higashi, and N. Azuma (eds.). *Genes, Behaviors, and Evolution in Social Insects*. Sapporo, Japan: University of Hokkaido Press, pp. 217–252. Emmett 还建议你看看《蓝色星球》(*Blue Planet*) 中的这段：http://www.youtube.com/watch?v=z735I4m8F8c.

47 Clapham, P. J. 2000. "The humpback whale." In J. Mann (ed.). *Cetacean Societies: Field Studies of Dolphins and Whales*. Chicago: University of Chicago Press, pp. 173–198.

48 Rice, D. W., A. A. Wolman, and H. W. Braham. 1984. "The gray whale,

Eschrichtius robustus." *Marine Fisheries Review* 46(4):7–14.

49 http://www.npr.org/blogs/thesalt/2012/07/24/157317262/how-many-calories-do-olympic-athletes-need-it-depends.

50 For a study of blue whale migrations, see Mate, B. R., B. A. Lagerquist, and J. Calambokidis. 1999. "Movements of North Pacific blue whales during the feeding season off southern California and their southern fall migration." *Marine Mammal Science* 15:1246–1257.

51 Fish et al., "Hydrodynamic flow control"; http://icb.oxfordjournals.org/content/48/6/788.full.

52 Fish et al., "Hydrodynamic flow control."

53 See the blue whale facts at http://acsonline.org/fact-sheets/blue-whale-2/.

54 Grebmeier, J. M. 2012. "Shifting patterns of life in the Pacific Arctic and sub-Arctic Seas." *Marine Science* 4: 63–78.

55 Alter, S. E., E. Rynes, and S. R. Palumbi. 2007. "DNA evidence for historic population size and past ecosystem impacts of gray whales." *Proceedings of the National Academy of Sciences, USA* 104:15162–15167.

56 http://www.nature.com/news/2011/110504/full/473016a.html.

57 http://en.wikipedia.org/wiki/Albatross; see also http://youtu.be/MBAr_aGaGA8?t=1m26s.

58 See "Grey-headed albatross," http://youtu.be/sUJx_At0sug.

59 http://en.wikipedia.org/wiki/Wandering_Albatross.

60 Safina, C. 2002. *Eye of the Albatross: Visions of Hope and Survival*. New York: Henry Holt and Company.

61 Pennycuick, C. J. 1982. "The flight of petrels and albatrosses (Procellariiformes), observed in South Georgia and its vicinity." *Philosophical Transactions of the Royal Society of London* B 300:75–106.

62 Weimerskirch, H., T. Guionnet, J. Martin, S. A. Shaffer, and D. P. Costa. 2000. "Fast and fuel efficient? Optimal use of wind by flying albatrosses." *Proceedings of the Royal Society of London* B 267:1869–1874.

63 Rayleigh, J.W.S. 1883. "The soaring of birds." *Nature* 27:534–535; http://en.wikipedia.org/wiki/Dynamic_soaring.

64 Richardson, P. L. 2011. "How do albatrosses fly around the world without flapping their wings?" *Progress in Oceanography* 88:46–58.

65 Richardson, “How do albatrosses fly?” p. 56.

66 Lecomte, V. J., G. Sorci, S. Cornet, A. Jaeger, B. Faivre, et al. 2010. “Patterns of aging in the long-lived wandering albatross.” *Proceedings of the National Academy of Sciences, USA* 107:6370–6375.

67 Coleridge, S. T. 1798. *The Rime of the Ancient Mariner, Part II*. Online at http://www.online-literature.com/coleridge/646.

08 高温之最：基因、体型、新陈代谢速率，重塑自我的 3 个核心

1 Somero, G. N., and A. L. DeVries. 1967. “Temperature tolerance of some Antarctic fishes.” *Science* 156:257–258.

2 原书采用的是华氏度，不过大部分科学参考资料用的都是摄氏度。

3 Lutz, R. A. 2012. “Deep-sea hydrothermal vents.” In E. Bell (ed.). *Life at Extremes: Environments, Organisms and Strategies for Survival*. Wallingford, UK: CABI, pp. 242–270.

4 Desbruyères, D., and L. Laubier. 1980. “Alvinella pompejana gen. sp. nov., Ampharetidae aberrant des sources hydrothermales de la ride Est-Pacifique.” *Oceanologica Acta* 3:267–274; Ravaux, J., G. Hamel, M. Zbinden, A. A. Tasiemski, I. Boutet, et al. 2013. “Thermal limit for metazoan life in question: In vivo heat tolerance of the Pompeii worm.” *PLoS One* 8: e64074.

5 http://www.exploratorium.edu/aaas-2001/dispatches/thermal_worm.html.

6 Desbruyères and Laubier, “Alvinella pompejana gen. sp. nov.”

7 Ravaux et al., “Thermal limit for metazoan life.”

8 开源的简短回顾，见 Ravaux et al., “Thermal limit for metazoan life.”

9 Jollivet, D., J. Mary, N. Gagnière, A. Tanguy, E. Fontanillas, et al. 2012. “Proteome adaptation to high temperatures in the ectothermic hydrothermal vent Pompeii worm.” *PLoS One* 7:e31150. doi: 10.1371/journal.pone.0031150.

10 当然，它也有类似深海管虫的共生细菌，下一部分讲到的虾，以及大部分喷口附近的生物都是如此。基因测序计划见 http://www.jgi.doe.gov/sequencing/why/3135.html.

11 Ravaux 等人似乎已经成功了。

12 http://www.untamedscience.com/biology/world-biomes/deep-sea-biome.

13 下一次你靠近舒服的篝火时，花一分钟感受一下面部感受到的热量。在脸前放一个玻璃杯，热量会下降，但还是有一些。然后在杯里装满水，

热量就不见了，被玻璃杯里的水吸收了。

14 Castro, P., and M. Huber. 2000. Marine Biology, third edition. Boston: McGraw-Hill, p. 351.

15 Hügler, M., J. M. Petersen, N. Dubilier, J. F. Imhoff, and S. M. Sievert. 2011. "Pathways of carbon and energy metabolism of the epibiotic community associated with the deep-sea hydrothermal vent shrimp Rimicaris exoculata." *PLoS One* 6:e16018.

16 Van Dover, C. L., E. Z. Szuts, S. C. Chamberlain, and J. R. Cann. 1989. "A novel eye in 'eyeless' shrimp from hydrothermal vents of the Mid-Atlantic Ridge." *Nature* 337:458–460; http://deepseanews.com/2010/04/the-eye-of-the-vent-shrimp/.

17 O'Neill, P. J., R. N. Jinks, E. D. Herzog, B. A. Battelle, L. Kass, G. H. Renninger, and S. C. Chamberlain. 1995. "The morphology of the dorsal eye of the hydrothermal vent shrimp, Rimicaris exoculata." *Visual Neuroscience* 12:861–875.

18 Pelli, D. G., and S. C. Chamberlain. 1989. "The visibility of 350° C black-body radiation by the shrimp Rimicaris exoculata and man." *Nature* 337:460–461. http://www.nature.com/nature/journal/v337/n6206/abs/337460a0.html.

19 评审和朋友们由这种虾出发进行了更远的哲学讨论。这种虾真的是盲虾吗？算是吧，尽管它们能感觉到光线。它们有眼睛吗？算有吧，但不在头上。它们能看见吗？算能吧，但看不见图像。如果你闭上眼睛，试着用颈部感受到的热量四处探索，那你算是在盲目乱撞吗？欢迎读者们自己做出结论，究竟“中脊盲虾”这个命名好不好。

20 http://www.stanford.edu/group/microdocs/whatisacoral.html.

21 Castro and Huber, *Marine Biology*, pp. 282–284.

22 Wilkinson C. 2000. *Status of Coral Reefs of the World: 2000*. Townsville, Australia: Global Coral Reef Monitoring Network and Australian Institute of Marine Science.

23 Wilkinson, *Status of Coral Reefs*, pp. 104–105.

24 Grigg, R. W. 1982. "Darwin Point: A threshold for atoll formation." *Coral Reefs* 1:29–34.

25 Castro and Huber, *Marine Biology*, pp. 282–283.

26 Jokiel, P., and S. Coles. 1990. "Response of Hawaiian and other Indo-Pacific reef corals to elevated temperature." *Coral Reefs* 8:155–162.

27 白化温度是月平均最高温加上 1℃。

28 http://www.telegraph.co.uk/earth/earthnews/7896403/Coral-reefs-suffer-mass-bleaching.html.

29 See the current map at http://www.osdpd.noaa.gov/ml/ocean/cb/dhw.html.

30 http://alumni.stanford.edu/get/page/magazine/article/?article_id=28770.

31 See a historical summary in Mergner, H. 1984. "The ecological research on coral reefs of the Red Sea." *Deep Sea Research A. Oceanographic Research Papers* 31:855–884.

32 Cantin, N. E., A. L. Cohen, K. B. Karnauskas, A. M. Tarrant, and D. C. McCorkle. 2010. "Ocean warming slows coral growth in the central Red Sea." *Science* 329:322–325. doi 10.1126/science.1190182. http://re.indiaenvironmentportal.org.in/files/Ocean%20warming.pdf; http://www.sciencedaily.com/releases/2010/07/100715152909.htm.

33 www.stanford.edu/group/microdocs/typesofreefs.htm.

34 Darwin, C. 1842. *The Structure and Distribution of Coral Reefs. Being the First Part of the Geology of the Voyage of the Beagle, under the Command of Capt. Fitzroy, R.N. during the Years 1832 to 1836. London: Smith Elder and Co.*, chapter 6. http://www.readbookonline.net/read/63216/112102/.

35 http://www.britannica.com/EBchecked/topic/176462/East-African-Rift-System.

36 Roberts, C. M., A. R. Dawson Shepherd, and R.F.G. Ormond. 1992. "Large-scale variation in assemblage structure of Red Sea butterflyfishes and angelfishes." *Journal of Biogeography* 19:239–250.

37 http://www.richardfield.freeservers.com/newdir/butterfl.htm.

38 Hsu, K., J. Chen, and K. Shao. 2007. "Molecular phylogeny of Chaetodon (Teleostei: Chaetodontidae) in the Indo-West Pacific: Evolution in geminate species pairs and species groups." *Raffles Bulletin of Zoology Supplement* 14:77–78.

39 Lampert-Karako, S., N. Stambler, D. J. Katcoff, Y. Achituv, Z. Dubinsky, and N. Simon-Blecher. 2008. "Effects of depth and eutrophication on the zooxanthella clades of Stylophora pistillata from the Gulf of Eilat (Red Sea)." *Aquatic Conservation: Marine and Freshwater Ecosystems* 18:1039–1045. doi: 10.1002/aqc.927.

40 Cantin et al., "Ocean warming slows coral growth."

41 Cantin et al., "Ocean warming slows coral growth."

42 http://en.wikipedia.org/wiki/Gulf_of_California.

43 Brownell, R. L., Jr. 1986. "Distribution of the vaquita, Phocoena sinus, in Mexican waters." *Marine Mammal Science* 2:299–305.

44 http://vaquita.tv/documentary/introduction/.

45 http://swfsc.noaa.gov/textblock.aspx?Division=PRD&ParentMenuId=229&id=13812.

46 http://swfsc.noaa.gov/textblock.aspx?Division=PRD&ParentMenuId=229&id=13812.

47 Norris, K. S., and W. N. McFarland. 1958. "A new harbor porpoise of the genus Phocoena from the Gulf of California." *Journal of Mammalogy* 39:22–39; http://www.iucn-csg.org/index.php/vaquita/.

48 Rosel, P. E., M. G. Haygood, and W. F. Perrin. 1995. "Phylogenetic relationships among the true porpoises (Cetacea: Phocoenidae)." *Molecular Phylogenetics and Evolution* 4:463–474; http://en.wikipedia.org/wiki/Spectacled_porpoise.

49 Somero, G. N., and A. L. DeVries. 1967. "Temperature tolerance of some Antarctic fishes." *Science* 156:257–258.

50 Jollivet et al., "Proteome adaptation to high temperatures."

51 Stillman, J. H. 2003. "Acclimation capacity underlies susceptibility to climate change." *Science* 301:65.

09 低温之最：两大利器，巨大体量与坚实的防御机制

1 Daston, L., and K. Park. 2001. *Wonders and the Order of Nature*, 1150–1750. New York: Zone Books, pp. 255–302.

2 http://www.narwhal.org/NarwhalIntro.html.

3 Heide-Jørgensen, M. P., and K. L. Laidre. 2006. Greenland's Winter Whales: The Beluga, the Narwhal and the Bowhead Whale. B. M. Jespersen (ed.). Nuuk, Greenland: Ilinniusiorfik Undervisningsmiddelforlag, pp. 100–125.

4 Laidre, K. L., and Heide-Jørgensen, M. P. 2005. "Winter feeding intensity of narwhals (Monodon monoceros)." Marine Mammal Science 21:45–57; http://www.britannica.com/blogs/2011/03/legend-mystery-narwhal/. Both references also summarize local narwhal lore.

5 Daston and Park, *Wonders and the Order of Nature*.

6 http://acsonline.org/fact-sheets/narwhal/.

7 Silverman, H. B., and M. J. Dunbar. 1980. "Aggressive tusk use by the narwhal (Monodon monoceros)." Nature 284:56–57.

8 当然，一样的说法对于跑车也是成立的。

9 Laidre, K. L., M. P. Heide-Jørgensen, O. A. Jørgensen, and M. A. Treble. 2004. "Deep-ocean predation by a high Arctic cetacean. *ICES Journal of Marine Science* 61:430–440. doi: 10.1016/j.icesjms.2004.02.002, http://icesjms.oxfordjournals.org/content/61/3/430.full.

10 Laidre et al., "Deep-ocean predation."

11 Laidre, K. L., M. P. Heide-Jorgensen, R. Dietz, R. C. Hobbs, and O. A. Jørgensen. 2003. "Deep-diving by narwhals Monodon monoceros: Differences in foraging behavior between wintering areas?" *Marine Ecology Progress* Series 261:269–281. http://www.int-res.com/abstracts/meps/v261/p269-281/.

12 http://smithsonianscience.org/2012/03/new-fossil-whale-species-raises-mystery-regarding-why-narwhals-and-belugas-live-only-in-cold-water/.

13 http://smithsonianscience.org/2012/03/new-fossil-whale-species-raises-mystery-regarding-why-narwhals-and-belugas-live-only-in-cold-water/.

14 Wilson, D. E., M. A. Bogan, R. L. Brownell Jr., A. M. Burdin, and M. K. Maminov. 1991. "Geographic variation in sea otters, Enhydra lutris." *Journal of Mammalogy* 72:22–36.

15 http://en.wikipedia.org/wiki/Kelp.

16 Williams, T. D., D. D. Allen, J. M. Groff, and R. L. Glass. 1992. "An analysis of California sea otter (Enhydra lutris) pelage and integument." *Marine Mammal Science* 8:1–18.

17 Palumbi, S. R., and C. Sotka. 2010. *The Death and Life of Monterey Bay: A Story of Revival*. Washington, DC: Island Press, chapter 2.

18 Palumbi and Sotka, *The Death and Life of Monterey Bay*, chapter 2.

19 Palumbi and Sotka, *The Death and Life of Monterey Bay*, chapter 2.

20 Palumbi and Sotka, *The Death and Life of Monterey Bay*, chapter 2.

21 http://osprey.bcodmo.org/project.cfm?id=188&flag=view.

22 Bolin, R. L. 1938. "Reappearance of the southern sea otter along the California coast." *Journal of Mammalogy* 19:301–303.

23 Bolin, "Reappearance of the southern sea otter."

24 Palumbi and Sotka, *The Death and Life of Monterey Bay*, chapter 2.

25 Duggins, D. O. 1980. "Kelp beds and sea otters: An experimental approach." *Ecology* 61:447–453. http://dx.doi.org/10.2307/1937405.

26 http://en.wikipedia.org/wiki/Southern_Ocean; Castro, P., and M. Huber. 2000. *Marine Biology, third edition*. Boston: McGraw-Hill.

27 Logsdon Jr., J. M., and W. F. Doolittle. 1997. "Origin of antifreeze protein genes: A cool tale in molecular evolution." *Proceedings of the National Academy of Sciences*, USA 94:3485–3487. http://www.pnas.org/content/94/8/3485.full.

28 http://www.msnbc.msn.com/id/13426864/ns/technology_and_science-science/.

29 Lodgson and Doolittle, "Origin of antifreeze protein genes."

30 Knight, C. A., A. L. De Vries, L. D. Oolman, L. D. 1984. "Fish antifreeze protein and the freezing and recrystallization of ice." *Nature* 308:295–296. http://www.nature.com/nature/journal/v308/n5956/abs/308295a0.html.

31 http://www.listener.co.nz/current-affairs/science/fishing-in-antarctica/.

32 Evans, C. W., V. Gubala, R. Nooney, D. E. Williams, M. A. Brimble, and A. L. Devries. 2011. "How do Antarctic notothenioid fishes cope with internal ice? A novel function for antifreeze glycoproteins." *Antarctic Science* 23:57–64.

33 http://www.exploratorium.edu/origins/antarctica/ideas/fish4.html.

34 Cheng, C.H.C. 1998. "Evolution of the diverse antifreeze proteins." *Current Opinion in Genetics and Development* 8:715–720.

35 http://www.rcsb.org/pdb/education_discussion/molecule_of_the_month/download/Antifreeze-Prot.pdf.

36 http://www.nytimes.com/2006/07/26/dining/26cream.html?_r=1.

37 http://www.food.gov.uk/multimedia/pdfs/ispfactsheet.

38 Macdonald, A., and C. Wunsch 1996. "An estimate of global ocean circulation and heat fluxes." *Nature* 382:436–439.

39 Smith, R. C., D. G. Martinson, S. E. Stammerjohn, R. A. Iannuzzi, and K. Ireson. 2008. "Bellingshausen and western Antarctic Peninsula region: Pigment biomass and sea-ice spatial/temporal distributions and interannual variabilty." *Deep Sea Research Part II: Topical Studies in Oceanography* 55:1949–1963.

40 Atkinson, A., V. Siegel, E. A. Pakhomov, M. J. Jessopp, and V. Loeb. 2009. "A re-appraisal of the total biomass and annual production of Antarctic krill." *Deep Sea Research Part I: Oceanographic Research Papers* 56:727–740.

41 http://en.wikipedia.org/wiki/Antarctic_krill.

42 http://www.coolantarctica.com/Antarctica%20fact%20file/wildlife/antarctic_animal_adaptations.htm.

43 Marschall, H. P. 1988. "The overwintering strategy of Antarctic krill under the pack ice of the Weddell Sea." *Polar Biology* 9:129–135.

44 http://www.afsc.noaa.gov/nmml/education/pinnipeds/crabeater.php; http://animaldiversity.ummz.umich.edu/site/accounts/information/Lobodon_carcinophaga.html; Klages, N., and V. Cockcroft. 1990. "Feeding behaviour of a captive crabeater seal." *Polar Biology* 10:403–404.

45 http://en.wikipedia.org/wiki/Trophic_level#Biomass_transfer_efficiency.

46 Alter, S. E., S. D. Newsome, and S. R. Palumbi. 2012. "Pre-whaling genetic diversity and population ecology in eastern Pacific grey whales: Insights from ancient DNA and stable isotopes." *PLoS One* 7:e35039.

47 Hilborn, R., T. A. Branch, B. Ernst, A. Magnusson, C. V. Minte-Vera, et al. 2003. "State of the world's fisheries." *Annual Review of Environment and Resources* 28:359–99; Clapham, P. J., and C. S. Baker. 2009. "Modern whaling." In W. F. Perrin B. Würsig, and J.G.M. Thewissen (eds.). *Encyclopedia of Marine Mammals*, second edition, volume 2. New York: Academic Press, pp. 1328–1332.

48 Fraser, W. R., W. Z. Trivelpiece, D. G. Ainley, and S. G. Trivelpiece. 1992. "Increases in Antarctic penguin populations: Reduced competition with whales or a loss of sea ice due to environmental warming?" *Polar Biology* 11:525–531.

49 http://www.mofa.go.jp/policy/economy/fishery/whales/iwc/minke.html.

50 C. Scott Baker, personal communication, April 2013.

51 Ruegg, K., E. Anderson, C. S. Baker, M. Vant, J. Jackson, and S. R. Palumbi. 2010. "Are Antarctic minke whales unusually abundant because of 20th century whaling?" *Molecular Ecology* 19:281–291.

52 http://www.lenfestocean.org/press-release/new-study-suggests-minke-whales-are-not-preventing-recovery-larger-whales-0.

53 Fraser et al., "Increases in Antarctic penguin populations."

54 "Power from the sea." *Popular Mechanics*, December 1930.

55 http://www.isla.hawaii.edu/komnet/studies.php.

56 http://www.energysavers.gov/renewable_energy/ocean/index.cfm/mytopic=50010.

57 Othmer, D. F., and O. A. Roels. 1973. "Power, fresh water, and food from cold,

deep sea water." Science 182:121–125. doi: 10.1126/science.182.4108.121.

58 War, J. C. 2011. "Land-based temperate species mariculture in warm tropical Hawaii." Oceans 2011 Conference Proceedings, Kona, Hawaii, September 19–22. http://ieeexplore.ieee.org/xpls/abs_all.jsp?arnumber=6107220&tag=1.

59 War, "Land-based temperate species mariculture."

60 http://www.energysavers.gov/renewable_energy/ocean/index.cfm/mytopic=50010.

61 Barbeitos, M. S., S. L. Romano, and H. R. Lasker. 2010. "Repeated loss of coloniality and symbiosis in scleractinian corals." *Proceedings of the National Academy of Sciences*, USA 107:11877–11882.

62 Cartwright, P., and A. Collins. 2007. "Fossils and phylogenies: Integrating multiple lines of evidence to investigate the origin of early major metazoan lineages." *Integrative and Comparative Biology* 47:744–751.

63 http://www.mareco.org/khoyatan/spongegardens/introduction.

64 http://wsg.washington.edu/communications/seastar/stories/a_07.html.

65 Conway, K. W., M. Krautter, J. V. Barrie, and M. Neuweiler. 2001. "Hexactinellid sponge reefs on the Canadian continental shelf: A unique 'living fossil.'" *Geoscience Canada* 28(2):71–78.

66 Brümmer, F., M. Pfannkuchen, A. Baltz, T. Hauser, and V. Thiel. 2008. "Light inside sponges." *Journal of Experimental Marine Biology and Ecology* 367:61–64.

67 http://arctic.synergiesprairies.ca/arctic/index.php/arctic/article/viewFile/1636/1615.

68 http://en.wikipedia.org/wiki/Roald_Amundsen.

69 http://www.norway.org/aboutnorway/history/expolorers/amundsen/.

70 Vermeij, G. J. 1991. "Anatomy of an invasion: The Trans-Arctic Interchange." *Paleobiology* 17:281–307.

71 http://www.ncdc.noaa.gov/paleo/abrupt/data2.html.

72 http://en.wikipedia.org/wiki/Eemian; 一作 " 北美桑加蒙间冰期(Sangamonian interglacial stage) "。

73 Bryant, P. J. 1995. "Dating remains of grey whales from the eastern North Atlantic." *Journal of Mammalogy* 76:857–861. doi: 10.2307/1382754. JSTOR 1382754.

74 http://www.earthtimes.org/nature/grey-whale-eastern-pacific/1978/.

75 http://www.nasa.gov/topics/earth/features/icesat-20090707r.html.

76 http://www.journalgazette.net/article/20120819/NEWS04/308199949.

10 古怪家庭之最：自然只关心繁殖结果，不关心繁殖工具

1 Fautin, D., and G. Allen. 1997. *Field Guide to Anemone Fishes and Their Host Sea Anemones, second edition*. Perth, Australia: Western Australian Museum.

2 Fricke, H., and S. Fricke. 1977. "Monogamy and sex change by aggressive dominance in coral reef fish." *Nature* 266:830–832.

3 Pietsch, T. W. 2009. *Oceanic Anglerfishes: Extraordinary Diversity in the Deep Sea*. Berkeley: University of California Press.

4 Saunders, B. 2012. *Discovery of Australia's Fishes: A History of Australian Ichthyology to 1930.* Collingwood, Australia: CSIRO Publishing.

5 Regan, C. T. 1925. "Dwarfed males parasitic on the females in oceanic angler-fishes (Pediculati ceratioidea)." Proceedings of the Royal Society of London B 97:386–400. doi: 10.1098/rspb.1925.0006. http://www.jstor.org/pss/1443462.

6 Pietsch, *Oceanic Anglerfishes.*

7 http://www.nature.com/nature/journal/v256/n5512/abs/256038a0.html.

8 Pietsch, *Oceanic Anglerfishes.*

9 Caspers, H. 1984. "Spawning periodicity and habitat of the palolo worm Eunice viridis (Polychaeta: Eunicidae) in the Samoan Islands." *Marine Biology* 79:229–236. doi: 10.1007/BF00393254. 注：现在更常用的属名是 Palola，见 http://invertebrates.si.edu/palola/science.html.

10 关于佛罗里达 7 月的矶沙蚕群，有一篇引人入胜的长文：Mayer, A. G. 1909. "The annual swarming of the Atlantic palolo." *In Proceedings of the 7th International Congress of Zoology*. Stanford, CA: Carnegie Institution for Science, pp. 147–151.

11 Caspers, "Spawning periodicity and habitat."

12 Hofmann, D. K. 1974. "Maturation, epitoky and regeneration in the polychaete Eunice siciliensis under field and laboratory conditions." *Marine Biology* 25:149–161.

13 Stölting, K. N., and A. B. Wilson. 2007. "Male pregnancy in seahorses and pipe-fish: Beyond the mammalian model." *BioEssays* 29:884–896.

14 Casey, S. P., H. J. Hall, H. F. Stanley, and A. C. Vincent. 2004. "The origin and evolution of seahorses (genus Hippocampus): A phylogenetic study using the cytochrome b gene of mitochondrial DNA. *Molecular Phylogenetics and Evolution* 30:261–272.

15 关于海马的一篇精彩的详文，见 Foster, S. J., and A.C.J. Vincent. 2004. "Life history and ecology of seahorses: Implications for conservation and management." *Journal of Fish Biology* 65:1–61.

16 海马高速吸食猎物的行为描述见 Bergert, B. A., and P. C. Wainwright. 1997. "Morphology and kinematics of prey capture in the syngnathid fishes Hippocampus erectus and Syngnathus floridae." *Marine Biology* 127:563–570.

17 Vincent, A. 1994. "The improbable seahorse." *National Geographic, August.*

18 http://news.nationalgeographic.com/news/2002/06/0614_seahorse_recov.html.

19 http://www.youtube.com/watch?v=e8EfAODDoRo.

20 http://www.independent.co.uk/environment/sex-life-of-a-seahorse-413329.html.

21 http://www.sciencenews.org/pages/pdfs/data/2000/157-11/15711-09.pdf.

22 海马分娩视频见 http://www.youtube.com/watch?v=uKrkXXaRMUI&NR.

23 Kvarnemo, C., G. I. Moore, A. G. Jones, W. S. Nelson, and J. C. Avise. 2000. "Monogamous pair bonds and mate switching in the Western Australian seahorse Hippocampus subelongatus." *Journal of Evolutionary Biology* 13:882–888.

24 Jones, A. G., G. I. Moore, C. Kvarnemo, D. Walker, and J. C. Avise. 2003. "Sympatric speciation as a consequence of male pregnancy in seahorses." *Proceedings of the National Academy of Sciences, USA* 100:6598–6603; Mattle, B., and A. B. Wilson. 2009. "Body size preferences in the pot-bellied seahorse Hippocampus abdominalis: Choosy males and indiscriminate females." *Behavioral Ecology and Sociobiology* 63:1403–1410.

25 http://academic.reed.edu/biology/courses/BIO342/2010_syllabus/2010_readings/berglund_2010.pdf; http://www.nature.com/news/2010/100317/full/news.2010.127.html; 原始论文见 Paczolt, K. A., and A. G. Jones. 2010. "Post-copulatory sexual selection and sexual conflict in the evolution of male pregnancy." *Nature* 464:401–404.

26 http://www.flmnh.ufl.edu/fish/Gallery/Descript/sergeantmajor/sergeantmajor.html; http://www.fishbase.us/summary/Abudefduf-vaigiensis.html.

27 http://animal.discovery.com/guides/fish/marine/damselintro.html.

28 参见 NPR 的 Richard Harris 的广播故事：http://www.npr.org/templates/story/

story.php?storyId=111743524.

29 Foster, S. A. 1987. "Diel and lunar patterns of reproduction in the Caribbean and Pacific sergeant major damselfishes: Abudefduf saxatilis and A. troschelii." *Marine Biology* 95:333–343.

30 Gronell, A. M. 1989. "Visiting behaviour by females of the sexually dichromatic damselfish, Chrysiptera cyanea (Teleostei: Pomacentridae): A probable method of assessing male quality." *Ethology* 81:89–122.

31 Keenleyside, M. H. 1972. "The behaviour of Abudefduf zonatus (Pisces, pomacentridae) at Heron Island, Great Barrier Reef." *Animal Behaviour* 20:763–774.

32 Hoelzer, G. A. 1992. "The ecology and evolution of partial-clutch cannibalism by paternal Cortez damselfish." *Oikos* 65:113–120.

33 Castro, P., and M. Huber. 2000. *Marine Biology, third edition*. Boston: McGraw-Hill, pp. 173–175.

34 Robinson, P. W., D. P. Costa, D. E. Crocker, J. P. Gallo-Reynoso, C. D. Champagne, et al. 2012. "Foraging behavior and success of a mesopelagic predator in the northeast Pacific Ocean: Insights from a data-rich species, the northern elephant seal." *PLoS One* 7:e36728.

35 http://www.parks.ca.gov/?page_id=1115.

36 Le Boeuf, B. J., R. Condit, P. A. Morris, and J. Reiter. 2011. "The northern elephant seal (Mirounga angustirostris) rookery at Año Nuevo: A case study in colonization." *Aquatic Mammals* 37:486–501. doi: 10.1578/AM.37.4.2011.486.

37 http://www.parks.ca.gov/?page_id=1115.

38 Le Boeuf, B. J., and R. S. Peterson. 1969. "Social status and mating activity in elephant seals." *Science* 163:91–93. doi: 10.1126/science.163.3862.91.

39 http://www.marinebio.net/marinescience/05nekton/esrepro.htm.

40 Microsoft Encarta Online Encyclopedia. 2009. "Elephant seal." http://encarta.msn.com.

41 Sanvito, S., F. Galimberti, and E. H. Miller. 2007. "Having a big nose: Structure, ontogeny, and function of the elephant seal proboscis." *Canadian Journal of Zoology* 85:207–220.

42 Le Boeuf, B. J. 1974. "Male-male competition and reproductive success in elephant seals." *American Naturalist* 14:163–176. http://mirounga.ucsc.edu/leboeuf/pdfs/malemalecompetition.1974.pdf.

43 "Henry IV, Part 2," Act 3, Scene 1, Hal's opening soliloquy.

44 Le Boeuf, "Male-male competition."

45 Le Boeuf, B. J., and J. Reiter. 1988. "Lifetime reproductive success in northern elephant seals." In T. H. Clutton-Brock (ed.). *Reproductive Success: Studies of Individual Variation in Contrasting Breeding Systems*. Chicago: University of Chicago Press, pp. 344–362.

46 Le Boeuf and Peterson, "Social status and mating activity in elephant seals."

47 http://www.royalbcmuseum.bc.ca/school_programs/octopus/index-part2.html.

48 http://bioweb.uwlax.edu/bio203/s2012/kalupa_juli/reproduction.htm.

49 Hochner B., T. Flash, C. Angisola, and L. Zullo. 2009. "Nonsomatotopic organization of the higher motor centers in octopus." *Current Biology* 19:1632–1636. http://www.ncbi.nlm.nih.gov/pubmed/19765993.

50 A motto from O'Dor, R. K., and D. M. Webber. 1986. "The constraints on cephalopods: Why squid aren't fish." *Canadian Journal of Zoology* 64:1591–1605.

51 Wodinsky, J. 1977. "Hormonal inhibition of feeding and death in octopus: Control by optic gland secretion." Science 198:948–951.

52 Anderson, R. C., J. B. Wood, and R. A. Byrne. 2002. "Octopus senescence: The beginning of the end." *Journal of Applied Animal Welfare Science* 5:275–283.

53 http://en.wikipedia.org/wiki/Tunicate; http://en.wikipedia.org/wiki/Botryllus_schlosseri.

54 Stoner, D. S., B. Rinkevich, and I. L. Weissman. 1999. "Heritable germ and somatic cell lineage competitions in chimeric colonial protochordates." *Proceedings of the National Academy of Sciences, USA* 96:9148–9153.

55 Oren, M., M.-L. Escande, G. Paz, Z. Fishelson, and B. Rinkevich. 2008. "Urochordate histoincompatible interactions activate vertebrate-like coagulation system components." *PLoS One* 3:e3123. doi: 10.1371/journal.pone.0003123.

56 Bancroft, F. W. 1903. "Variation and fusion of colonies in compound ascidians." *Proceedings of the California Academy of Sciences* 3:137–186.

57 Rinkevich, B., and I. L. Weissman. 1992. "Allogeneic resorption in colonial protochordates: Consequences of nonself recognition." *Developmental and Comparative Immunology* 16:275–286.

58 Oren et al., "Urochordate histoincompatible interactions"; see also Scofield, V. 1997. "Sea squirt immunity: The AIDS connection." *MBL Science*, winter 1988–

1989. http://hermes.mbl.edu/publications/pub_archive/Botryllus/Botryllus.revised.html.

59 Carpenter, M. A., J. H. Powell, K. J. Ishizuka, K. J. Palmeri, S. Rendulic, and A. W. De Tomaso. 2011. "Growth and long-term somatic and germline chimerism following fusion of juvenile Botryllus schlosseri." *Biological Bulletin* 220:57–70; Stoner et al., "Heritable germ and somatic cell lineage competitions."

60 列夫·托尔斯泰《安娜·卡列尼娜》第一页。

61 Bobko, S. J., and S. A. Berkeley. 2004. "Maturity, ovarian cycle, fecundity, and age-specific parturition of black rockfish (Sebastes melanops)." *Fishery Bulletin* 102:418–429.

62 O'Dor and Webber, "The constraints on cephalopods."

63 Berkeley, S. A., C. Chapman, and S. M. Sogard. 2004. "Maternal age as a determinant of larval growth and survival in a marine fish, Sebastes melanops." *Ecology* 85:1258–1264.

64 Marshall, D. J., S. S. Heppell, S. B. Munch, and R. R. Warner. 2010. "The relationship between maternal phenotype and offspring quality: Do older mothers really produce the best offspring?" *Ecology* 91:2862–2873. http://dx.doi.org/10.1890/09-0156.1.

65 See the discussion in Palumbi, S. R. 2002. *The Evolution Explosion*. New York: W. W. Norton.

66 Some of the unexpected subleties of the sperm economy in fish are discussed in Warner, R. R. 1997. "Sperm allocation in coral reef fishes." *BioScience* 47:561–564.

67 See especially Ghiselin, M. T. 1974. *The Economy of Nature and the Evolution of Sex*. Berkeley: University of California Press.

结语 海洋生命的窘境

1 http://www.genomenewsnetwork.org/articles/08_03/hottest.shtml.

2 Donner, S. D. 2009. "Coping with commitment: Projected thermal stress on coal reefs under different future scenarios." *PLoS One* 4:e5712. The new 2013 IPPC report lists the most recent climate predictions: http://www.climatechange2013.org/images/uploads/WGIAR5_WGI-12Doc2b_FinalDraft_Chapter11.pdf.

3 http://www.nature.com/news/ancient-migration-coming-to-america-1.10562.

4 http://opinionator.blogs.nytimes.com/2012/12/29/the-power-of-a-hot-body/; or

just watch The Matrix again.

5 http://www.huffingtonpost.com/2011/11/16/calories-cold-weather_n_1096331.html.

6 Johnson, A. N., D. F. Cooper, and R.H.T. Edwards. 1977. "Exertion of stairclimbing in normal subjects and in patients with chronic obstructive bronchitis." *Thorax* 32:711–716. http://thorax.bmj.com/content/32/6/711.full.pdf.

7 Stillman, J. 2003. "Acclimation capacity underlies susceptibility to climate change." *Science* 301:65. doi: 10.1126/science.1083073.

8 Donner, S. D., W. J. Skirving, C. M. Little, M. Oppenheimer, and O. Hoegh-Guldberg. 2005. "Global assessment of coral bleaching and required rates of adaptation under climate change." *Global Change Biology* 11:2251–2265.

9 Cheung, W. W., V. W. Lam, J. L. Sarmiento, K. Kearney, R.E.G. Watson, et al. 2010. "Large-scale redistribution of maximum fisheries catch potential in the global ocean under climate change." *Global Change Biology* 16:24–35.

10 http://co2now.org/Current-CO2/CO2-Now/global-carbon-emissions.html.

11 http://www.epa.gov/climatechange/images/indicator_downloads/acidit-download1-2012.png.

12 pH 值是水中氢离子浓度（即酸度）的测量值，范围是 0 ~ 14，其中 7 是中性，更小的数字表示酸度指数级增加。这意味着 pH 值减小 1，酸度就增加 10 倍。

13 Orr, J. C., V. J. Fabry, O. Aumont, L. Bopp, S. C. Doney, et al. 2005. "Anthropogenic ocean acidification over the twenty-first century and its impact on calcifying organisms." *Nature* 437:681–686.

14 Palmer, A. R. 1992. "Calcification in marine molluscs: How costly is it?" *Proceedings of the National Academy of Sciences, USA* 89:1379–1382.

15 Cohen, A. L., and M. Holcomb. 2009. "Why corals care about ocean acidification: Uncovering the mechanism." *Oceanography* 22:118–127.

16 Kroeker, K., R. L. Kordas, R. N. Crim, and G. G. Singh. 2010. "Meta-analysis reveals negative yet variable effects of ocean acidification on marine organisms." *Ecology Letters* 13:1419–1434.

17 Lannig, G., S. Eilers, H. O. Pörtner, I. M. Sokolova, and C. Bock. 2010. "Impact of ocean acidification on energy metabolism of oyster, Crassostrea gigas—Changes in metabolic pathways and thermal response." *Marine Drugs* 8:2318–2339.

18 Kroeker et al., "Meta-analysis reveals negative yet variable effects."

19 Doney, S. C., V. J. Fabry, R. A. Feely, and J. A. Kleypas. 2009. "Ocean acidification: The other CO2 problem." *Annual Review of Marine Science* 1:169–192. doi: 10.1146/ annurev.marine.010908.163834.

20 http://www.nber.org/digest/nov06/w12159.html.

21 See http://www.sciencedaily.com/releases/2012/04/120411132219.htm; Barton, A., B. Hales, G. G. Waldbusser, C. Langdon, and R. A. Feely. 2012. "The Pacific oyster, Crassostrea gigas, shows negative correlation to naturally elevated carbon dioxide levels: Implications for near-term ocean acidification effects." *Limnology and Oceanography* 57:698–710; Hettinger, A., E. Sanford, T. M. Hill, A. D. Russell, K. N. Sato, et al. 2012. "Persistent carry-over effects of planktonic exposure to ocean acidification in the Olympia oyster." *Ecology* 93:2758–2768.

22 Edmunds, P. J. 2011. "Zooplanktivory ameliorates the effects of ocean acidification on the reef coral Porites spp." *Limnology and Oceanography* 56:2402.

23 Barshis, D. J., J. T. Ladner, T. A. Oliver, F. O. Seneca, N. Traylor-Knowles, and S. R. Palumbi. 2013. "Genomic basis for coral resilience to climate change." *Proceedings of the National Academy of Sciences, USA* 110:1387–1392.

24 Cazenave, A., and R. S. Nerem. 2004. "Present-day sea level change: Observations and causes." Reviews of Geophysics 42. doi: 10.1029/2003RG000139; Chen, J. L., C. R. Wilson, and B. D. Tapley. 2013. "Contribution of ice sheet and mountain glacier melt to recent sea level rise." *Nature Geoscience* 6:549–552.

25 Merrifield, M. A., S. T. Merrifield, and G. T. Mitchum. 2009. "An anomalous recent acceleration of global sea level rise." Journal of Climate 22:5772–5781; Vermeer, M., and S. Rahmstorf. 2009. "Global sea level linked to global temperature." *Proceedings of the National Academy of Sciences, USA* 106:21527–21532; see also Schaeffer, M., W. Hare, S. Rahmstorf, and M. Vermeer. 2012. "Long-term sea-level rise implied by 1.5° C and 2° C warming levels." *Nature Climate Change* 2:867–870.

26 Perrette, M., F. Landerer, R. Riva, K. Frieler, and M. Meinshausen. 2013. "A scaling approach to project regional sea level rise and its uncertainties." *Earth System Dynamics* 4:11–29.

27 Orson, R., W. Panageotou, and S. P. Leatherman. 1985. "Response of tidal salt marshes of the US Atlantic and Gulf coasts to rising sea levels." *Journal of Coastal Research* 1:29–37.

28 McGranahan, G., D. Balk, and B. Anderson. 2007. "The rising tide: Assessing the risks of climate change and human settlements in low elevation coastal zones." *Environment and Urbanization* 19:17–37.

29 Koch, E. W., E. B. Barbier, B. R. Silliman, D. J. Reed, G. M. Perillo, et al. 2009. "Non-linearity in ecosystem services: Temporal and spatial variability in coastal protection." *Frontiers in Ecology and the Environment* 7:29–37.

30 Danielsen, F., M. K. Sørensen, M. F. Olwig, V. Selvam, F. Parish, et al. 2005. "The Asian tsunami: A protective role for coastal vegetation." *Science* 310:643.

31 Sovacool, B. K. 2011. "Hard and soft paths for climate change adaptation." *Climate Policy* 11:1177–1183.

32 Roberts, C. 2007. *The Unnatural History of the Sea*. Washington, DC: Island Press.

33 Thurstan, R. H., and C. M. Roberts. 2010. "Ecological meltdown in the Firth of Clyde, Scotland: Two centuries of change in a coastal marine ecosystem." *PLoS One* 5:e11767. doi: 10.1371/journal.pone.0011767.

34 http://news.sciencemag.org/sciencenow/2010/05/british-trawlers-working-nearly-.html.

35 Pauly, D., V. Christensen, J. Dalsgaard, R. Froese, and F. Torres Jr. 1998. "Fishing down marine food webs." *Science* 279:860–863.

36 http://www.ehow.com/how_8255493_catch-scallops-holden-beach.html.

37 http://www.ncseagrant.org/home/coastwatch/coastwatch-articles?task=showArticle&id=640.

38 http://en.wikipedia.org/wiki/Dead_zone_(ecology).

39 http://greenbizness.com/blog/wiki/chemical-fertilizer-use-in-usa/.

40 http://www.noaanews.noaa.gov/stories2009/pdfs/new%20fact%20sheet%20dead%20zones_final.pdf.

41 http://www.guardian.co.uk/world/2009/aug/10/france-brittany-coast-seaweed-algae.

42 http://www.cdc.gov/nceh/hsb/hab/default.htm.

43 Diaz, R. J., and R. Rosenberg. 2008. "Spreading dead zones and consequences for marine ecosystems." Science 321:926–929. doi: 10.1126/science.1156401.

44 http://www.telegraph.co.uk/science/space/9125409/The-algae-bloom-so-big-it-can-be-seen-from-space.html.

45 http://phaeocystis.org/.

46 Fontaine, M. C., A. Snirc, A. Frantzis, E. Koutrakis, B. Öztürk, et al. 2012. "History of expansion and anthropogenic collapse in a top marine predator of the Black Sea estimated from genetic data." *Proceedings of the National Academy of Sciences, USA* 109:E2569–E2576.

47 Kideys, A. E. 2002. "Fall and rise of the Black Sea ecosystem." *Science* 297:1482–1484.

48 Daskalov, G. M., A. N. Grishin, S. Rodionov, and V. Mihneva. 2007. "Trophic cascades triggered by overfishing reveal possible mechanisms of ecosystem regime shifts." *Proceedings of the National Academy of Sciences, USA* 104:10518–10523.

49 http://en.wikipedia.org/wiki/Mnemiopsis_leidyi.

50 http://www.smithsonianmag.com/specialsections/40th-anniversary/Jellyfish-The-Next-Kings-of-the-Sea.html; Daskalov et al. "Trophic cascades triggered by overfishing."

51 Jackson, J.B.C. 1997. "Reefs since Columbus." *Coral Reefs* 16:23–32.

52 Jackson, J.B.C., M. X. Kirby, W. H. Berger, K. A. Bjorndal, L. W. Botsford, et al. 2001. "Historical overfishing and the recent collapse of coastal ecosystems." *Science* 293:629–637.

53 Pandolfi, J. M., J.B.C. Jackson, N. Baron, R. H. Bradbury, H. M. Guzman, et al. 2005. "Are US coral reefs on the slippery slope to slime?" *Science* 307:1725–1726.

54 Caldwell, M., A. Hemphill, T. C. Hoffmann, S. Palumbi, J. Teisch, and C. Tu. 2009. *Pacific Ocean Synthesis: Executive Summary*. Palo Alto, CA: Center for Ocean Solutions Publications, Stanford University. http://www.centeroceansolutions.org/content/pacific-ocean-synthesis-executive-summary.

后记 让我们的未来与海洋生命共存

1 Palumbi, S. R. 2001. "The ecology of marine protected areas." In M. D. Bertness, S. D. Gaines, and M. E. Hay (eds.). *Marine Community Ecology.* Sunderland, MA: Sinauer, pp. 509–530.

2 Alcala, A. C., G. R. Russ, A. P. Maypa, and H. P. Calumpong. 2005. "A long-term, spatially replicated experimental test of the effect of marine reserves on local fish yields." *Canadian Journal of Fisheries and Aquatic Science* 62:98–108.

3 政府间气候变化专门委员（Intergovernmental Panel on Climate Change，简称 IPCC）会将该场景叫作 RCP 8.5。IPCC 的 2007 年终报道参见 http://www.aimes.ucar.edu/docs/IPCC.meetingreport.final.pdf. 在写本书的时候 2013 年报告尚未完成，不过将在 http://www.ipcc.ch 发表。

未来，属于终身学习者

我这辈子遇到的聪明人（来自各行各业的聪明人）没有不每天阅读的——没有，一个都没有。巴菲特之多，我读书之多，可能会让你感到吃惊。孩子们都笑话我。他们觉得我是一本长了两条腿的书。

——查理·芒格

互联网改变了信息连接的方式；指数型技术在迅速颠覆着现有的商业世界；人工智能已经开始抢占的工作岗位……

未来，到底需要什么样的人才？

改变命运唯一的策略是你要变成终身学习者。未来世界将不再需要单一的技能型人才，而是需要具善的知识结构、极强逻辑思考力和高感知力的复合型人才。优秀的人往往通过阅读建立足够强大的思维能力，获得异于众人的思考和整合能力。未来，将属于终身学习者！而阅读必定和终身学习形离。

很多人读书，追求的是干货，寻求的是立刻行之有效的解决方案。其实这是一种留在舒适区的阅读。在这个充满不确定性的年代，答案不会简单地出现在书里，因为生活根本就没有标准确切的答你也不能期望过去的经验能解决未来的问题。

湛庐阅读APP：与最聪明的人共同进化

有人常常把成本支出的焦点放在书价上，把读完一本书当作阅读的终结。其实不然。

时间是读者付出的最大阅读成本
怎么读是读者面临的最大阅读障碍
“读书破万卷”不仅仅在“万”，更重要的是在“破”！

现在，我们构建了全新的“湛庐阅读”APP。它将成为你“破万卷”的新居所。在这里：

- 不用考虑读什么，你可以便捷找到纸书、有声书和各种声音产品；
- 你可以学会怎么读，你将发现集泛读、通读、精读于一体的阅读解决方案；
- 你会与作者、译者、专家、推荐人和阅读教练相遇，他们是优质思想的发源地；
- 你会与优秀的读者和终身学习者为伍，他们对阅读和学习有着持久的热情和源源不绝的内驱力。

从单一到复合，从知道到精通，从理解到创造，湛庐希望建立一个“与最聪明的人共同进化”的社成为人类先进思想交汇的聚集地，与你共同迎接未来。

与此同时，我们希望能够重新定义你的学习场景，让你随时随地收获有内容、有价值的思想，通过实现终身学习。这是我们的使命和价值。

湛庐阅读APP玩转指南

湛庐阅读APP结构图：

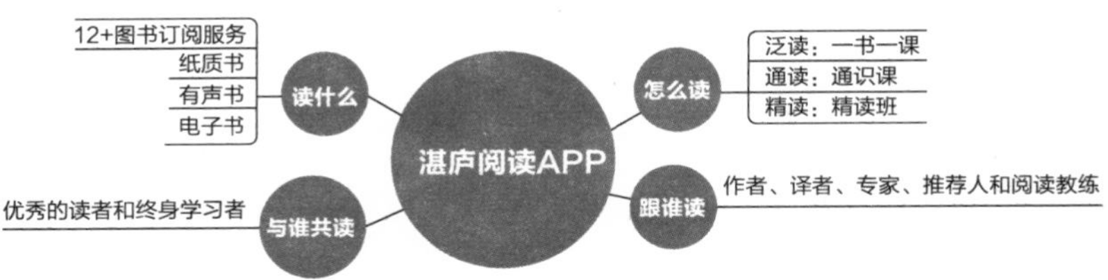

三步玩转湛庐阅读APP：

APP获取方式：

安卓用户前往各大应用市场、苹果用户前往APP Store

直接下载“湛庐阅读”APP，与最聪明的人共同进化！

使用APP扫一扫功能，遇见书里书外更大的世界！

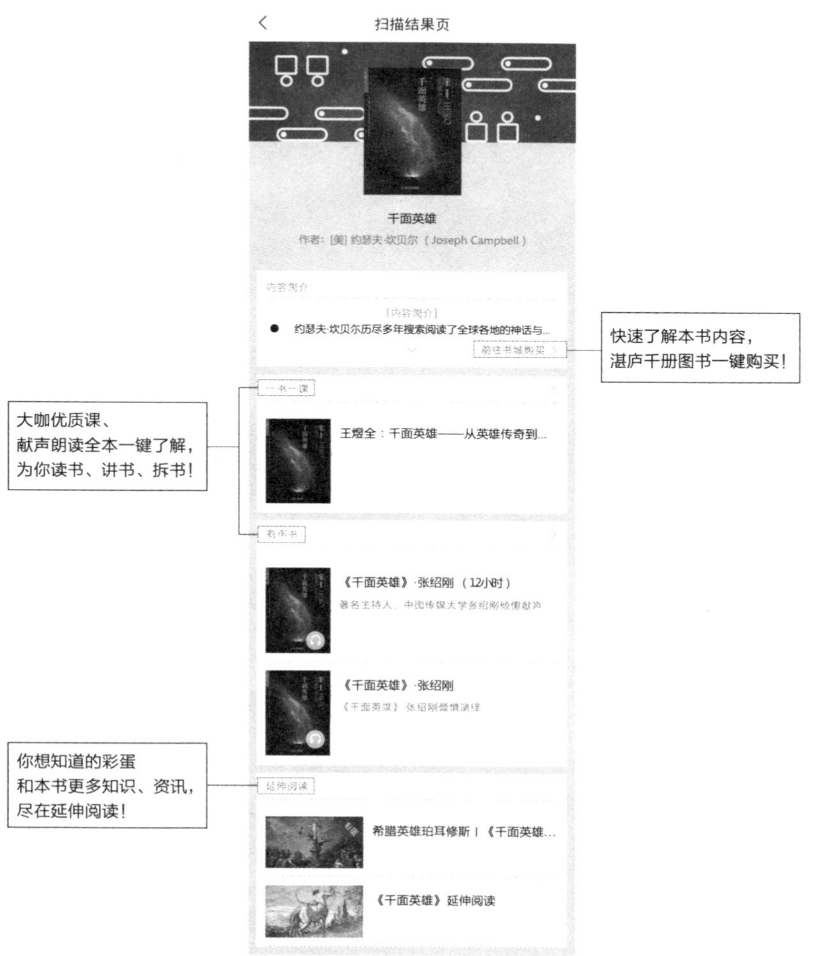

延伸阅读

《生命 3.0》

◎ 麻省理工学院物理系终身教授、未来生命研究所创始人迈克斯·泰格马克重磅新作。

◎ 引爆硅谷，令全球科技界大咖称赞叫绝的烧脑神作。史蒂芬·霍金、埃隆·马斯克、雷·库兹韦尔、万维钢、余晨、王小川、吴甘沙、段永朝、杨静、罗振宇一致强荐。

《生命的法则》

◎《生命的法则》首次揭示了贯穿从微观分子生物学到宏观生态的六大法则，让您领会世界的奥秘。

◎ 美国两院院士、伟大的科普作家肖恩卡罗尔重磅新书！《金融时报》十佳科学图书，《自然》Top20 好书。

《动物武器》

◎ 一本集军事、历史、演化、博物学及营养学等内容于一体的科普书，书中还囊括了 70 多幅手绘插图，形象生动，妙趣横生！

◎ 著名学者、“伯凡时间”创始人吴伯凡，华大基因 CEO 尹烨，北京大学生命科学学院教授谢灿，《三联生活周刊》主笔贝小戎，国家博物馆讲解员河森堡，社会生物学之父爱德华·威尔逊等知名大咖鼎力推荐！

《生命的未来》

◎ 这是一本详细论述生命科学的基本原理的杰出著作，全景展示了分子生物学的历史沿革和未来发展方向。

◎ 中国科学院精准基因组医学重点实验室主任曾长青、著名科幻小说作家畅销书《三体》作者刘慈欣，果壳网创始人姬十三，中国科学院大学人文学院科学传播教授李大光，“社会生物学之父”爱德华·威尔逊，奇点大学校长《人工智能的未来》作者雷·库兹韦尔以及彼得·蒂尔联袂推荐

The extreme life of the sea / Stephen R. Palumbi and Anthony R. Palumbi.

图书在版编目（CIP）数据

极端生存 /（美）史蒂芬·帕鲁比，安东尼·帕鲁比著；王巍巍译．—杭州：浙江人民出版社，2019.3

书名原文：The Extreme Life of the Sea

ISBN 978-7-213-09194-0

Ⅰ．①极… Ⅱ．①史… ②安… ③王… Ⅲ．①海洋生物—普及读物 Ⅳ．① Q178.53-49

中国版本图书馆 CIP 数据核字（2019）第 030323 号

浙江省版权局
著作权合同登记章
图字:11-2018-560号

上架指导：海洋科普 / 生物学思维

本书法律顾问　北京市盈科律师事务所　崔爽律师
张雅琴律师

极端生存

［美］史蒂芬·帕鲁比　安东尼·帕鲁比　著
王巍巍　译

出版发行：浙江人民出版社（杭州体育场路 347 号　邮编　310006）
　　　　　市场部电话：（0571）85061682　85176516
集团网址：浙江出版联合集团　http://www.zjcb.com
责任编辑：郦鸣枫
责任校对：陈　春
印　　刷：石家庄继文印刷有限公司
开　　本：880mm × 1230mm 1/32　　印　　张：9.5
字　　数：228 千字　　插　　页：8
版　　次：2019 年 3 月第 1 版　　印　　次：2019 年 3 月第 1 次印刷
书　　号：ISBN 978-7-213-09194-0
定　　价：69.90 元

如发现印装质量问题，影响阅读，请与市场部联系调换。